活性粉末混凝土的制备与物理力学性能

鞠 杨 刘红彬 孙华飞 著

科学出版社

北 京

内 容 简 介

活性粉末混凝土(RPC)是 20 世纪 90 年代研发的一种具有超高强度和高韧性的新型水泥基复合材料。本书系统总结作者团队 10 年来在 RPC 研究方面取得的主要进展。全书共 10 章,包括 RPC 的制备原理及配比、RPC 的静力学性能、钢纤维 RPC 的黏结机理、RPC 的断裂韧性及表征方法、RPC 的尺寸效应、RPC 的动态力学性能、RPC 的热物理性质、RPC 的内部温度场、蒸汽压分布及爆裂、高温下 RPC 内部温度应力的数值计算及爆裂机理等方面的内容。

本书为研究和了解 RPC 的制备工艺、性能以及推动其在相关工程领域中的应用提供参考,同时可供土木、矿业与交通等行业的科技工作者和高校师生参考和使用。

图书在版编目(CIP)数据

活性粉末混凝土的制备与物理力学性能/鞠杨,刘红彬,孙华飞著. —北京:科学出版社,2017.5
　ISBN 978-7-03-052719-6

Ⅰ.①活… Ⅱ.①鞠…②刘…③孙… Ⅲ.①高强混凝土-制备②高强混凝土-力学性质 Ⅳ.①TU528.31

中国版本图书馆 CIP 数据核字(2017)第 099592 号

责任编辑:刘宝莉　张晓娟 / 责任校对:桂伟利
责任印制:徐晓晨 / 封面设计:熙　望

科学出版社出版
北京东黄城根北街 16 号
邮政编码:100717
http://www.sciencep.com

北京摩诚则铭印刷科技有限公司 印刷
科学出版社发行　各地新华书店经销
*
2017 年 5 月第 一 版　开本:720×1000　1/16
2018 年 3 月第三次印刷　印张:16 3/4　彩插:8
字数:357 000

定价:120.00 元
(如有印装质量问题,我社负责调换)

前　　言

混凝土是当今土木建筑工程广泛使用的建筑材料,随着科学技术的进步和城市化规模的不断扩大,现代建筑日益向高层、大跨和地下发展,对建筑结构的安全性、适用性和耐久性提出越来越高的要求,高强、高性能混凝土的出现和发展适应了这一要求。高强和高性能混凝土由于具有强度高、承载力大、资源和能源消耗少、耐久性好等优点,满足了土木建筑工程轻质、高层、大跨、重载化及耐久性等方面的要求,从而得到迅速推广和应用。

活性粉末混凝土(reactive powder concrete,RPC)是法国 BOUYGUES 公司于 20 世纪 90 年代率先研发的新一代高强和高性能混凝土,具有超高强度、高韧性和良好的耐久性等,1994 年在 Richard 等发表的论文中公开提出。RPC 主要由水泥、石英砂、石英粉、硅灰、超塑化剂和钢纤维组成,在一定制备工艺下其抗压强度可达 200～800MPa(按强度分为 RPC200 和 RPC800 两级),抗折强度为 20～40MPa,断裂能达 $4 \times 10^4 \mathrm{J/m^2}$。作为一种新型的高性能混凝土,RPC 自问世以来便受到了国内外学者的广泛重视与关注,并在道路、市政、桥梁、核电和军事工程等诸多领域得到了发展和应用。

本书系统总结了作者及团队成员近 10 年来在 RPC(强度为 200MPa 级)研究方面取得的成果,全书共 10 章,各章节的基本内容如下:

第 1 章回顾高强、高性能混凝土以及 RPC 的发展历史,介绍 RPC 的性能及国内外的研究现状,以及 RPC 在道路、桥梁等工程领域得到的推广和应用。

第 2 章介绍 RPC 的制备原理,并研究水胶比、减水剂掺量、砂级配等对 RPC 性能的影响,通过对比分析,确定 RPC 的配合比。

第 3 章介绍不同钢纤维掺量 RPC 的静力学性能。研究不同钢纤维掺量对 RPC 立方体和圆柱体的抗压强度、立方体劈裂强度、弯折强度的影响,确定钢纤维的最佳掺量,并给出 RPC 立方体抗压强度、轴心抗压强度、劈裂强度、弯折强度和弹性模量等性能参数随钢纤维掺量变化的经验表达式。

第 4 章介绍钢纤维对 RPC 的增强增韧机理。通过 RPC 轴向拉伸细观试验,观测钢纤维黏结拔出破坏的全过程、RPC 细观结构变化和物理力学特征,分析基体钢纤维掺量对单根钢纤维拔出时的表面形态、初裂荷载、极限荷载、界面黏结强度以及拔出功的影响,给出各物理量随基体纤维含量变化关系的统一表达形式。分析界面黏结力的构成和钢纤维对 RPC 的增强增韧作用。

第 5 章通过不同钢纤维掺量 RPC 的三点弯曲和断裂试验,研究 RPC 的韧性机制与韧性特征,分析梁不同变形方式下钢纤维对提高 RPC 抗裂能力、耗能能力和韧性所起的作用。在分析 RPC 初裂变形、峰值变形及其增幅随钢纤维含量的变化规律,以及梁变形方式对初裂和峰值行为影响的基础上,提出用素 RPC 峰值变形作为初始参考变形来计算 RPC 韧性,定义 RPC 的韧性表征方法。

第 6 章通过三点弯曲试验研究不同尺寸下 RPC 的极限强度、断裂能和断裂韧性。获得弯曲荷载作用下的初裂荷载、峰值荷载、裂纹口张开位移 CMOD 等参数,分析不同纤维率 RPC 弯曲初裂强度、弯曲极限强度、断裂能、延性指数、弯曲断裂韧性等指标随试件尺寸变化的规律。采用数字散斑技术观测不同尺寸和纤维率 RPC 试件预制裂纹尖端断裂过程区的演化,测定断裂过程区长度等参数,基于局部断裂能的双线性模型计算 RPC 真实断裂能。

第 7 章利用 SHPB 冲击压缩试验研究高应变率下 RPC 的动态力学性能。分析不同应变率和钢纤维掺量下 RPC 的应力波动特征、破坏模式、强度及耗能能力的变化规律以及应变率和钢纤维掺量的影响,提出不同应变率和钢纤维掺量条件下 RPC 动态应力-应变响应的基本模式与本构模型。

第 8 章通过高温试验获得不同钢纤维掺量下 RPC 的热传导、热扩散、比热容和热膨胀等热物理性质,分析 RPC 热物理性质随温度和钢纤维掺量变化的规律,并与普通高强和高性能混凝土的热物理性质进行对比。建立 RPC 热物理性质参数随温度和钢纤维掺量变化的经验关系。利用传热学和固体物理方法分析 RPC 传热过程与热传导性质变化的微观物理机制,推导 RPC 的比热容和热膨胀系数的理论表达式,利用理论模型定量地分析温度和钢纤维对 RPC 比热容和热膨胀性质的不同影响。

第 9 章采用在 RPC 内部不同部位和深度布置热电偶的方法,通过自主设计的高温防爆装置,观测 RPC 的爆裂并测试其内部温度场的变化,分析 RPC 温度场随时间和空间的变化规律,建立爆裂临界温度和时间、空间的计算模型。采用压汞法研究不同温度水平下 RPC 的孔隙特征,得到 RPC 的孔隙率、孔体积、平均孔径、最可几孔径等孔隙参数随温度的变化规律,建立孔隙率、孔体积等参数随温度变化的关系方程,计算分析不同温度下的孔径分布特征及其随温度的变化规律。通过自主设计的蒸汽压测试装置,研究高温下 RPC 内部的蒸汽压分布规律。

第 10 章通过数值计算方法进一步分析 RPC 内部温度场和温度应力的变化规律,分析温度应力对 RPC 爆裂破坏的影响,结合破坏失效准则提出高温作用下 RPC 的热爆裂机理。

本书是作者及团队 10 年来在 RPC 研究方面所做工作的成果总结,在此,作者对团队成员在试验和数值计算等方面所做的工作表示感谢,他们是陈健、贾玉丹、王磊、盛国华、叶光莉、冯磊、李康乐、田开培、刘金慧、王里、葛志顺,同时,感谢田开培、王里、刘金慧等在书稿排版和校对中提供的帮助。

　　本书的出版得到国家杰出青年科学基金项目(51125017)、国家重点研发计划项目(2016YFC0600705)、国家自然科学基金面上项目(51374213、51674251)、教育部高等学校博士学科点专项科研基金项目(20110023110015)、北京市教委共建项目、江苏省双创团队项目(2014-27)和江苏省优势学科建设项目(PAPD-2014)的资助,在此作者一并表示感谢。

　　由于作者水平有限,书中难免存在不当之处,敬请读者批评指正。

目　　录

彩图

第1章 绪 论

混凝土是当代广泛使用的建筑材料,也是现代最大宗的人造材料,已成为土木工程用材的主体。据不完全统计,2012 年世界水泥产量已超过 38.2 亿 t,折合成混凝土则大于 150 亿 m³,我国的水泥产量达 21.84 亿 t,商品混凝土产量 8.88 亿 m³,约为世界总产量的 1/2,居世界首位。

与其他建筑材料相比,混凝土具有抗压强度高、弹性模量大、耐久性好等特点,同时,生产原料广泛、成本低、生产工艺简便使它在土木工程领域得到了广泛应用。然而,一般的混凝土材料存在变形性能较差、脆性大、自重大、抗拉强度低等缺点,在一定范围内又限制了它的使用。因此,改善混凝土材料的性能便成为学术界和工程界坚持不懈的研究课题,人们期望混凝土材料具有更高的强度、更大的弹性模量和更好的变形能力[1,2],其中,提高混凝土强度更是诸多国内外研究者百余年来努力的方向。

混凝土的强度和水灰比有关,水灰比越小,混凝土的强度越高,但仅靠减小水灰比提高混凝土强度也是不现实的,因为过小水灰比的混凝土工作性、流动性非常差,实际上成了干硬性混凝土,同时也使混凝土变得不密实,强度反而降低。

减水剂的发明与应用,以及硅灰、粉煤灰、沸石粉等优质矿物掺料的使用,是混凝土技术的重大发展。掺入减水剂可以大幅降低水灰比并保证混合料的流动性,使混合料的拌制、运输、浇筑和成型等工艺变得容易,提高强度的同时改善了混凝土的性能;硅灰等活性掺料则可以减少水泥中的碱骨料反应,同时改善混凝土的孔结构并降低孔隙率,从而提高混凝土的强度。

20 世纪 60 年代,日本首先成功研制出高效减水剂,从此开辟了混凝土技术的新时代。高效减水剂使混凝土的高强和高流态变得相当容易,使高强混凝土(high strength concrete,HSC)的广泛应用成为可能[3]。在 20 世纪 70 年代末期,日本已经能够制备 C80~C90 的 HSC,90 年代初期,日本集中研究使用 C110HSC 建造60~90 层高层建筑的可行性和关键技术;北美于 1976 年开始采用高效减水剂制备 HSC,并很快在高层建筑中广泛应用;我国清华大学在 20 世纪 70 年代末期自行研制出高效减水剂并投入生产,为我国 HSC 的发展提供了基础,但直到 80 年代初期,我国才开始对 HSC 进行广泛的研究和应用[4]。

在 HSC 应用中,随着新型外加剂和胶凝材料(尤其是硅灰)的出现,使既有优良工作度,又有优异力学性能和耐久性的混凝土生产成为现实,这种新型混凝土称为高性能混凝土(high performance concrete, HPC),并在实际工程中得到了应用[5]。

例如,美国西雅图第二联合广场大厦是世界第一座采用平均抗压强度达120MPa 的 HPC 建造的建筑(1989 年,56 层,高 226m,C120)。Scotia 大厦是加拿大用 HPC 建造的第一幢混凝土建筑(1988 年,C70),也是该国最高的混凝土建筑。1991 年我国的广东国贸大厦首次应用 C60 的 HPC,此后,HPC 在国内高层建筑中得到了广泛应用,如上海金茂大厦(C60)、沈阳皇朝万鑫国际大厦(C60)和北京西站(C60)等工程[6]。

在桥梁隧道工程中,日本早在 20 世纪 60 年代就采用 C60～C80 混凝土建设高强混凝土铁路桥。法国的伊沃纳河桥采用 C70 的 HPC 和体外预应力索的结构形式,使混凝土用量减少 30%,自重降低 24%。美国纽约自 1996 年就要求全州新建桥梁的桥面必须使用 HPC。欧洲英吉利海峡隧道位于海平面下 50～250m,总长50.5km,其中 37km 位于海平面下,整个隧道由三条分隧道组成,设计寿命为 120年,原设计强度为 45MPa,由于耐久性方面的要求,采用了平均抗压强度约 63MPa的 HSC。

在我国,京津城际铁路是首次在设计中提出要求采用 HPC 的轨道交通工程,该工程 2005 年底开工至 2008 年 8 月开通运营,在采用 HPC 的所有结构物中,经检测没有发现混凝土开裂、腐蚀、溶洞等现象,混凝土表现出较好的耐久性。

我国的一些国有大型煤矿在矿井施工和隧道支护中也推广使用 HSC 和HPC,如淮南矿业集团丁集矿在冻结段井壁结构设计中首次采用了 C60～C70HSC 和 HPC,并在该矿的三个井筒冻结段井壁工程中得到成功应用[7]。在澳大利亚、加拿大、日本和美国,HPC 已用于固定式和漂浮式钻井平台。

HSC 和 HPC 的广泛应用,也暴露出一些问题。一是 HSC 的高脆性严重影响结构的抗震性;二是 HSC 水灰比较低,容易产生较大的收缩变形,导致结构过早出现裂缝,影响结构的正常使用。例如,美国的混凝土桥面板在 20 世纪 70 年代普遍开裂,为延长桥的使用寿命转而使用更高强度的混凝土进行翻修。1995年美国公路战略研究计划的调查结果表明,约有 10 万座桥梁的桥面板在浇筑后一个月内便出现间隔 1～3m 的裂缝。分析认为,HSC 早期的弹性模量随强度升高而增大,同时变形受约束产生的应力松弛作用(徐变)减小,导致它比中、低强度的混凝土更容易开裂。其次,硅粉掺量越多、水胶比越低的混凝土,早期强度发展越迅速,开裂和强度倒缩现象也就越显著[6]。此外,HSC 和 HPC 存在耐火性能差的缺点,当遭受高温或火灾时,温度梯度、内外约束、水泥浆体同骨料热膨胀的不匹配以及温度敏感性等会引起材料热开裂,导致混凝土的爆裂性破坏,进而引发结构的整体失效,造成灾难性后果。1996 年发生在英吉利海峡隧道的10h 火灾,导致数千米长的 HPC(抗压强度达到 100MPa)爆裂,造成隧道内表面长约 40m、厚约 450mm 的剥落受损。1999 年连接法国和意大利的勃朗峰隧道发生火灾,隧道中的混凝土衬砌被全部烧毁,事故发生后,该隧道被关闭维修长达两年之久[8,9]。美国"9·11"事件中世贸中心配楼的坍塌也是一个著名的例子,钢筋混凝土大厦在 800℃ 以上高温作用下,因结构丧失承载力而发生坍塌。此外,温度的持续作用还会导致服役期内混凝土结构的耐久性降低,使结构过早地进入大修阶段或者提前结束服役年限。

为避免上述问题的发生,常在硅灰混凝土中掺入钢纤维来增加混凝土的韧性、控制其开裂;通过在混凝土中添加可熔的有机纤维、在混凝土外层设置阻火屏障以及在混凝土外层加设钢筋网或覆盖钢板、钢筋网片等方法来防止混凝土的爆裂飞散[2]。但是,掺加钢纤维时粗骨料的存在会使钢纤维的"架桥"作用受到限制,而且长的钢纤维对拌合物的工作度影响又十分显著。

1993 年,法国 BOUYGUES 公司的 Richard 和 Cheyrezy 仿效高致密水泥基均匀体系(densified system containing homogeneously arranged ultrafine particles, DSP),将其中的粗骨料剔除,换用最大粒径为 $400 \sim 600 \mu m$ 的石英砂作为骨料,掺入适量短纤维和硅灰等活性矿物掺料,通过成型施压、热养护等工艺,制备出强度高、其他性能优异的水泥基复合材料,由于这种混凝土增加了组分的细度和反应活性,因此称为 RPC。该材料申报了专利,并在 1994 年美国混凝土学会旧金山春季会议上首次公开。1998 年 8 月在加拿大魁北克省 Sherbrooke 大学召开了第一次有关 RPC 和 HPC 的国际研讨会,与会专家就 RPC 的原理、性能和应用进行了广泛深入的讨论,一致认为:RPC 作为一种新型材料,具有广阔的应用前景[10]。

RPC 根据其抗压强度分为 RPC200 和 RPC800 两级。其中,RPC200 的制备条件接近普通混凝土(normal concrete, NC),它在凝固期内不需加压,采用热养护,养护温度为 $20 \sim 90℃$;RPC800 在凝固期内施加 $10 \sim 50MPa$ 的压力,并在 $250 \sim 400℃$ 高温下养护制得。凝固期内 RPC200 的抗压强度可达 $170 \sim 230MPa$,是 HSC 的 $3 \sim 12$ 倍,RPC800 的抗压强度则高达 $500 \sim 800MPa$。重要的是,RPC 的抗折强度和断裂能大大提高,抗折强度达 $50 \sim 60MPa$,是 HSC 的 10 倍,掺入微细钢纤维能显著提高 RPC 的韧性和断裂能,其断裂能可达 $3 \times 10^4 J/m^2$,足可与金属媲美,而普通混凝土的断裂能仅为 $120 J/m^2$,有效克服了 HSC 的高脆性。

表 1.1 给出了 RPC200 和 RPC800 的典型配比[11]。表 1.2 比较了 RPC 和 HSC 的力学性能指标,表 1.3 给出了一些材料的断裂能,图 1.1 表示不同材料的断裂能[12]。

表 1.1　RPC200 和 RPC800 的典型配比(以重量计)

成分	RPC200				RPC800	
	无纤维		掺入纤维		硅质集料	钢质集料
普通水泥	1	1	1	1	1	1
硅粉	0.25	0.23	0.25	0.23	0.23	0.23
砂 150~600μm	1.1	1.1	1.1	1.1	0.5	—
石英粉 $d=10\mu$m	—	0.39	—	0.39	0.39	0.39
超塑化剂	0.016	0.019	0.016	0.019	0.019	0.019
钢纤维 $L=12$mm	—	—	0.175	0.175	—	—
钢纤维 $L=3$mm	—	—	—	—	0.63	0.63
钢质集料 $d<800\mu$m	—	—	—	—	—	1.49
水	0.15	0.17	0.17	0.19	0.19	0.19
成型压力/MPa	—	—	—	—	50	50
热处理温度/℃	20	90	20	90	250~400	250~400

表 1.2　RPC 和 HSC 的力学性能指标

混凝土种类	RPC200	RPC800	HSC
抗压强度/MPa	170~230	500~800	60~100
抗折强度/MPa	30~60	45~140	6~10
断裂能/(J/m²)	20000~40000	1200~2000	140
弹性模量/GPa	50~60	65~75	30~40

表 1.3　不同材料的断裂能

材料种类	玻璃	陶瓷及岩石	普通混凝土	金属	RPC200	钢
断裂能/(J/m²)	5	<100	120	>10000	30000	100000

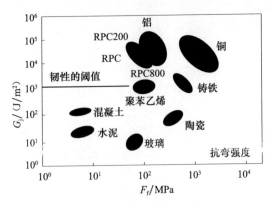

图 1.1　不同材料的断裂能

　　RPC 水胶比极低,良好的孔结构和孔隙率使其具有极低的渗透性、较高的抗环境介质侵蚀能力和良好的耐磨性能,从而使 RPC 具有优异的耐久性。表 1.4 是 RPC、HPC 与 NC 的耐久性比较[12]。

表 1.4　RPC、HPC 和 NC 的耐久性对比

性能指标	RPC	HPC	NC
氯离子扩散系数/(m²/s)	0.02×10^{-12}	0.6×10^{-12}	1.1×10^{-12}
碳化深度/mm	0	2	10
冻融剥落/(g/cm²)	7	900	>1000
磨耗系数	1.3	2.8	4

1.1　国内外研究现状

　　自 RPC 问世以来,法国、美国、加拿大等国的学者相继开展了一系列研究工作。国内在 RPC 的研究上起步相对较晚,清华大学、湖南大学、中南大学、石家庄铁道大学、东南大学、中国矿业大学(北京)等高校和科研单位相继开展了 RPC 的研究工作,从发表的研究成果来看,主要集中在以下几个方面。

1.1.1　RPC 的配合比和基本性能

　　Lee 等[13]开展了将 RPC 作为新型修复材料的研究。研究表明,相比于 NC 和 HSC,RPC 具有较高的抗折强度、弹性模量和优良的耐久性,在承压和抗折构件上具有修复和改装潜力。Yazici 等[14]研究了不同养护制度下掺加粉煤灰和高炉矿渣颗粒的 RPC 材料的力学性能。结果表明,采用蒸汽和高压蒸汽养护后,RPC 的抗压强度明显提高,但抗折强度和韧性降低;随着粉煤灰和高炉矿渣颗粒掺量的增加,RPC 的抗折强度增大。

　　覃维祖[15]采用水泥、粉煤灰和硅灰三元胶凝材料体系对 RPC 开展试验研究,制备的 RPC 抗压强度超过 200MPa,抗折强度为 50MPa,断裂能为 2100J/m²。何峰等[16]在未掺钢纤维的情况下,配制出流动性好且高温养护(200℃)下抗压强度达 229MPa 的超高强混凝土,在掺钢纤维及高温养护下 RPC 的抗压强度高达 298.6MPa。谢友均等[17]配制出抗压强度达 200MPa 的 RPC,并详细讨论了超细粉煤灰掺量、水胶比、砂胶比和钢纤维率等因素对 RPC 抗折强度、抗压强度的影响。闫光杰等[18]研制了 200MPa 级 RPC,抗压强度为 168.6MPa,抗折强度为 21.6MPa,由该材料制备的桥梁人行道构件已在青藏铁路桥梁的工程中得到应用。刘斯凤等[19]用天然黄砂、超细混合材成功配制出抗压强度大于 200MPa、抗折强度大于 50MPa 的 RPC,并研究了标准养护、热水养护和蒸汽养护条件下 RPC 的力学性能。单波等[20]研究了钢纤维对 RPC 抗压强度的影响,发现钢纤维对 RPC 抗压强度的增强效果随水胶比的增大而减小,在水胶比较低时增强效果明显,水胶比较高时几乎无影响,两者间存在一个水胶比界限值。刘红彬等[21]利用低成本天然掺合料,在标准成型工艺和热水养护条件下,制备出强度达 200MPa 的高性能 RPC,测试了 RPC 立方体抗压强度、圆柱体轴心抗压强度、劈拉强度、弯折强度、弹性模量,分析了这些物理量随钢纤维体积掺量变化的规律,建立了 RPC 强度和弹性模量随钢纤维体积掺量变化的经验表达式。

1.1.2　RPC 的增韧及断裂性能

Bayard 等[22]研究了钢纤维 RPC 试件的弯折性能,观测了试件在裂纹产生时的局部各向异性和弹性性质,以及在裂缝扩展中的"桥接"作用,并利用 Bažant 的"微平面"模型和破坏理论,重现了纤维配比影响下的裂纹扩展过程。Chan 等[23]研究了硅粉掺量对 RPC 中钢纤维力学性能的影响,结果表明,硅粉掺量为水泥的 20%～30%时,钢纤维具有最大的黏结强度和拉拔能。赖建中等[24]的研究表明,增韧效果随钢纤维掺量的增加而增强,但钢纤维掺量过大导致 RPC 流动性下降,纤维分散不均匀,影响纤维增韧效果。姚志雄等[25]采用虚拟裂缝模型结合线弹性断裂力学,分析了素 RPC 和钢纤维 RPC 的断裂特性,结果表明,钢纤维的加入极大地增强了 RPC 的性能,极限荷载、断裂韧度和裂缝尖端张开位移等断裂参数均大幅度提高,试件的破坏体现了极高的延性。张明波等[26]研究了钢纤维在 RPC200 梁中的抗弯工作机理及钢纤维含量对抗折强度的影响,结果表明,钢纤维含量的增加有利于提高初裂强度和抗折强度,荷载-挠度曲线随着纤维含量的增加而越加丰满,呈现出更大的韧性。余自若等[27]进行了 RPC 缺口梁断裂试验,结果表明,RPC 中的钢纤维能够阻碍 RPC 内部微裂缝的繁衍、扩展,使 RPC 的韧性和延性比 NC 有显著的提高。周瑞忠等[28]采用虚拟裂缝模型结合线弹性断裂力学的方法,分析了 RPC 及纤维增强 RPC 的断裂特性,研究发现,RPC 中掺入钢纤维后,裂缝的扩展受到限制,材料的断裂韧度、裂缝亚临界扩展量大大提高,材料韧性明显得到改善。

1.1.3　RPC 的动态力学性能

近年来,国内外学者相继开展了高应变率荷载作用下 RPC 动态力学性能的研究。例如,Tai[29,30]利用分离式霍普金森压杆(split Hopkinson pressure bar,SHPB)压缩试验和平靶板侵彻试验,分别研究了应变率 78.5～1.23×10³ s⁻¹ 的冲击荷载和速度 27～104m/s 的侵彻荷载作用下 RPC200 的动态强度、应力-应变响应特征以及破坏模式,探讨了应变率和钢纤维含量对 RPC 动态性能和破坏方式的影响。Tian 等[31]利用 SHPB 冲击试验和数值模拟方法分析了 RPC 填充的钢管混凝土柱的动力响应与承载能力。Wang 等[32]基于不同钢纤维含量 RPC 的 SHPB

冲击压缩试验,利用数值分析方法研究了静水应力和应变率对提高 RPC 动态强度的不同影响,得到应变率对 RPC 动态强度的贡献,并分析了钢纤维含量对 RPC 动态抗压强度和破坏模式的影响。赖建中等[33]利用 SHPB 冲击压缩试验研究了 RPC 的抗多次冲击性能,分析了冲击次数、冲击方式和纤维掺量对 RPC 抗多次冲击性能的影响。王勇华等[34]通过 Hopkinson 压杆冲击压缩试验研究了不同钢纤维含量的 RPC 在不同应变率下的应力-应变全曲线,指出 RPC 具有应变率敏感性,钢纤维的掺入部分提高了材料的抗冲击压缩性能。Bagheri 等[35]研究了静荷载和冲击动荷载作用下 RPC 的吸能能力,发现冲击荷载作用下 RPC 的吸能能力显著高于普通高强钢纤维混凝土。葛涛等[36]利用多组侵彻与接触爆炸试验研究了钢纤维率 5% 的 RPC 抗冲击与抗侵彻性能,并检验了侵彻深度的相关计算公式。Fujikake 等[37,38]利用落锤冲击试验和受拉试验分析了不同落锤高度和不同应变率对 RPC 的弯曲强度、受拉破坏模式、拉应力-应变响应和拉应力-裂纹张开位移响应特征的影响,建立了考虑应变率影响的 RPC 强度模型。Kuznetsov 等[39]利用平板爆炸试验分析对比了 RPC 和普通钢筋混凝土的抗爆裂性能,指出相同爆炸当量下 RPC 的抗爆裂性能显著优于普通钢筋混凝土。王德荣等[40]研究了 RPC 侵彻破坏性质及影响因素,提出了一个简化的侵彻计算公式,指出 RPC 抗侵彻能力是 NC 的三倍左右。Toutlemonde 等[41]利用数值模拟方法分析了高应变率荷载作用下 RPC 放射性储集罐的抗冲击性能与设计方法。颜祥程等[42]对比研究了 RPC 与普通钢纤维混凝土的抗侵彻能力,结合试验,数值模拟了混凝土在侵彻作用下的变形及断裂特性,计算结果与试验结果对比表明,钢纤维能有效地增加混凝土的韧性和变形能力,增大混凝土对侵彻弹丸能量的消耗,降低弹丸的剩余速度,RPC 较普通钢纤维混凝土具有更高的抗侵彻能力,能更好地抑制裂缝发展。

1.1.4　RPC 的高温性能及爆裂

相关研究表明,RPC 在高温下易发生性能衰退和高温爆裂。例如,Schneider 等[43]研究发现,RPC 在常温下性能较优越,但是在火灾高温下易发生高温爆裂现象。Felicetti 等[44]研究表明,RPC 从 200℃加热到 600℃的过程中,其残余抗压强度呈现先增大后减小的趋势,且经过 600℃高温作用后,还保留较高的强度剩余率。Tai 等[45]在研究准静态加载下经历高温后 RPC 残余强度和应力-应变关系时发现,与室温相比,200～300℃时 RPC 残余强度增加,300℃后显著减小;400～500℃残余峰值应变增加,500℃后逐渐减小。Liu 等[46]研究表明,与 HPC 相比,高流动性 RPC 可以耐受更长时间的高温作用,具有较高残余强度。Zheng 等[47]研究了高温后钢纤维 RPC 的抗折性能和抗拉性能,表明钢纤维率的增加有益于提高 RPC 的强度,且 RPC 的强度表现出先增加后降低的规律,200℃和 120℃是 RPC 抗折强度和抗拉强度突变的阈值点。刘红彬等[48]通过试验发现,一定升温速率下

RPC 立方体试件中心温度 250℃左右时 RPC 发生爆裂,掺加钢纤维未显著提高耐爆裂温度,但降低了爆裂破坏程度,纤维率越高,这种抑制作用越明显。陈强[49]的研究认为,RPC 的湿含量和水胶比是导致高温爆裂的关键因素,RPC 试件经过高温作用后的残余抗压强度表现出先增大后减小的变化趋势,残余抗压强度临界点温度均为 400℃。杨少伟等[50]研究了常温和 400℃、800℃高温作用后钢纤维 RPC 的抗冲击压缩性能,结果表明,高温作用后钢纤维 RPC 的峰值应力和弹性模量显著下降,高温显著影响 RPC 的破坏形态。王立闻等[51]研究了素 RPC 和钢纤维 RPC 的动态力学性能及钢纤维率对钢纤维 RPC 抗冲击性能的影响。结果表明,经高温作用后,素 RPC 和钢纤维 RPC 在应变率为 $75 \sim 85s^{-1}$ 下的动态抗压强度均明显降低,但峰值应变均提高,钢纤维 RPC 的抗冲击能力明显优于素 RPC。吴波[52]通过在钢筋混凝土构件内部不同部位安放热电偶的方式,研究了 HSC 爆裂对构件内部温度场的影响。朋改非等[53]采用回弹仪方法研究材料的高温损伤情况。结果表明,板内各点的残余力学性能不再是一个均一的数值,而是呈空间分布,此空间分布与板内温度场有关。

在试验研究混凝土耐火性及高温爆裂的同时,也有国内外学者通过数值计算方法对混凝土的火灾高温性能和爆裂开展研究。例如,Gawin 等[54~57]采用多孔相介质建立了复杂混凝土在高温下的物理化学模型,并对混凝土的高温爆裂进行了分析,得出爆裂现象的产生是内部孔压力及由热应力产生的弹性变形共同作用的结果。Chung 等[58,59]建立了有限元模型,在模型中考虑了汽-热耦合等特性,分析了混凝土构件高温下的热力学性能,同时研究了钢筋对混凝土湿热迁移的影响。El-Hawary 等[60]采用有限元法对高温下混凝土构件进行了分析,为提高计算分析的准确性,采用试验确定的混凝土材料的热工参数。Mindeguia 等[61]在量测 HSC 内部蒸汽压时,同时安置热电偶测试混凝土该部位的温度随加热时间的变化。李锡夔等[62]和李荣涛[63]采用数值方法建立了混凝土受热过程中的热力耦合等模型,以解释混凝土高温下的损伤破坏。吴波等[64]基于试验数据建立回归公式对混凝土柱截面进行了模拟计算,提出火灾后 HSC 柱的修复方法。余志武等[65]研究了钢筋混凝土板内的温度场分布,推导求解出火灾下钢筋混凝土温度场的计算公式。刘永军等[66,67]开发了专门用于混凝土构件内部温度场非线性分析和影响参数研究的软件。

1.1.5　RPC 的耐久性

对 RPC 而言,掺加硅灰等活性物质和热养护工艺提高了密实度,降低了孔隙率,有效改善了 RPC 的微观结构,使其表现出不同于其他材料的孔隙特征,并具有高耐久性。例如,Matte 等[68]采用 SEM 和 XRD 等手段研究了低水灰比掺加硅灰 RPC 的渗透性,结果表明,掺加硅灰后 RPC 的水化产物和微结构得到了良好改善。

Cheyrezy 等[69]研究表明,RPC 孔隙率非常低,$3.75nm \sim 100 \mu m$ 的孔隙率不超过 9%,在 $150 \sim 200℃$ 压力养护时,RPC 孔隙率几乎为零。龙广成等[70]用压汞仪研究了 RPC 的孔结构,得出 RPC 的孔径基本集中分布在 $2 \sim 3nm$,总孔隙率测试结果为 2.23%。刘娟红等[71]研究了大掺量矿粉 RPC 性能与微结构,结果表明,大掺量矿物细粉 RPC 的孔隙率均在 5% 左右,平均孔径 10nm 左右。鞠杨等[72]研究表明,RPC 多数孔隙直径小于 $100 \mu m$,不同孔径孔隙的累积孔隙率小于 9%。Bonneau 等[73]开展了 RPC 的抗冻融循环能力、抗氯离子渗透性等耐久性的研究,通过理论分析和试验验证了 RPC 具有很好的抗渗性能。Roux 等[74]对 RPC200 和 C80NC 进行空气渗透性试验,结果表明,RPC200 的空气渗透性系数是 C80NC 的 1/100;在 100% 的 CO_2 中存放 90 天,发现试件没有发生丝毫碳化。刘斯凤等[19]按照 ASTMC666 标准对 RPC 棱柱体试件进行了冻融循环试验,用耐久性系数(冻融循环后的动弹性模量与冻融循环前的动弹性模量之比)和质量损失率来评价混凝土的抗冻性能。冻融循环 600 次后,质量损失在 0.13% 左右,接近于零,耐久性系数也均大于等于 100。安明喆等[75]对 RPC 做了抗冻性能试验,分别得到了 RPC 经过 50 次、100 次、150 次、200 次、250 次的试验数据,表明 RPC 的耐久性系数均大于 99.2。杨吴生等[76]测定了 RPC 棱柱体试件的抗冻融性能,试验表明,经过 300 次冻融循环后其耐久性系数仍然不小于 100;同时,将养护后的试件置于自来水和人工海水中浸泡 180 天,人工海水的成分为 2.7%$NaCl$、0.32%$MgCl_2$、0.22% $MgSO_4$、0.13%$CaSO_4$、0.02%$KHCO_3$,研究发现,在海水中浸泡的 RPC 抗压强度和抗折强度都比浸泡前要高,而且比在同样条件下自来水中浸泡的 RPC 强度高,说明 RPC 并未受到侵蚀。施惠生等[77]进行了矿渣 RPC 抗氯离子渗透试验,结果表明,硅粉含量对 RPC 的抗渗性能影响较大,随着矿渣含量的相对增加,RPC 的抗氯离子渗透能力有所下降,但其总体抗渗性能仍然维持在较高的水平。宋少民等[78]研究了 RPC 的耐久性,发现 RPC 不仅改善了传统 HSC 收缩大的缺点,具有较小的体积收缩率,还具有优异的抗碳化、抗氯离子渗透、耐腐蚀性等优点。李忠等[79]将 RPC 试件浸泡在 Na_2SO_4 饱和溶液中 24h,再于 80℃ 的烤箱中烘干(24h 为一个循环),结果发现,10 次循环后质量损失仅为 1%,20 次循环后质量损失维持不变。

1.2 RPC 的优越性及工程应用

RPC 凭借以下优异性能,在道路桥梁、市政交通、核能工程、军事工程等领域得到了发展和应用[80~84]:

(1) 优异的抗压性能和抗折性能。RPC 的超高强度和高韧性,可以有效减小结构物的自重,使其在结构中能够直接承受剪力,在具有相同抗弯能力的前提下,

RPC200 结构的重量仅为钢筋混凝土的 1/3～1/2,接近于钢结构,在工程设计中可以采用更薄的截面形式降低生产成本,加工的预制构件寿命长、耐久性强,可用于市政工程中的交通立交桥、行人过街天桥、城市轻轨高架桥和交通工程中的大跨度桥梁等建筑结构中。

(2) 抗震性能优良。这是因为更轻的结构系统降低了惯性荷载;结构构件横截面高度的减少允许构件在弹性范围内发生更大的变形;极高的断裂能及高韧性使结构构件可以吸收更多的地震能。应用于框架节点将极大提高节点的抗震承载力,并彻底解决节点区钢筋过密、箍筋绑扎困难和混凝土难以浇筑密实等问题。

(3) 优异的耐久性。RPC 剔除了粗骨料,减小了界面过渡区的厚度和范围,同时也减少了自身缺陷,提高了体系的均匀性,其耐久性得到显著提高,大大延长了建筑物的使用年限。

(4) 抗腐蚀性。致密结构使 RPC 不仅能够抵御外部侵蚀性介质的腐蚀,而且能够防止放射性物质从内部泄漏,从而成为储存核废料的理想材料。

RPC 的应用已有不少工程实例。例如,使用 RPC 建造的第一个大型建筑结构是长 60m、桥面宽 4.2m、横跨 Mougog 河的单跨步行桥(见图 1.2)。这座桥位于加拿大魁北克 Sherbrooke,是由美国、加拿大、瑞士、法国共同进行 RPC 开发的一项试点工程,于 1997 年 11 月 27 日正式开通。由于当地的气候条件极其恶劣,冬季严寒,最低温度达−40℃,雪天须经常洒盐水化冰,对结构的耐久性要求很高,因而使用了 RPC200 进行结构设计。该桥的构造由 RPC 预制梁、预制板和钢管约束 RPC 组合而成。设计者采用三维空间桁架的设计思想,由预加应力抵抗桁架杆件的主拉应力及上承支撑的挠曲应力,而其他由剪应力和次挠曲产生的拉应力直接由 RPC 承担,预应力 RPC 在减轻结构自重的同时保证了结构的整体刚度。在构件加工中,只有施加预应力所使用的小型锚具是为这项工程特别设计的,其他基本构件均按常规混凝土工艺预制,该桥建成后至今使用状态良好。这一工程的亮点是完全用 RPC 制造,未使用传统的受力钢筋,用起重机现场安装。这一设计理念使得 RPC 具有的优越力学性能得到充分发挥,从而为 RPC 的推广应用提供了广阔的发展空间。

Lafarge 公司成功地在美国 Iowa 州建造了 Mars Hill 桥(见图 1.3)。该桥为单跨桥梁,总长 30.48m,由三根梁承载。由于完全采用 RPC 材料建造,该桥于 2006 年获得美国 PCI 学会两年一届的“第十届桥梁竞赛奖”,并被誉为“未来的桥梁”。拟修建的巴卡尔桥为 432m 跨径的拱桥,位于里耶卡到塞尼的高速公路上,横跨巴卡尔海峡。该桥几乎完全由强度达到 200MPa 的 RPC 预制构件拼装而成。与普通的 HPC 相比,RPC 的孔隙率减少 80%,微孔隙率减少 90%,透气和透水率减少 95%,这对位于海边的桥梁来说意义重大[83]。

2002 年,在韩国汉城(现在的首尔)建成了象征法国和韩国合作与友谊的步行桥——和平桥(见图 1.4),该桥由法国著名建筑师 Rudy Riccioti 设计,这座桥的主跨部分完全使用 Lafarge 公司的"Ductal"(Ductal 是 Lafarge 公司为使 RPC 商业化而注册的商标名)。该桥由六段拼装而成,每段高 1.3m,长 20m。桥 RPC 用量为 220t,没有配置非预应力筋,整座桥结构轻盈,自重很小,标志着 RPC 在实际应用中达到了新的高度[84]。

图 1.2 加拿大魁北克 Sherbrooke 某单跨步行桥外观及结构示意图

图 1.3 Mars Hill 桥 图 1.4 和平桥

表 1.5 给出了近年来 RPC 在桥梁工程的应用实例。

表 1.5 近年建成的 RPC 桥梁工程[83]

桥名	所在国	类型	单跨跨度/m	交付时间	使用位置
Horisaki River	日本	公路桥	16	2005 年	工形梁
Torisaki River	日本	公路桥	45	2006 年	导梁
DNP Tokai Factory	日本	机动车桥	2.9	—	—
Akakura	日本	步行桥	35	2004 年	箱形梁
Tahara	日本	步行桥	12	2004 年	箱形梁
Toyota Gym	日本	步行桥	28	2007 年	箱形梁
Sankenike	日本	步行桥	40	2007 年	箱形梁
Keio Uni	日本	步行桥	11	2005 年	—
Hikita	日本	步行桥	63.3	施工中	箱形梁
Mars Hill	美国	公路桥	33	2006 年	工形梁

续表

桥名	所在国	类型	单跨跨度/m	交付时间	使用位置
Cat Point Creek	美国	公路桥	24.8	2008 年	—
Lenmore/Legsby	加拿大	步行桥	33.6	2007 年	T 形梁
Shepherds Creek	澳大利亚	公路桥	15	2004 年	工形梁、桥面板
Pagatoetoe Station	新西兰	步行桥	20	2005 年	形梁
Penrose Station	新西兰	步行桥	20	2006 年	形梁
Papakura Station	新西兰	步行桥	—	2007 年	—
Sunyudo	韩国	步行桥	120	2002 年	形梁
PS34	法国	公路桥	47.4	2005 年	箱形梁
Pinel	法国	公路桥	27	2007 年	T 形梁
Gartnerplatz	德国	人行桥	36	2007 年	桁架上弦杆、桥面

此外,法国用 RPC 对一座核电厂的冷却塔进行了改造,生产了 2500 根大小梁和大量核废料储存容器;美国将 RPC 材料做成的污水处理过滤板用于下水道系统工程中;采用 RPC 经离心制成的涵管和灯杆以及利用低水灰比原材料成型的管道制品已有专项报告发表;将 RPC 用于要求空气渗透系数非常小的储水槽、沉箱、涂层、铁道的道口板等领域的方案已相继提出。

关于 RPC 的工程应用,国内也取得了卓有成效的研究成果。在北京交通大学的指导下,沈阳一工业厂房扩建工程的楼板、梁和柱使用了 140MPa 级的 RPC 预制构件,其中梁 84 片,楼板 245 块,混凝土量 327m³[85]。在迁曹铁路滦柏干渠大桥工程中,使用了五孔 20m 长的低高度后张法预应力 RPC 梁,抗压强度达到 120MPa[86]。

2009 年在清华大学的指导下,南京一轨道交通工程进行了一次现场薄层浇筑施工,共浇筑约 50m³ 的 RPC,实现自流平浇筑,覆盖湿麻袋,常温养护,其强度超过 100MPa。南京空军设计室与上海地铁公司合作,开展 UHPC 在地铁人防工程中的应用研究,制定了人防工程用 RPC 防护门的地方标准[87]。

北京市建筑工程研究院有限责任公司、北京惠诚基业投资管理有限公司等与国内大专院校合作,使 RPC 在国内道路、交通等基础建设上得到了广泛应用。例如,2005 年,RPC 桥梁盖板在举世瞩目的青藏铁路得到首次试验性应用;2006 年,RPC 材料在迁曹线首次用于低高度梁制作;2007 年国内开展了世界上首次 RPC 材料的大规模推广应用,以工厂化预制方式制造襄渝二线湖北、陕西、四川境内山区普通铁路 T 形梁 RPC 步板,并在陕西建成国际上第一座规模化 RPC 示范工厂;同年在郑西铁路客运专线首次使用 RPC 材料制作箱梁电缆槽盖板与栏杆;2008 年 RPC 低高度梁在蓟港铁路投入实际应用。2009 年以来,在京沪高铁、哈大客运专线、宁杭客运专线(见图 1.5)、厦深客运专线(福建段、广东段)、京石客运专线、石武客运专线(河北段、河南段、湖北段)、成绵乐客运专线等国家重点工程中逐步开展了RPC盖板的应用;此外,宁杭客运专线、北京五环路、北京石景山南站斜拉桥隔离带上的道路盖板也采用RPC(见图1.6)。

图1.5 宁杭客运专线RPC电缆槽盖板　　　图1.6 石景山南站斜拉桥隔离带RPC盖板

2013年中国建筑材料科学研究总院将RPC仿古砖成功应用于天安门地面改造工程,该工程南起天安门北侧基石,北至端门南侧基石,施工总面积约为1.32万 m²,如图1.7所示[88]。

图1.7 RPC在天安门地面改造工程的应用

由于RPC具有超高强度及高韧性,用其制作结构构件时可以相应减小构件的尺寸。以加拿大Mougog河的单跨步行桥为例,采用NC方案与采用RPC方案对比,尽管RPC在配比设计中每单位体积水泥和硅灰的含量较高,但其超高强度有效降低了水泥和集料的总用量。该工程中,在保持结构形式和承载能力相同的情况下,采用30MPa的普通混凝土,梁截面厚度为500mm;采用60MPa的HPC,其梁等效厚度为400mm;若采用200MPa的RPC,其截面高度则降为150mm。表1.6给出了用普通混凝土材料和RPC200建造该桥的原材料消耗量对比[89]。

表1.6　Mougog河单跨步行桥使用RPC、NC和HSC原材料消耗对比

混凝土品种	NC-30	HSC-60	RPC200
计算等效截面厚度/mm	500	400	150
混凝土体积/m³	126	100	33
单方胶凝材料用量/(kg/m³)	350	400	705
生产水泥排放的CO_2/t	44	40	27
集料总用量/t	230	170	60

在表 1.6 中,水泥用量的减少使得生产水泥熟料向大气排放二氧化碳及其他有害气体数量(生产 1t 熟料约排放 1t 二氧化碳)随之减少。以 2010 年我国混凝土用量达 27 亿 m^3 计,若全部采用 HPC,则混凝土用量减至 21 亿 m^3,水泥年产量也从原计划的 8 亿 t 降至 6.2t;若全部采用 RPC,则混凝土用量有可能降低到 7.1 亿 m^3,水泥年产量仅需 2.1 亿 t。此外,如果全部采用 RPC 并以 2.1t 水泥计,那么集料用量仅为 13 亿 m^3,同时利用工业副产品硅灰 0.6 亿 t。由此可见,选用 RPC 材料能有效降低能源和资源的消耗,减轻环境负荷,如表 1.7 所示。

表 1.7 RPC 取代 HSC 后对水泥工业的消耗及环境负荷

混凝土类型	标煤/万 t	电/(亿 kW·h)	石灰石/亿 t	粉尘/万 t	CO_2/亿 t	NO_2/万 t	SO_2/万 t
HSC	6500	647	6	620	4.07	116	18.44
RPC	2200	220	2	210	1.37	39.4	54.3

从上述分析可知,RPC 的使用不仅大量地节约了水泥熟料,充分利用了工业副产品硅灰,而且极大地发挥了 RPC 的高强优势,有效地减少了水泥与混凝土的用量,具有可观的经济效益。

1.3 本章小结

本章介绍了 RPC 的发展史和典型配合比,以及国内外学者在其配合比、常温静动态力学性能、增强增韧机理、耐久性等方面取得的研究结果和部分工程应用实例。作为一种具有较高强度、高韧性和耐久性的新型建筑材料,RPC 有着广阔的应用前景。

参 考 文 献

[1] 吴中伟,廉慧珍. 高性能混凝土[M]. 北京:中国铁道出版社,1999.
[2] 李惠. 高强混凝土及其组合结构[M]. 北京:科学出版社,2004.
[3] 冯乃谦. 高性能混凝土结构[M]. 北京:机械工业出版社,2004.
[4] 陈肇元,朱金铨,吴佩刚. 高强混凝土及其应用[M]. 北京:清华大学出版社,1992.
[5] 冯乃谦. 高性能混凝土[J]. 混凝土与水泥制品,1993,2:6-10.
[6] 丁大钧. 高性能混凝土及其在工程中的应用[M]. 北京:机械工业出版社,2007.
[7] 赵干. 高强高性能混凝土在矿井冻结井壁工程中的应用[J]. 煤,2008,17:16-19.
[8] Kirkland C J. The fire in the Channel Tunnel[J]. Tunnelling and Underground Space Technology,2002,17(2):129-132.
[9] Phan L T,Carino N J,Duthiuh D,et al. National institute of standards and technology. international workshop on fire performance of high-strength concrete[C]//NIST Special Pub-

lication 919,Gaithersburg,MD,1997:95-113.

[10] Richard P,Cheyrezy M. Reactive powder concretes with high ductility and 200-800 MPa compressive strength[J]. ACI Special Publication,1994,144:507-518.

[11] Richard P,Cheyrezy M. Composition of reactive powder concretes[J]. Cement and Concrete Research,1995,25(7):1501-1511.

[12] 覃维祖,曹峰. 一种超高性能混凝土——活性粉末混凝土[J]. 工业建筑,1999,29(4):16-18.

[13] Lee M G,Wang Y C,Chiu C T. A preliminary study of reactive powder concrete as a new repair material[J]. Construction and Building Materials,2007,21(1):182-189.

[14] Yazici H,Yardimci M Y,Aydin S,et al. Mechanical properties of reactive powder concrete containing mineral admixtures under different curing regimes[J]. Construction and Building Materials,2009,23(3):1223-1231.

[15] 覃维祖. 活性粉末混凝土的研究[J]. 石油工程建设,2002,28(3):1-3.

[16] 何峰,黄政宇. 200~300MPa 活性粉末混凝土(RPC)的配制技术研究[J]. 混凝土与水泥制品,2000,4:3-7.

[17] 谢友均,刘宝举,龙广成. 掺超细粉煤灰活性粉末混凝土的研究[J]. 建筑材料学报,2001,4(3):280-284.

[18] 闫光杰,阎贵平,安明喆,等. 200MPa 级活性粉末混凝土试验研究[J]. 铁道学报,2004,26(2):116-119.

[19] 刘斯凤,孙伟,林玮,等. 掺天然超细混合材高性能混凝土的制备及其耐久性研究[J]. 硅酸盐学报,2003,31(11):1080-1085.

[20] 单波,杨吴生,黄政宇. 钢纤维对 RPC 抗压强度增强作用的研究[J]. 湘潭大学自科学报,2002,24(1):109-112.

[21] 刘红彬,鞠杨,叶光莉,等. 活性粉末混凝土的制备技术与力学性能研究[J]. 工业建筑,2008,38(6):74-78.

[22] Bayard O,Ple O. Fracture mechanics of reactive powder concrete:Material modelling and experimental investigations[J]. Engineering Fracture Mechanics,2003,70(7):839-851.

[23] Chan Y W,Chu S H. Effect of silica fume on steel fiber bond characteristics in reactive powder concrete[J]. Cement and Concrete Research,2004,34(7):1167-1172.

[24] 赖建中,孙伟,刘斯凤,等. 钢纤维对 RPC 材料增韧效果影响的研究[J]. 混凝土与水泥制品,2002,5:41-43.

[25] 姚志雄,周健,周瑞忠. 活性粉末混凝土断裂性能的试验研究[J]. 建筑材料学报,2006,9(6):654-659.

[26] 张明波,阎贵平,闫光杰,等. 200MPa 级活性粉末混凝土抗弯性能试验研究[J]. 北京交通大学学报,2007,31(1):81-84.

[27] 余自若,安明喆,阎贵平. 活性粉末混凝土的断裂性能研究[J]. 低温建筑技术,2008,5:5-7.

[28] 周瑞忠,姚志雄,石成恩. 活性粉末混凝土为基底材料的断裂和疲劳试验研究[J]. 水力发电学报,2005,24(6):40-44.

[29] Tai Y S. Uniaxial compression tests at various loading rates for reactive powder concrete [J]. Theoretical and Applied Fracture Mechanics,2009,52(1):14-21.

[30] Tai Y S. Flat ended projectile penetrating ultra-high strength concrete plate target[J]. Theoretical and Applied Fracture Mechanics,2009,51(12):117-128.

[31] Tian Z M,Wu P A,Jia J W. Dynamic response of RPC-filled steel tubular columns with high load carrying capacity under axial impact loading[J]. Transactions of Tianjin University,2008,14:441-449.

[32] Wang Y H,Wang Z D,Liang X Y,et al. Experimental and numerical studies on dynamic compressive behavior of reactive powder concretes[J]. Acta Mechanica Solida Sinica,2008,21(5):420-430.

[33] 赖建中,孙伟,戎志丹. 活性粉末混凝土在多次冲击荷载下的力学行为[J]. 爆炸与冲击,2008,28(6):532-538.

[34] 王勇华,梁小燕,王正道,等. 活性粉末混凝土冲击压缩性能实验研究[J]. 工程力学,2008,25(11):167-172.

[35] Bagheri A R,Zanghane H. Energy absorption of reactive powder concrete(RPC)in static and impact loadings[C]//Proceedings Annual Conference of the Canadian Society for Civil Engineering:Where the Road Ends,Ingenuity Begins,Yellowknife,2007.

[36] 葛涛,潘越峰,谭可可,等. 活性粉末混凝土抗冲击性能研究[J]. 岩石力学与工程学报,2007,26(Sup1):3353-3557.

[37] Fujikake K,Senga T,Ueda N,et al. Study on impact response of reactive powder concrete beam and its analytical model[J]. Journal of Advanced Concrete Technology,2006,4(1):99-108.

[38] Fujikake K,Senga T,Ueda N,et al. Effects of strain rate on tensile behavior of reactive powder concrete[J]. Journal of Advanced Concrete Technology,2006,4(1):79-84.

[39] Kuznetsov V A,Rebentrost M,Wasch J. Strength and toughness of steel fibre reinforced reactive powder concrete under blast loading[J]. Transactions of Tianjin University,2006,12(Sup):70-74.

[40] 王德荣,葛涛,周泽平,等. 钢纤维超高强活性混凝土(RPC)抗侵彻计算方法研究[J]. 爆炸与冲击,2006,26(4):367-372.

[41] Toutlemonde F,Sercombe J. FRC containers design to ensure impact performance[J]. New Orleans Structures Congress,1999:183-186.

[42] 颜祥程,许金余,段吉祥,等. 超高强活性粉末混凝土的抗侵彻特性数值仿真研究[J]. 弹箭与制导学报,2009,29(6):103-106.

[43] Schneider U,Diederichs U. Verhalten von ultrahochfesten betonen(UHPC)unter brandbeanspruchung[J]. Beton-und Stahlbetonbau,2003,98(7):408-417.

[44] Felicetti R,Gambarova P G,Sora M N,et al. Mechanical behaviour of HPC and UHPC in direct tension at high temperature and after cooling[C]//RILEM Symposium on Fibre-Reinforced Concretes,Bagneux,2000.

[45] Tai Y S,Pan H H,Kung Y N. Residual strength and deformation of steel fibre reinforced reactive powder concrete after elevated temperature[J]. Journal of the Chinese Institute of Civil& Hydraulic Engineering,2010,22(1):43-54.

[46] Liu C T, Huang J S. Fire performance of highly flowable reactive powder concrete[J]. Construction and Building Materials,2009,23(5):2072-2079.

[47] Zheng W Z, Li H Y, Wang Y, et al. Tensile properties of steel fiber-reinforced reactive powder concrete after high temperature[J]. Advanced Materials Research,2012,413:270-276.

[48] 刘红彬,李康乐,鞠杨,等. 钢纤维活性粉末混凝土的高温爆裂试验研究[J]. 混凝土,2010,8:6-8.

[49] 陈强. 高温对活性粉末混凝土高温爆裂行为和力学性能的影响[D]. 北京:北京交通大学,2010.

[50] 杨少伟,刘丽美,王勇威,等. 高温后钢纤维活性粉末混凝土 SHPB 试验研究[J]. 四川大学学报(工程科学版),2010,42(1):25-29.

[51] 王立闻,庞宝君,杨震琦,等. 钢纤维活性粉末混凝土高温后动力学特性研究[J]. 建筑材料学报,2010,13(5):620-625.

[52] 吴波. 火灾后钢筋混凝土结构的力学性能[M]. 北京:科学出版社,2003.

[53] 朋改非,陈延年. 高性能硅灰混凝土的高温爆裂与抗火性[J]. 建筑材料学报,1999,2(3):193-198.

[54] Gawin D,Majorana C,Schrefler B. Numerical analysis of hygro-thermal behaviour and damage of concrete at high temperature[J]. Mechanics of Cohesive-frictional Materials,1999,4(1):37-74.

[55] Gawin D,Pesavento F,Schrefler B. Modelling of hygro-thermal behaviour and damage of concrete at temperature above the critical point of water[J]. International Journal for Numerical and Analytical Methods in Geomechanics,2002,26(6):537-562.

[56] Gawin D,Pesavento F,Schrefler B. Modelling of hygro-thermal behaviour of concrete at high temperature with thermo-chemical and mechanical material degradation[J]. Computer Methods in Applied Mechanics and Engineering,2003,192(13):1731-1771.

[57] Gawin D,Pesavento F,Schrefler B A. Hygro-thermo-chemo-mechanical modelling of concrete at early ages and beyond. Part I:Hydration and hygro-thermal phenomena[J]. International Journal for Numerical Methods in Engineering,2006,67(3):299-331.

[58] Chung J H,Consolazio G R. Numerical modeling of transport phenomena in reinforced concrete exposed to elevated temperatures[J]. Cement and Concrete Research,2005,35(3):597-608.

[59] Chung J H,Consolazio G R,McVay M C. Finite element stress analysis of a reinforced high-strength concrete column in severe fires[J]. Computers and Structures,2006,84(21):1338-1352.

[60] El-Hawary M,Ragab A,Osman K,et al. Behavior investigation of concrete slabs subjected to high temperatures[J]. Computers and Structures,1996,61(2):345-360.

[61] Mindeguia J C,Pimienta P,Noumowé A,et al. Temperature,pore pressure and mass variation of concrete subjected to high temperature-experimental and numerical discussion on spalling risk[J]. Cement and Concrete Research,2010,40(3):477-487.

[62] 李锡夔,李荣涛,张雪珊,等. 高温下混凝土中热-湿-气-力学耦合过程数值模拟[J]. 工程力学,2005,22(4):171-240.

[63] 李荣涛. 高温下混凝土中化学-热-湿-力学耦合过程的数值模拟及破坏分析[D]. 大连:大连理工大学,2007.

[64] 吴波,徐玉野. 钢筋混凝土异形柱高温下力学性能的数值模拟[J]. 土木工程学报,2006,39(12):48-53.

[65] 余志武,王中强,蒋丽忠. 火灾下钢筋混凝土板的温度场分析[J]. 铁道科学与工程学报,2004,1(1):58-61.

[66] 刘永军,李宏男. 遭受火灾钢筋混凝土构件内温度场分析软件 TFIELD[J]. 沈阳建筑工程学院学报,2000,16(4):251-253.

[67] 刘永军. 钢筋混凝土结构火灾反应数值模拟及软件开发[D]. 大连:大连理工大学,2002.

[68] Matte V,Moranville M. Durability of reactive powder composites:influence of silica fume on the leaching properties of very low water/binder pastes[J]. Cement and Concrete Composites,1999,21(1):1-9.

[69] Cheyrezy M,Maret V,Frouin L. Microstructural analysis of RPC(reactive powder concrete)[J]. Cement and Concrete Research,1995,25(7):1491-1500.

[70] 龙广成,谢友均,王培铭,等. 活性粉末混凝土的性能与微细观结构[J]. 硅酸盐学报,2005,33(4):456-461.

[71] 刘娟红,王栋民,宋少民,等. 大掺量矿粉活性粉末混凝土性能与微结构研究[J]. 武汉理工大学学报,2008,30(11):54-57.

[72] 鞠杨,刘红彬,田开培,等. RPC 高温爆裂的微细观孔隙结构与蒸汽压变化机制的研究[J]. 中国科学(E辑:技术科学),2013,43(2):141-152.

[73] Bonneau O,Lachemi M,Dallaire E,et al. Mechanical properties and durability of two industrial reactive powder concretes[J]. ACI Materials Journal,1997,94(4):286-290.

[74] Roux N,Andrade C,Sanjuan M. Experimental study of durability of reactive powder concretes[J]. Journal of Materials in Civil Engineering,1996,8(1):1-6.

[75] 安明喆,杨新红,王军民,等. RPC 材料的耐久性研究[J]. 建筑技术,2007,38(5):367-368.

[76] 杨吴生,黄政宇. 活性粉末混凝土耐久性能研究[J]. 混凝土与水泥制品,2003,1:19-26.

[77] 施惠生,施韬,陈宝春,等. 掺矿渣活性粉末混凝土的抗氯离子渗透性研究[J]. 同济大学学报(自然科学版),2006,34(1):93-96.

[78] 宋少民,未翠霞. 活性粉末混凝土耐久性研究[J]. 混凝土,2006,2:72-74.

[79] 李忠,黄利东. 钢纤维活性粉末混凝土耐久性能的研究[J]. 混凝土与水泥制品,2005,3:42-43.

[80] 王震宇,陈松来,袁杰. 活性粉末混凝土的研究与应用进展[J]. 混凝土,2003,11:39-44.

[81] 赵曼,阎贵平,郝文秀. 高速铁路 RPC 格构型轨道板的设计与仿真分析[J]. 北京交通大学

学报,2008,32(1):64-68.

[82] 张燕. 活性粉末混凝土(RPC)的结构工程应用及发展空间[J]. 山东建材,2004,25(1):46-48.

[83] 刘数华,阎培渝,冯建文. 活性粉末混凝土在桥梁工程中的研究和应用[J]. 公路,2009,13(3):149-149.

[84] 白泓,高日. 活性粉末混凝土(RPC)在工程结构中的应用[J]. 建筑科学,2003,19(4):51-54.

[85] 敖长江. 工业厂房扩建工程 RPC 构件预制施工技术[J]. 山西建筑,2005,31(18):121-122.

[86] 檀军锋. 活性粉末混凝土(RPC)在铁路预制梁工程中的应用[J]. 上海铁道科技,2007,2:54-55.

[87] 阎培渝. 超高性能混凝土(UHPC)的发展与现状[J]. 混凝土世界,2010,9:36-41.

[88] 中国建筑材料科学研究总院. 总院高性能 RPC 仿古砖成功应用于天安门地面改造工程并获嘉奖[EB/OL]. http://www.cbma.com.cn/chinese/info/News_View.asp?NewsID=3112.2013-08-20.

[89] Aitcin P C,Richard P. The pedestrian bikeway bridge of Sherbrooke[C]//Proceedings of the 4th International Symposium on Utilization of High-Strength/High-Performance Concrete,Paris,1996:1399-1406.

第 2 章　RPC 的制备原理及配比

作为一种高强度、高韧性、低孔隙率的高性能混凝土,RPC 表现出优异的力学性能、抗震抗冲击性能和耐久性能等,并在土木、交通、水利及军事工程中取得广泛应用,尤其是在严寒、高温、腐蚀等严酷环境下表现出较长的服役寿命。

RPC 有其独特的制备原理和制备措施,原材料的品种、性能等对 RPC 的影响很大,因此制备 RPC 时需要合理选用原材料。本章主要介绍强度为 200MPa 的 RPC 的制备原理、工艺和原材料对其性能的影响,研究分析水胶比、减水剂掺量、砂级配等因素对 RPC 性能的影响,确定了 RPC200 的配合比。

2.1　制　备　原　理

混凝土是由粗、细骨料和胶凝材料等混合而成的多相复合材料,其性能取决于水泥石、粗骨料及两者间界面结合的程度。研究表明,粗骨料与砂浆之间的过渡区是混凝土结构的薄弱环节,过渡区存在的应力集中、收缩应力和较低的黏结力是影响混凝土受力性能及耐久性的主要因素,改善其组成结构是提高混凝土性能的重要途径。

基于以上研究,Richard 等[1,2]提出了 RPC 的基本制备原理:材料含有的微裂缝和孔隙等缺陷最少,即可获得由其组成材料所决定的最大承载力,具有高的耐久性。在此原理的基础上,采用如下制备措施。

1) 去除粗骨料来提高基体的匀质性

RPC 不使用粗骨料,选用最大粒径为 0.5mm 的石英砂为骨料,减小过渡区的范围,在整体上提高体系的匀质性,从而改善 RPC 的各项性能。

2) 优化整体组分颗粒级配,并在成型前和凝固中加压,提高集料的密实度

选用级配在 $0.1\mu m \sim 0.1mm$ 的水泥和硅粉,通过提高组分的细度,使 RPC 内部达到最大填充密实度,将材料初始缺陷降至最低;采用高效减水剂降低水灰比,提高水泥浆强度,同时减小了用水量,大大降低空隙率;成型时施加压力,以有效减少气孔和化学收缩引起的孔隙。

3) 凝固后采用热养护改善微结构

通过 90℃的热养护或 250~400℃的蒸汽养护来加速粉末的水化反应,强化水化物的结合力。

4) 掺入微细钢纤维增加韧性

未掺钢纤维 RPC 的受压应力-应变曲线呈线弹性变化,破坏时呈明显的脆性

破坏,掺入钢纤维可以提高韧性和延性。RPC200 中掺入的钢纤维直径约为 0.15mm,长度为 3~12mm,体积掺量为 1.5%~3%。对于在 250℃以上温度养护的 RPC800,其力学性能(抗压强度和抗拉强度)的改善是通过掺入更短(长度≤3mm)且形状不规则的钢纤维来实现的。

2.2　原材料对 RPC 性能的影响

1. 水泥

水泥是一种良好的矿物胶凝材料,它与水混合后经过物理化学反应,由可塑性的胶体变成坚硬的水泥石,并能将散状颗粒材料胶结成整体。我国建筑工程中常用的水泥主要有硅酸盐水泥、普通硅酸盐水泥、矿渣硅酸盐水泥、火山灰硅酸盐水泥和粉煤灰硅酸盐水泥等。

为尽量降低水泥的水化热并保证足够的强度和耐久性,配制 HSC 需要选用矿物组分合理、细度适宜的 42.5 或更高标号的硅酸盐水泥或普通硅酸盐水泥。由于配制 HSC 的水灰比较小,配制时应尽量避免使用早强型水泥[3]。

水泥的流变性直接影响混凝土拌合物的工作性和浇筑后的密实性,并影响混凝土硬化后的强度和耐久性。影响流变性的主要因素是石膏中 SO_3 和铝酸三钙 (C_3A) 的含量、水泥的颗粒组成及碱含量 $(K_2O$ 和 Na_2O 的含量)。水泥中碱含量越高,水泥的流变性越差,后期强度越低。

水泥中熟料的细度对水泥强度的发展特别重要,水泥的水化是由颗粒表面向内部逐渐进行的,其中粒径为 $3\sim30\mu m$ 的颗粒主要起强度作用,是水泥强度的主要贡献者,小于 $10\mu m$ 的颗粒主要起早强作用但需水量较大,大于 $60\mu m$ 的颗粒几乎接近惰性,因此,要想使水泥具有良好的流变性,必须控制 $10\mu m$ 以下颗粒的含量小于 10%[3]。

高标号水泥一般颗粒粒径较小,比表面积较大$(>330m^2/kg)$,具有较高的化学活性,能够充分进行水化反应,与骨料界面胶结良好。考虑流变性能和力学性能,配制 RPC200 宜用硅酸三钙(C_3S)含量较高的 52.5 号普通硅酸盐水泥或更高标号、高硅率的硅酸盐水泥[4,5],从化学成分的角度来看,C_3A 含量低的水泥具有较好的效果。

2. 硅灰

硅灰是铁合金厂冶炼硅铁合金和金属硅时的一种副产品,一般通过冷凝方式从烟尘中收集得到,又称冷凝灰。硅灰的平均粒径约为 $0.1\mu m$,比表面积为 20000~25000m^2/kg,细度比水泥小两个数量级,其主要成分为无定形的 SiO_2,且含量达 90%

以上。

　　硅灰在混凝土中兼有活性黏结料和填料的作用,有很高的活性,活性比水泥高 1~3 倍,是制造高强、特高强水泥基材料所必需的材料。硅灰在 RPC 中的作用主要有[6]:

　　(1) 硅灰的平均粒径为水泥的 1/100,能够很好地填充不同粒径颗粒间的孔隙,减小内部孔隙率和孔隙尺寸,从微观尺度上增加了密实度。

　　(2) 改善骨料界面上的水泥浆体结构,球形的硅灰粒径远小于水泥颗粒,它们在水泥颗粒间起到"滚珠"作用,使水泥浆体的流动性增加。

　　(3) 硅粉具有很强的火山灰活性,可与水泥水化产生的对强度不利的 $Ca(OH)_2$ 发生二次水化反应,生成具有网状结构且致密的 C-S-H 凝胶,增加了水泥石中 C-S-H 凝胶的数量,降低孔隙率并改善孔结构,使混凝土强度增长很快,同时可以控制碱骨料反应,即

$$Ca(OH)_2 + SiO_2 + H_2O \longrightarrow C\text{-}S\text{-}H \qquad (2.1)$$

　　关于 RPC 中硅粉最优掺量问题,国内外学者进行了试验研究,得出一些重要结论[7,8]。试验表明,硅粉掺量为水泥的 20%~30%时,钢纤维具有最大的黏结强度和拉拔能,这从细观上解释了为什么掺加钢纤维能提高 RPC 断裂韧性。

3. 磨细石英粉

　　常温下,石英粉不具有火山灰活性,仅充当微集料的作用,主要用于改善混凝土的工作性和降低温升。研究表明,325 目的石英粉适宜于配制 RPC,石英粉取代一部分砂用做微集料,硅粉作为活性超细粉末时,在热养护和高温养护下抗压强度均高于单掺硅粉的 RPC 强度;此外试验发现,随着石英粉掺量的增加,浆体的用水量也增加,即水胶比也会增加。随着养护条件的不同,石英粉的最佳掺量随试验配比及养护制度的不同在一定范围内变化[4]。

4. 高效减水剂

　　高效减水剂又称超塑化剂,常用的高效减水剂有两类:萘磺酸盐甲醛缩合物和三聚氰胺磺酸盐甲醛缩合物,前者最为常用,它是由工业萘、甲醛、浓硫酸在一定条件下制备而成的,常用的有 FDN、UNF、NF 等;三聚氰胺磺酸盐甲醛缩合物是由三聚氰胺、甲醛和亚硫酸氢钠在一定条件下缩聚反应而成的。高效减水剂的减水率可达 15%~30%。

　　高效减水剂是一种高分子表面活性剂,具有很强的固-液界面活性。在水泥分散体系中,它能吸附在水泥颗粒表面上,并形成带负电的强电场,使水泥凝聚体分散,提高了拌合物的稳定性和匀质性,使水泥浆体的流动性大大提高。同时,高效减水剂的气-液表面张力小,几乎不降低水的表面张力,因此起泡少,对混凝土无引

气作用。掺加高效减水剂可大幅减少混凝土的用水量,减水率随掺量的增加而提高。高效减水剂对水泥无缓凝作用,因此,掺加高效减水剂混凝土的坍落度损失较快。

高效减水剂对水泥的相容性在配制 HSC 时更为敏感,用来配制 RPC 的高效减水剂除了应有很好的减水效果外,还应能与所选水泥相匹配,即"水泥-超塑化剂的协调匹配"问题[9]。配置 HSC 时,应首选非引气型的高效减水剂,掺量可通过流变力学分析来决定,一般为胶凝材料重量的 0.5%～1.5%[3],具体视水泥品种及减水剂类别确定,减水率一般要求 20%～30%或更高。

5. 钢纤维

钢纤维是用钢质材料加工成的短纤维,是近年来应用于混凝土中的一种新型材料,由于它能增加纤维与水泥砂浆的握裹力,增强混凝土的整体强度,阻碍混凝土内部裂纹的繁衍、扩展,对增加混凝土的韧性、抗冲击性起着关键作用,有效避免无征兆的脆性破坏的产生,使其抗折、抗压、抗裂、耐磨强度明显提高。钢纤维对混凝土的增强效率与钢纤维长度、直径、长径比、体积率及纤维外形等密切相关。在 Richard 等[1] 研制的 RPC 典型配比中,所用的钢纤维为长度 13mm、直径 0.175mm 的凹凸性不锈钢纤维。

RPC 在受力(拉、弯力)初期,水泥基料和钢纤维共同承受外力作用,但水泥基料为主要承力者,钢纤维可以极大地约束基料在应力作用下裂缝的形成和发展;随着应力增大,基料发生开裂,横跨裂缝的纤维成为主要外力承受者,若纤维的体积掺量超过某一临界值,整个复合材料可继续承受较高的荷载并产生较大变形,直到纤维被拉断或者纤维从基体中被拔出以致材料破坏。

研究表明,掺入一定量乱向分布的微细钢纤维,可显著提高 RPC 抗压、抗弯性能以及断裂能。乱向分布的短钢纤维可阻碍混凝土内部微裂缝的扩展和宏观裂缝的发生和发展,因此,对抗拉强度和主要由主拉应力控制的抗弯、抗剪、抗扭强度有明显的改善作用。将钢纤维和硅灰复合掺入可进一步提高 RPC 的抗压强度,以及增强混凝土与纤维之间的黏结强度。水胶比一定时,当钢纤维的掺量大于临界值时,钢纤维对 RPC 抗压强度的增强效果十分明显[10~13]。RPC 的抗折强度受钢纤维品种和体积率的影响,高强、大长径比、易分散的纤维有更优异的增强和增韧效果,对同种钢纤维来讲,抗折强度随钢纤维率的提高呈线性增长[14]。

6. 砂

砂的质量主要影响混凝土的用水量,级配好的砂有利于改善混凝土拌合物的工作性,提高混凝土的强度、耐久性,减小混凝土的变形。因此,配制 RPC 应选用颗粒形状接近球形,级配良好、洁净的天然河砂、标准砂或石英砂[8]。依据最大密实理论,为避免与水泥颗粒粒径($80\sim100\mu m$)冲突,砂的平均粒径选择为$250\mu m$,粒径限制在$150\sim600\mu m$。

文献[8]研究了石英砂与标准砂按不同比例混合后对 RPC 强度的影响,结果表明,用石英砂替代标准砂时,RPC 的抗压强度比完全用标准砂时有较大幅度的提高。主要因为石英砂的最大粒径大于标准砂,比表面积小,需水量小,从而提高了 RPC 的强度。通过试验还观察到,随着石英砂掺量的增加,浆体的流动性也在增加,表明粒径范围宽的石英砂的流动性比粒径范围窄的标准砂($0.16\sim0.63mm$)的流动性要大,合理的粒径应为$0\sim0.63mm$。

根据以上要求,结合本地实际,制备 RPC200 的原材料如下:

试验选用河北太行水泥股份有限公司(后归金隅水泥集团)生产的 P.O 42.5 水泥,其主要化学成分和物理性能见表 2.1。

表 2.1　P.O 42.5 水泥的化学成分和物理性能

MgO /%	SO_3 /%	烧失量 /%	碱含量 /%	细度 /%	水泥掺合料 /%	初凝 /h	终凝 /h	抗折强度 /MPa	抗压强度 /MPa
1.93	2.37	2.26	0.5	1.2	10.7	2:07	2:53	9.3	59.3

注:水泥掺合料为矿+粉+石。

硅灰采用四川成都东蓝星科技发展有限公司生产的 EBS-S 微硅粉,其化学成分和其他性能指标见表 2.2 和表 2.3。采用的瑞士西卡 3410c 高效减水剂,性能指标见表 2.4。

表 2.2　硅灰的化学成分

SiO_2 /%	Al_2O_3 /%	Fe_2O_3 /%	CaO /%	MgO /%	K_2O /%	Na_2O /%	P_2O_5 /%	含碳量 /%	SO_3 /%	烧失量 /%
95.48	0.4	0.03	0.44	0.4	0.72	0.25	0.69	0.25	0.44	0.9

表 2.3　硅灰的其他性能指标

密度 /(g/cm³)	比表面积 /(m²/g)	$45\mu m$ 筛余量 /%	容重 /(kg/m³)	含水率 /%	耐火度 /℃
2.23	30.1	0	1.73	1.4	1710~1730

表 2.4　高效减水剂主要技术指标

型号	外观	pH	密度/(g/mL)	固体含量/%	总碱量/%	减水率%
西卡 3410c	褐色油状液体	6.0	1.014	31.5	—	35

钢纤维选用辽宁鞍山昌宏钢纤维厂生产的超细、超短剪切型高强钢纤维,直径为$0.2\sim0.22mm$,长度为 13mm,长径比为 65,抗拉强度为 2400MPa,并主要研究

钢纤维率对 RPC 的抗压强度、抗拉强度等力学性能的影响。

　　综合考虑质量及价格因素后,采用粒径为 $150\sim600\mu m$、SiO_2 含量大于 90% 的石英砂(见表 2.5)。

表 2.5　石英砂的累计筛余比例

筛孔尺寸/mm	0.63	0.315	0.16	筛底
累计筛余/%	0.8	75.2	98.3	100

2.3　RPC 的制备技术

　　除了选择优质原材料,适当的制备工艺和配合比也是重要的影响因素。配合比要满足强度、耐久性和工作性的要求,其中必须考虑如水胶比、石英粉、高效减水剂、钢纤维率等因素对它的影响。由于各地的选材、搅拌、养护等工艺有所不同,因此最佳配合比要视具体情况,经过综合分析确定,详见文献[15]。

2.3.1　搅拌工艺

　　由于掺加了硅灰且水胶比较低,因此 RPC 的浆体比较黏稠,要使 RPC 各组分能够均匀混合,搅拌工艺较为重要,采用的搅拌工艺如下:

　　①将称量好的水泥、硅灰、石英砂、石英粉等依次倒入搅拌机中,干拌 3min,使各组分充分混合,以提高 RPC 的均质性;若掺加钢纤维,则在水泥等干料搅拌均匀后再加入;加入溶有高效减水剂的一半用水量,搅拌 3min;②倒入另一半用水量,搅拌 3min;③搅拌流程如图 2.1 所示。

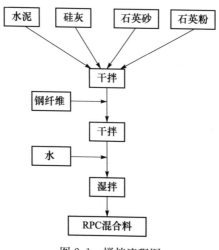

图 2.1　搅拌流程图

2.3.2　养护方法

目前,RPC 常用以下三种养护方式:

(1) 标准养护。在(20±2)℃水中养护 28 天。

(2) 热水养护。在 90℃热水中养护 48h 或在 90℃低压蒸汽中养护 48h。

(3) 高温养护。热水养护后在 200～400℃高温下养护 8h。

2.4　配合比试验

试件抗压强度按《普通混凝土力学性能试验方法标准》(GB/T 50081—2002)[16]和《纤维混凝土试验方法标准》(CECS 13:2009)[17]进行,搅拌机采用《水泥胶砂强度检验方法》(GB/T 17671—1999)所规定的胶砂搅拌机,振动台为频率50Hz 的磁力振动台,制备和强度测试设备如图 2.2～图 2.7 所示。

浇筑时,将拌合物注入 70.7mm×70.7mm×70.7mm 胶砂试模(100mm×100mm×100mm 立方体试模)中,在振动台上振动 1.5min,然后将试模转 90°再振1.5min,表面抹平后,放入标准养护箱中养护,详见文献[15]。

图 2.2　胶砂搅拌机

图 2.3　振动台和圆柱体试模

图 2.4　混凝土快速养护箱

图 2.5　2000kN 液压试验机

图 2.6　2000kN 刚性液压伺服试验机

图 2.7　3000kN 液压伺服试验机

2.4.1　水胶比对 RPC 抗压强度的影响

由于 RPC 是由水泥和硅灰、粉煤灰等火山灰活性物质、细骨料等多种颗粒组成的,水胶比的大小又直接影响水泥的水化以及硅灰、粉煤灰等活性物质火山灰效应的发挥,因此,水胶比对 RPC 的性能起着重要作用。

在胶凝材料、其他掺料均不变的条件下,分别选用 0.16~0.19 四种水胶比,见表 2.6,并根据该表绘制水胶比和抗压强度的关系图,如图 2.8 所示。

表 2.6　不同水胶比 RPC 的配合比及强度

| 编号 | 水胶比(W/B) | 胶凝材料组成(B) | | 石英砂(S/C) | 石英粉(Qu/C) | 减水剂/% | 钢纤维/% | 抗压强度/MPa |
		水泥(C)	硅灰(SF/C)					
A1	0.19	1	0.28	1.12	0.39	2	1.5	137.7
A2	0.19	1	0.28	1.12	0.39	2	1.5	124.5
A3	0.19	1	0.28	1.12	0.39	2	1.5	150.2
B1	0.18	1	0.28	1.12	0.39	2	1.5	146.6
B2	0.18	1	0.28	1.12	0.39	2	1.5	160.2
B3	0.18	1	0.28	1.12	0.39	2	1.5	145.1
C1	0.17	1	0.28	1.12	0.39	2	1.5	151.3
C2	0.17	1	0.28	1.12	0.39	2	1.5	160.1
C3	0.17	1	0.28	1.12	0.39	2	1.5	183.3
D1	0.16	1	0.28	1.12	0.39	2	1.5	152.7
D2	0.16	1	0.28	1.12	0.39	2	1.5	135.2
D3	0.16	1	0.28	1.12	0.39	2	1.5	145.2

表 2.6 和图 2.8 表明,水胶比为 0.17 时的抗压强度最大(183.3MPa),随着水胶比的增加,RPC 的强度逐渐降低,在最高水胶比(0.19)时的强度仅为 124.5MPa,水胶比 0.17 和 0.19 时两者强度最大相差 58.8MPa。但水胶比为

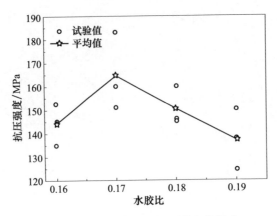

图 2.8　不同水胶比对抗压强度的影响

0.16 时的强度最高为 152.7MPa，小于水胶比为 0.17 时的强度。这是因为水胶比较低时，RPC 拌合物的黏性较大，在振动过程中不容易密实，从而影响了 RPC 的强度，在配制过程中，发现水胶比为 0.16 时的拌合物较黏稠，与水胶比为 0.17 时的流动性相比较差。因此，在配制 RPC 时，不应一味地追求低水胶比，需要综合考虑，选择出最佳水胶比，实现较高强度。

2.4.2　砂的级配对 RPC 抗压强度的影响

　　砂的级配是指粒级大小不同颗粒相互组配的情况（见图 2.9）。级配好是指大小颗粒互相填充形成空隙率较小而总面积也较小的组配[见图 2.9(c)]。级配好的集料，在配制混凝土时可以用较少的水泥浆来填充空隙并包裹其表面，有利于降低水泥用量和混凝土成本，便于配制较密实的混凝土，有利于改善混凝土拌合物的和易性，提高混凝土的强度、耐久性，减小混凝土的变形。试验采用中砂(0.16～0.315mm)和细砂(0.315～0.63mm)两种不同粒径的石英砂组合。

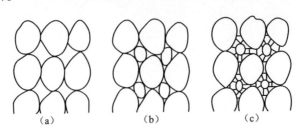

图 2.9　不同颗粒级配砂的示意图

　　将上述中砂与细砂按 2∶1 比例组合，获得的配合比见表 2.7 中编号 B1～B3 部分，编号 A1～A3 部分采用的是未经级配的石英砂，石英砂的级配和抗压强度关系如图 2.10 所示。

表 2.7　不同级配石英砂的配合比及强度

| 编号 | 水胶比 (W/B) | 胶凝材料组成(B) | | 中砂 (S/C) | 细砂 (S/C) | 石英粉 (Qu/C) | 减水剂/ % | 抗压强度/ MPa |
		水泥(C)	硅灰(SF/C)					
A1	0.19	1	0.28	0.84	0.28	0.39	2	120.2
A2	0.19	1	0.28	0.84	0.28	0.39	2	117.3
A3	0.19	1	0.28	0.84	0.28	0.39	2	106.0
B1	0.19	1	0.28	0.75	0.37	0.39	2	137.7
B2	0.19	1	0.28	0.75	0.37	0.39	2	124.5
B3	0.19	1	0.28	0.75	0.37	0.39	2	150.2

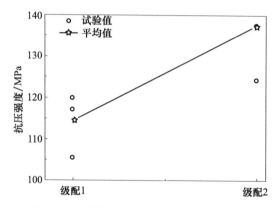

图 2.10　不同级配石英砂对抗压强度的影响

　　结果表明,优化石英砂的级配后,RPC 的抗压强度最大达到 150.2MPa,而未优化的抗压强度最大仅为 120.2MPa,两者相差近 30MPa,且采用优化配比的 RPC 的抗压强度均大于未优化的强度,这是因为细集料通过级配优化后,提高了 RPC 的密实度,减少了内部缺陷,从而提高了 RPC 的力学性能。

2.4.3　减水剂掺量对 RPC 抗压强度的影响

　　在配制高强和高性能混凝土中,除掺加减水剂外,还要使用硅灰、粉煤灰等超细活性矿物掺料,这些活性物质的比表面积较大,如果没有高效减水剂参与共同作用,这些活性物质要吸附大量水分,在同样低水灰比(水胶比)的情况下,拌合物将变为干涩的颗粒状堆积物。掺加高效减水剂后,在高效减水剂的协同作用下,拌合过程中,硅灰等颗粒表面覆盖了一层表面活性物质,与水泥粒子以及其他矿物掺料粒子一样,颗粒间产生静电斥力,由于球状硅灰粒子远小于水泥粒子,这样它们在水泥颗粒间便起到“滚珠”的作用,使水泥浆体的流动性增加,从而使混凝土在低水灰比(水胶比)下获得所需的工作性。

　　作者研究了减水剂掺量分别为 2%、2.5% 和 3% 对 RPC 抗压强度的影响,三种减水剂掺量的配合比以及抗压强度结果分别见表2.8和图2.11。

表 2.8　高效减水剂的配合比及强度

编号	水胶比 (W/B)	胶凝材料组成(B)		石英砂 (S/C)	石英粉 (Qu/C)	减水剂/ %	钢纤维/ %	抗压强度/ MPa
		水泥(C)	硅灰(SF/C)					
A1	0.19	1	0.28	1.12	0.39	2	1.5	166.4
A2	0.19	1	0.28	1.12	0.39	2	1.5	165.5
A3	0.19	1	0.28	1.12	0.39	2	1.5	173.6
B1	0.19	1	0.28	1.12	0.39	2.5	1.5	185.4
B2	0.19	1	0.28	1.12	0.39	2.5	1.5	174.7
B3	0.19	1	0.28	1.12	0.39	2.5	1.5	169.5
C1	0.19	1	0.28	1.12	0.39	3	1.5	197.2
C2	0.19	1	0.28	1.12	0.39	3	1.5	204.1
C3	0.19	1	0.28	1.12	0.39	3	1.5	197.0

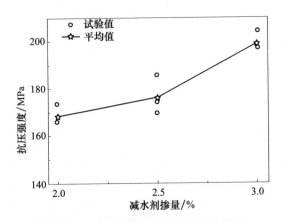

图 2.11　减水剂掺量对抗压强度的影响

试验结果表明,随着高效减水剂掺量的增加,水胶比相应降低,RPC的抗压强度却逐渐增大,掺量3%的抗压强度最大到204.1MPa,掺量2%的抗压强度最大为173.6MPa,强度提高了近18%,说明在一定程度上提高减水剂掺量,能够提高浆体的工作性,降低水胶比,从而提高RPC的力学性能。考虑到减水剂的成本问题,在强度达到要求的情况下,应选择一个合适的减水剂掺量。

2.4.4　养护方式对 RPC 抗压强度的影响

养护是在混凝土拌合物密实成型后,为保证水泥能够正常完成早期的水化反应,演变成水泥石结构,获得预定的力学性能等所采取的工艺措施。所采用的养护措施和制度对水泥的水化、混凝土的结构形成和强度发展具有重大影响,如水泥等拌合物的水化速度、水化率、水化产物的结晶度、晶形、孔结构、孔隙率、收缩与裂缝、水泥浆流变演变进程等。养护不好会使混凝土的力学性能和耐久性等劣化,甚至产生宏观开裂等,对工程或制品等带来危害。因此,要获得力学性能优异、耐久性良好的高强、高性能混凝土,采用适宜的养护方式非常重要。

对 RPC 而言,养护工艺更为重要,这是因为 RPC 的水胶比非常低,能够提供给水泥、硅灰(粉煤灰)水化的水量更少,当基体毛细孔封闭后,水就不容易进入RPC 内部;另外,如果不及时养护,在内部水胶比极低的情况下就不可能产生沁水现象,因而试件表面容易产生干缩裂缝,甚至会因自身收缩产生的应力过大出现开裂,从而影响其强度和耐久性。

根据实际条件,分别采用标准养护 28 天、90℃热水中养护 48h 和 90℃热水中养护 72h 三种养护方式,研究了不同养护方式对 RPC 强度的影响,结果见表 2.9和图 2.12。

表 2.9　不同养护方式的配合比参数及强度

编号	水胶比 (W/B)	胶凝材料组成(B)		石英砂 (S/C)	石英粉 (Qu/C)	减水剂/ %	钢纤维/ %	养护 方式	抗压强度/ MPa
		水泥(C)	硅灰(SF/C)						
A1	0.21	1	0.28	1.12	0.39	2	1.5	热养 48h	146.5
A2	0.21	1	0.28	1.12	0.39	2	1.5	热养 48h	142.1
A3	0.21	1	0.28	1.12	0.39	2	1.5	热养 48h	147.6
B1	0.21	1	0.28	1.12	0.39	2	1.5	热养 72h	166.4
B2	0.21	1	0.28	1.12	0.39	2	1.5	热养 72h	165.5
B3	0.21	1	0.28	1.12	0.39	2	1.5	热养 72h	173.6
C1	0.21	1	0.28	1.12	0.39	2.5	1.5	标准养护 28 天	117.4
C2	0.21	1	0.28	1.12	0.39	2.5	1.5	标准养护 28 天	106.2
C3	0.21	1	0.28	1.12	0.39	2.5	1.5	标准养护 28 天	112.2

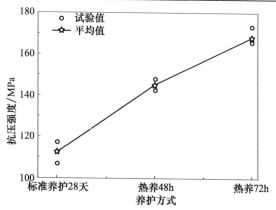

图 2.12　不同养护方式对抗压强度的影响

　　由表2.9和图2.12可以看出:相同配合比的RPC在不同养护制度下的抗压强度明显不同,90℃热水养护的强度明显高于标准养护的混凝土强度,热养48h的最低强度为142.1MPa,标准养护的最高强度仅为117.4MPa,强度提高了21%;且随着热养时间的延长,RPC的抗压强度也有较大增加,热养72h后,最高强度为173.6MPa,比热养48h的强度提高了近18%。这是由于RPC中含有的硅灰等火山活性物质,在常温下发生二次水化的过程较长,采用热养护时,可以显著加速火山灰反应,同时改善水化物形成的微观结构,养护使水化物生成物C-S-H凝胶体大量脱水,形成硬硅钙石结晶,水化物的结合力得到强化,从而提高了RPC的强度。

　　通过以上试验结果的分析,并在考虑材料成本的基础上,得到RPC200的配合比,见表2.10。

表 2.10　RPC 的配合比

水胶比 (W/B)	胶凝材料组成(B)		中砂 (S/C)	细砂 (S/C)	石英粉 (Qu/C)	减水剂 /%	养护方式
	水泥(C)	硅灰(SF/C)					
0.19	1	0.28	0.75	0.37	0.39	3	90℃热水养护72h

2.5　本 章 小 结

　　本章介绍了RPC200的制备原理以及作者采用的制备工艺,探讨了水胶比、砂集料、减水剂掺量、养护方式等因素对其性能的影响,得到以下主要结论:

　　(1) 相同条件下,RPC的强度随水胶比的降低而增大,但水胶比过低,则不容易密实,反而会影响RPC的强度。

　　(2) 对细集料通过优化后,能够提高RPC的密实度,从而提高了RPC的力学性能,采用优化配比的RPC的抗压强度大于细料未经优化的强度。

　　(3) 适当增大减水剂掺量后,能够相应降低水胶比,提高拌合物的流动性,有利于提高RPC的强度。

　　(4) 高温养护能够提高基体的反应速率,采用热水养护的强度明显高于标准养护的混凝土强度,经过72h热水养护的强度高于48h热水养护的强度,强度增加了近18%。

　　确定了RPC的配合比,在水胶比0.19和90℃热水养护条件下,通过加入一定量的微细钢纤维配制出了满足施工和易性、经济性和力学性能要求的高性能RPC。

参 考 文 献

[1]　Richard P,Cheyrezy M. Reactive powder concretes with high ductility and 200～800MPa compressive strength[J]. ACI Special Publication,1994,144:507-518.

[2]　Richard P,Cheyrezy M. Composition of reactive powder concretes[J]. Cement and Concrete Research,1995,25(7):1501-1511.

[3]　李惠. 高强混凝土及其组合结构[M]. 北京:科学出版社,2004.

[4]　何峰,黄政宇. 原材料对 RPC 强度的影响初探[J]. 湖南大学学报(自然科学版),2001,28 (2):89-94.

[5]　龙广成,陈瑜. RPC200 的强度及收缩影响研究[J]. 工业建筑,2002,32(6):4-7.

[6]　吴中伟. 高性能混凝土及其矿物细掺料[J]. 建筑技术,1999,30(3):160-163.

[7]　Chan Y W,Chu S H. Effect of silica fume on steel fiber bond characteristics in reactive powder concrete[J]. Cement and Concrete Research,2004,34(7):1167-1172.

[8]　陈毅卓,阎贵平,安明喆. 常规搅拌工艺条件下活性粉末混凝土抗压强度影响因素的研究 [J]. 铁道建筑,2003,3:44-48.

[9]　Morin V,Cohen-Tenoudji F,Feylessoufi A,et al. Evolution of the capillary network in a re-active powder concrete during hydration process[J]. Cement and Concrete Research,2002, 32(12):1907-1914.

[10]　程庆国. 钢纤维混凝土理论及应用[M]. 北京:中国铁道出版社,1999.

[11]　林小松,杨果林. 钢纤维高强与超高强混凝土[M]. 北京:科学出版社,2002.

[12]　高丹盈,赵军,朱海堂. 钢纤维混凝土的设计与应用[M]. 北京:中国建筑工业出版社, 2002.

[13]　丁亲敏,安明喆,陈亦卓. 活性粉末混凝土的强度因素研究[J]. 建筑技术开发,2003, 30(10):40-42.

[14]　赖建中,孙伟,刘斯凤,等. 钢纤维对 RPC 材料增韧效果影响的研究[J]. 混凝土与水泥制品,2002,5:41-43.

[15]　刘红彬. 活性粉末混凝土的制配技术及基本力学性能试验研究[D]. 北京:中国矿业大学 (北京),2006.

[16]　中华人民共和国建设部,中华人民共和国国家质量检验检疫总局. 普通混凝土力学性能试验方法标准 GB/T 50081—2002[S]. 北京:中国建筑工业出版社,2003.

[17]　中国工程建设标准化协会. 纤维混凝土试验方法标准 CECS 13:2009[S]. 北京:中国计划出版社,2009.

第3章 RPC 的静力学性能

在实际结构中,混凝土用于承受各种各样的荷载,对于不同的受力形式,混凝土有不同的强度和变形值。混凝土抗拉强度低而抗压强度高,主要用于承受压力,因此,单轴受压状态是混凝土最基本的受力状态,单轴受压作用下的强度和变形性质是混凝土最基本的物理力学性能,也是研究混凝土结构承载力和变形的主要依据,能清楚地显示混凝土与其他建筑材料(钢材、砖石等)的区别,也决定了混凝土结构整体受力性能的特点。混凝土的轴心抗压强度是重要的力学指标,也是确定其他力学性能(弹性模量、峰值应变、破坏形态等)特征和数值的主要影响因素。由于混凝土是脆性材料,难以直接测试其抗拉强度,因此,可使用劈裂强度或劈裂抗拉强度来代表其抗拉强度。

与 NC 相比,RPC 因其致密的微观结构而具有良好的物理力学性能,本章通过单轴受压下的抗压强度试验,研究 RPC 的抗压强度和变形性质;通过圆柱体单轴抗压试验研究 RPC 在单轴压应力作用下轴心抗压、变形和破坏过程。通过劈裂和三点弯曲试验,研究 RPC 的抗拉和抗折性能。

3.1 试 验 概 况

国际上测定混凝土抗压强度所采用的试件有圆柱体和立方体两种,由于立方体试件的强度较为稳定,因此我国采用立方体强度作为混凝土强度的基本指标。

测定立方体抗压强度的试件尺寸一般为 $150\text{mm}\times150\text{mm}\times150\text{mm}$、$100\text{mm}\times100\text{mm}\times100\text{mm}$ 和 $200\text{mm}\times200\text{mm}\times200\text{mm}$ 三种,我国相关规范采用的是 $150\text{mm}\times150\text{mm}\times150\text{mm}$ 的立方体试件,称为立方体抗压强度,以 f_{cu} 表示[1]。

测定轴心抗压强度可以采用棱柱体和圆柱体,棱柱体的试件尺寸一般为 $150\text{mm}\times150\text{mm}\times450\text{mm}$ 和 $100\text{mm}\times100\text{mm}\times300\text{mm}$ 两种;圆柱体试件尺寸一般为 $\phi150\text{mm}\times300\text{mm}$ 和 $\phi100\text{mm}\times200\text{mm}$ 两种。我国相关规范中采用的是 $150\text{mm}\times150\text{mm}\times450\text{mm}$ 的棱柱体来测定轴心抗压强度,以 f_c 表示[1]。

考虑到 HSC 强度高,国内大部分压力试验机的最大荷载一般不超过 2000kN,因此,对 HSC 而言,常用 $100\text{mm}\times100\text{mm}\times100\text{mm}$ 的立方体和 $100\text{mm}\times100\text{mm}\times300\text{mm}$ 的棱柱体测试其立方体抗压强度和轴心抗压强度。

RPC 不含粗骨料,主要是由于采用了高致密水泥基均匀体系,充分发挥了活性富硅材料的火山灰性质,通过掺入高效减水剂降低水灰比,再通过钢纤维增强,并辅以热养护改善其微观结构,最终获得很高的抗压强度。作为超高强混凝土中新的一员,国内还没有专门为其制定相应的试验规范和强度标准。目前国内常用 40mm×40mm×160mm 的棱柱体、70.7mm×70.7mm×70.7mm 和 100mm×100mm×100mm 的立方体测试其轴心抗压强度和立方体抗压强度。本书分别采用 100mm×100mm×100mm 的立方体来测定立方体抗压强度,用 100mm×100mm×100mm 的立方体来测定劈裂抗压强度,采用 $\phi50$mm× 100mm 和 $\phi100$mm×200mm 的圆柱体测定其轴心抗压强度和弹性模量等,以 40mm×40mm×160mm 的棱柱体测定其抗弯强度。

试件抗压强度、劈裂强度、弹性模量等参照《普通混凝土力学性能试验方法标准》(GB/T 50081—2002)[1]和《纤维混凝土试验方法标准》(CECS 13:2009)[2]中规定的试验方法进行,试验过程详见文献[3]。

3.1.1 立方体抗压强度

进行强度测试时,将试件直立放置在试验机的下压板上,试件中心与压力机下压板对中,沿浇注的垂直方向施加压力,以 0.6MPa/s 的加载速率连续加载直至试件破坏。

立方体抗压强度的计算公式为

$$f_{cu} = \frac{F_{max}}{A} \tag{3.1}$$

式中,f_{cu} 为立方体抗压强度,MPa;F_{max} 为最大荷载,N;A 为试件承压面积,mm²。

抗压强度计算要求精确到 0.1MPa,将试件测值的算术平均值作为该组试件的强度值;三个测值中最大值或最小值如有一个与中间值的差值超过中间值的 15%,则把最大值和最小值一并舍除,取中间值作为该组试件的抗压强度;如最大值和最小值与中间值的差均超过中间值的 15%,则该组试件的结果无效。表 3.1 给出边长 100mm 立方体 RPC 的抗压强度,为研究钢纤维率对 RPC 力学性能的影响,选用的钢纤维率分别为 0、1%、1.5%、2%和 3%,对应地用符号 A、B、C、D、E 表示。

表 3.1　边长 100mm 立方体 RPC 的抗压强度

编号	水胶比 (W/B)	胶凝材料组成(B)		石英砂 (S/C)	石英粉 (Qu/C)	减水剂 /%	钢纤维率 /%	抗压强度 /MPa
		水泥(C)	硅灰(SF/C)					
A1	0.19	1	0.28	1.12	0.39	3	0	167.5
A2	0.19	1	0.28	1.12	0.39	3	0	154.4
A3	0.19	1	0.28	1.12	0.39	3	0	150.7
A 组平均值								157.5

编号	水胶比 (W/B)	胶凝材料组成(B)		石英砂 (S/C)	石英粉 (Qu/C)	减水剂 /%	钢纤维率 /%	抗压强度 /MPa
		水泥(C)	硅灰(SF/C)					
B1	0.19	1	0.28	1.12	0.39	3	1.0	163.2
B2	0.19	1	0.28	1.12	0.39	3	1.0	169.1
B3	0.19	1	0.28	1.12	0.39	3	1.0	174.2
B组平均值								168.8
C1	0.19	1	0.28	1.12	0.39	3	1.5	181.2
C2	0.19	1	0.28	1.12	0.39	3	1.5	178.4
C3	0.19	1	0.28	1.12	0.39	3	1.5	176.2
C组平均值								178.6
D1	0.19	1	0.28	1.12	0.39	3	2.0	203.4
D2	0.19	1	0.28	1.12	0.39	3	2.0	189.3
D3	0.19	1	0.28	1.12	0.39	3	2.0	179.3
D组平均值								190.7
E1	0.19	1	0.28	1.12	0.39	3	3.0	198.7
E2	0.19	1	0.28	1.12	0.39	3	3.0	207.6
E3	0.19	1	0.28	1.12	0.39	3	3.0	209.4
E组平均值								205.2

　　试件加载后,竖向发生压缩变形,水平向为伸长变形,试件的上、下端因受加载垫板的约束而横向变形小,中部的横向变形最大。

　　未掺加钢纤维的 RPC 试件,破坏前表面无可见裂缝,当轴向压力达到最大荷载时,试件瞬间爆裂,发出巨大的响声,试件外表和中部炸飞,呈现出典型的正倒相接的四角锥形的脆性破坏形态,如图 3.1 所示。这是由于压力机的刚度有限,试块破坏时,突然卸载,积蓄在压力机上的变形能急剧释放使试块受到剧烈的冲击,产生巨大的声响,同时碎块向四周飞溅,试件呈脆性破坏。

图 3.1　未掺入钢纤维的 RPC 破坏形态

掺加钢纤维的 RPC 的破坏形态不同于素 RPC,当加载至最大荷载的 80%~90% 时,试件内部有较明显的劈裂声。在破坏前,劈裂声持续较长,试件侧表面有裂缝出现;裂缝形成后,桥架与裂缝间的钢纤维开始工作,使裂缝的扩展延迟,加之钢纤维从基体混凝土间拔出时需消耗大量的变形能,破坏前先听到钢纤维不断被拔出而产生的嘈杂和撕裂的声音,破坏时有碎块迸裂(钢纤维率 1%~2% 时,则会随之变成一声巨大的声响而最终破坏),但试件基本保持原样,仅表面出现许多裂纹和蜕皮,试件压缩破坏后裂而不散,坏而不碎,基本保持了正平行六面体的形状。

随着钢纤维率的增加,破坏前的劈裂声更加密集,从最终破坏形态上看,钢纤维率较高的试件受钢纤维束缚的现象更加明显,试件的完整性也越好(试件破坏形态如图 3.2~图 3.5 所示),说明掺加钢纤维的 RPC 具有优良的韧性,钢纤维极大地改善了 RPC 的受压变形性能和破坏特征。

图 3.2　钢纤维率 1% 的破坏形态　　　　图 3.3　钢纤维率 1.5% 的破坏形态

3.1.2　圆柱体抗压强度

采用 $\phi50\text{mm}\times110\text{mm}$ 和 $\phi100\text{mm}\times210\text{mm}$ 的钢制试模制备 RPC 圆柱体

图 3.4　钢纤维率 2% 的破坏形态　　　　图 3.5　钢纤维率 3% 的破坏形态

试件。为保证圆柱体上表面的密实度和平整度,得到均匀等粗、两端面平行且垂直于纵轴的圆柱形试样,将两种试件的高度分别切割磨平至 100mm 和 200mm,并在清华大学土木工程系建筑材料研究室的 3000kN 液压伺服试验机上完成测试。

试验时,将试件直立放置在试验机的下压板上,试件中心与压力机下压板对中,以 0.6MPa/s 的加载速率连续加载直至试件破坏,试验过程中的加载控制及数据采集均由伺服控制器自动完成。

圆柱体抗压强度的计算公式为

$$f_c = \frac{F_{\max}}{A} \tag{3.2}$$

式中,f_c 为圆柱体抗压强度,MPa;$F_{\max}$ 为最大荷载,N;A 为试件承压面积,mm^2。

圆柱体抗压强度的取值方法同立方体试件,圆柱体试件的抗压强度见表 3.2 和表 3.3。符号 A、B、C、D、E 分别表示钢纤维率(体积分数)为 0、1%、1.5%、2% 和 3%。

表 3.2　ϕ50mm×100mm 圆柱体 RPC 的抗压强度

编号	水胶比(W/B)	胶凝材料组成(B)		石英砂(S/C)	石英粉(Qu/C)	减水剂/%	钢纤维率/%	抗压强度/MPa
		水泥(C)	硅灰(SF/C)					
A1	0.19	1	0.28	1.12	0.39	3	0	145.5
A2	0.19	1	0.28	1.12	0.39	3	0	145.2
A3	0.19	1	0.28	1.12	0.39	3	0	162.6
A 组平均值								151.1
B1	0.19	1	0.28	1.12	0.39	3	1.0	172.0
B2	0.19	1	0.28	1.12	0.39	3	1.0	160.2
B3	0.19	1	0.28	1.12	0.39	3	1.0	159.2
B 组平均值								163.8

续表

编号	水胶比 (W/B)	胶凝材料组成(B)		石英砂 (S/C)	石英粉 (Qu/C)	减水剂 /%	钢纤维率 /%	抗压强度 /MPa
		水泥(C)	硅灰(SF/C)					
C1	0.19	1	0.28	1.12	0.39	3	1.5	178.3
C2	0.19	1	0.28	1.12	0.39	3	1.5	173.7
C3	0.19	1	0.28	1.12	0.39	3	1.5	171.2
C 组平均值								174.4
D1	0.19	1	0.28	1.12	0.39	3	2.0	177.7
D2	0.19	1	0.28	1.12	0.39	3	2.0	171.1
D3	0.19	1	0.28	1.12	0.39	3	2.0	186.7
D 组平均值								178.5
E1	0.19	1	0.28	1.12	0.39	3	3.0	178.0
E2	0.19	1	0.28	1.12	0.39	3	3.0	178.9
E3	0.19	1	0.28	1.12	0.39	3	3.0	179.7
E 组平均值								178.9

表 3.3　φ100mm×200mm 圆柱体 RPC 的抗压强度

编号	水胶比 (W/B)	胶凝材料组成(B)		石英砂 (S/C)	石英粉 (Qu/C)	减水剂 /%	钢纤维率 /%	抗压强度 /MPa
		水泥(C)	硅灰(SF/C)					
A1	0.19	1	0.28	1.12	0.39	3	0	153.0
A2	0.19	1	0.28	1.12	0.39	3	0	148.4
A3	0.19	1	0.28	1.12	0.39	3	0	166.5
A 组平均值								156.0
B1	0.19	1	0.28	1.12	0.39	3	1.0	159.6
B2	0.19	1	0.28	1.12	0.39	3	1.0	176.6
B3	0.19	1	0.28	1.12	0.39	3	1.0	162.6
B 组平均值								166.3
C1	0.19	1	0.28	1.12	0.39	3	1.5	173.4
C2	0.19	1	0.28	1.12	0.39	3	1.5	178.2
C3	0.19	1	0.28	1.12	0.39	3	1.5	169.6
C 组平均值								173.7
D1	0.19	1	0.28	1.12	0.39	3	2.0	183.0
D2	0.19	1	0.28	1.12	0.39	3	2.0	174.6
D3	0.19	1	0.28	1.12	0.39	3	2.0	171.3
D 组平均值								176.3
E1	0.19	1	0.28	1.12	0.39	3	3.0	182.0
E2	0.19	1	0.28	1.12	0.39	3	3.0	173.9
E3	0.19	1	0.28	1.12	0.39	3	3.0	181.6
E 组平均值								179.2

与立方体试件一样,所有素 RPC 圆柱体试件的破坏都是突然炸裂而破坏,试件在破坏前,表面无可见裂缝,强度稍低的试件在破坏前试件内部有较明显的劈裂声,大部分试件破坏瞬间炸裂,发出巨大响声,破坏形式仍为剪切破坏,如图 3.6 所示。

图 3.6　素 RPC 圆柱体试件破坏形态

掺入钢纤维以后,随着钢纤维率的增加,试件的破坏模式由倾斜面剪切破坏的脆性方式(见图 3.7~图 3.9)逐渐转化到横向肿胀破坏的韧性方式(见图 3.10)。

图 3.7　钢纤维率 1%RPC 的破坏形态　　　图 3.8　钢纤维率 1.5%RPC 的破坏形态

钢纤维率较低时(≤2%),RPC 的破坏形态是剪切破坏,破坏的试件表面存在一条明显的斜剪切破坏带,破坏面为与底面大约成 45°角的剪切面,剪切面上的钢纤维基本被拔出。在这一破坏过程中,当外加压应力达到 RPC 基体的抗压强度时,就会在 RPC 内部产生一连续的剪切面,RPC 有沿剪切面滑移的趋势,由于有跨越剪切面钢纤维的存在,滑移受到约束,跨越剪切面的钢纤维承担了外加压力在剪切面处产生的全部拉应力,使得 RPC 能够继续承担外加压力,同时强度有所提高直至钢纤维被拔出[4]。

图 3.9 钢纤维率 2%RPC 的破坏形态　　图 3.10 钢纤维率 3%RPC 的破坏形态

当钢纤维率达到 3%时,试件的破坏形态由脆性破坏方式转化到横向肿胀破坏的韧性方式,这种破坏机制的变化,是由钢纤维的拔出破坏机理和对裂缝的闭合作用所决定的。文献[4]对这种破坏机制进行了分析,认为由 Mohr-Coulomb 强度理论可知,材料的剪切强度为

$$\tau = C + \sigma \tan\varphi \qquad\qquad (3.3)$$

式中,C 为材料内聚力;φ 为材料的摩阻角;σ 为压应力。C 和 φ 均为材料参数。

在掺加钢纤维的 RPC 中,钢纤维闭合裂缝的作用结果相当于增加内聚力 C,而分布于滑移面上的钢纤维又起到插销作用,增大了摩阻角 φ。因此,随着钢纤维率的增大,RPC 的抗剪强度必然逐步增大,从而阻止了试件的剪切破坏,而使其发生横向胀裂。

3.1.3 立方体劈裂强度

抗拉强度是混凝土的基本力学性能之一,混凝土的抗拉性能对于结构受力性能有着重要意义。虽然混凝土不是真正的弹性材料,但近年来基于塑性理论与弹塑性理论求得的劈裂抗拉强度的计算公式[见式(3.4)]均与弹性理论公式的结果相近,说明该公式能够较好地反映塑性特征较强的钢纤维混凝土的抗拉强度,目前被普遍采用,而且劈裂抗拉结果的变异性小,试验方法简单,结果比较接近材料的轴拉强度,因此采用劈裂抗拉强度来评估 RPC 的抗拉力学性能。

劈裂抗拉强度的测试原理是在试件两个相对的竖直线上,作用均匀分布的线压力,在外力作用的竖向平面内产生均匀分布的拉伸应力(见图 3.11),该应力可由式(3.4)计算得出。

劈裂试验在清华大学土木工程系建筑材料研究室完成,采用该室特制的用于测量边长 100mm 立方体的劈拉试验夹具(见图 3.12),试验时,先将该夹具居中放置在试验机下压板上,然后放置试件,开动试验机,当上压板与劈拉夹具上压盘接近时,调整劈拉夹具的球座,使该压盘与试件接触均衡,采用 0.065MPa/s 的加载

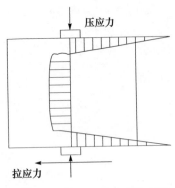

图 3.11 受力面的应力分布图

图 3.12 劈拉试验夹具

速率,连续均匀加载,直至试件破坏。

劈裂抗拉强度的计算公式:

$$f_{t,sp} = \frac{2p}{\pi A} = 0.637 \frac{p}{A} \tag{3.4}$$

式中,$f_{t,sp}$ 为立方体劈裂抗拉强度,MPa;P 为破坏荷载,N;A 为试件劈裂面面积,mm²。

试验测得 RPC 的劈裂抗拉强度见表 3.4,图 3.13 给出了钢纤维率对 RPC 劈裂强度的影响曲线。

表 3.4 RPC 的劈裂抗拉强度

| 编号 | 水胶比(W/B) | 胶凝材料组成(B) | | 石英砂(S/C) | 石英粉(Qu/C) | 减水剂/% | 钢纤维率/% | 劈裂抗拉强度/MPa |
		水泥(C)	硅灰(SF/C)					
A1	0.19	1	0.28	1.12	0.39	3	0	6.5
A2	0.19	1	0.28	1.12	0.39	3	0	6.9
A3	0.19	1	0.28	1.12	0.39	3	0	9.5
A 组平均值								7.6
B1	0.19	1	0.28	1.12	0.39	3	1.0	14.5
B2	0.19	1	0.28	1.12	0.39	3	1.0	14.8
B3	0.19	1	0.28	1.12	0.39	3	1.0	14.7
B 组平均值								14.7
C1	0.19	1	0.28	1.12	0.39	3	1.5	20.1
C2	0.19	1	0.28	1.12	0.39	3	1.5	17.6
C3	0.19	1	0.28	1.12	0.39	3	1.5	18
C 组平均值								18.6
D1	0.19	1	0.28	1.12	0.39	3	2.0	22.1
D2	0.19	1	0.28	1.12	0.39	3	2.0	22.0
D3	0.19	1	0.28	1.12	0.39	3	2.0	21.6
D 组平均值								21.9

续表

编号	水胶比 (W/B)	胶凝材料组成(B)		石英砂 (S/C)	石英粉 (Qu/C)	减水剂 /%	钢纤维率 /%	劈裂抗拉 强度/MPa
		水泥(C)	硅灰(SF/C)					
E1	0.19	1	0.28	1.12	0.39	3	3.0	18.5
E2	0.19	1	0.28	1.12	0.39	3	3.0	24.4
E3	0.19	1	0.28	1.12	0.39	3	3.0	24.7
E 组平均值								22.5

　　RPC 劈拉试验后的破坏形态如图 3.13 和图 3.14 所示。可以看出,素 RPC 试件在试件中部垂直裂开,被劈为两半,而掺加钢纤维后,同样在试件中部开裂,但仅产生裂缝,这是由于钢纤维的阻裂增强作用,使试件在破坏之前有较大范围的缓慢稳定裂缝扩展,从而使试件保持了较完整的形态。

图 3.13　素 RPC 试件破坏形态　　　　图 3.14　掺加钢纤维后 RPC 试件破坏形态

3.1.4　弹性模量

　　弹性模量是材料变形性能的主要指标,HSC 的弹性模量随强度的提高而增大,但并不是线性关系,HSC 的弹性模量与添加的骨料有关,一般情况下,骨料越刚硬、砂率越小,混凝土的弹性模量越高[5]。

　　采用 ϕ100mm×200mm 的圆柱体试件,在清华大学土木工程系建筑材料研究室 3000kN 液压伺服试验机上分别测定了钢纤维率为 0、1%、1.5%、2% 和 3% 五种配比 RPC 的弹性模量试验,试验时需要同一个配比和制备工艺的试件六个,其中三个用于测定圆柱体轴心抗压强度,以提供测定弹性模量加载时的控制荷载,另外三个测弹性模量。

　　试验参照《纤维混凝土试验方法标准》(CECS 13:2009)[2] 中规定的试验方法进行,具体方法如下。

　　将试件放在压力机的下压板上,使其轴心与下压板的中心线对准,变形测量仪(引伸计)安装在试件两侧的中线上并对称分布于试件的两端。以 0.5MPa/s 的加载速率,加载至基准应力 20% 的初始荷载 F_0,保持恒载 60s 并在接下来的 30s 内记录每一测点的变形读数;立即连续均匀地加载至轴心抗压强度 40% 的荷载 F_a,保持恒载 60s 并在接下来的 30s 内记录每一测点的变形读数。然后用与加载速率同样的速率卸载至基准应力 F_0 恒载 60s,然后用同样的加、卸载速率并保持恒载(F_0 和 F_a),进行两次反复预压,完成最后一次预压后,在 F_0 处保持恒载 60s 并在以后的 30s 内记录每一测点的变形读数,再用同样的加载速率加载至 F_a,保持荷载 60s 并在以后的 30s 内记录每一测点的变形读数。如图 3.15 所示。

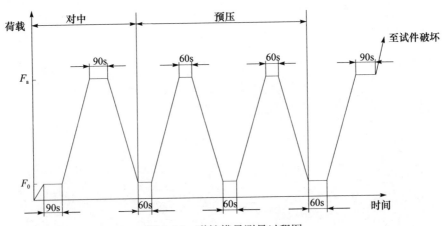

图 3.15　弹性模量测量过程图

　　使用德国 Hottinger Baldwin Messtechnik Gmbh 公司生产的 DD1 型引伸计,该引伸计的额定位移±2.5mm,线性偏差＜±0.05%,如图 3.16 和图 3.17 所示。

图 3.16　DD1 型引伸计

图 3.17　弹性模量测试

弹性模量按式(3.5)计算：

$$E_{fc} = \frac{F_a - F_0}{A} \frac{l}{u} \tag{3.5}$$

式中，E_{fc} 为 RPC 受压弹性模量，MPa；F_a 为应力为 40% 轴心抗压强度时的控制荷载，N；F_0 为应力为 20% 轴心抗压强度时的初始荷载，N；A 为试件承压面积，mm²；μ 为最后一次从 F_0 到 F_a 时试件的变形值，mm；l 为变形测量标距，mm。

表 3.5 给出了试验测得的弹性模量。

表 3.5　RPC 的弹性模量

钢纤维率 /%	边长 100mm 立方体抗压强度 /MPa	ϕ100mm×200mm 圆柱体抗压强度 /MPa	ϕ100mm×200mm 圆柱体弹性模量 /GPa	弹性模量增幅 /%
0	157.5	156.0	48.1	0
1.0	168.7	163.8	49.3	2.5
1.5	178.6	173.7	49.8	3.5
2.0	190.6	176.3	50.2	4.4
3.0	205.2	179.2	52.4	8.9

注：弹性模量增幅是各钢纤维掺量的弹性模量与零纤维掺量弹性模量相比。

3.2　试验结果与分析

图 3.18～图 3.21 绘出了 RPC 抗压强度、劈裂强度、弯折强度和弹性模量的增幅随钢纤维率变化的趋势[6]。

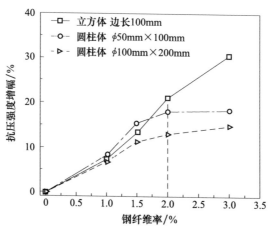

图 3.18　抗压强度增幅随钢纤维率变化的关系

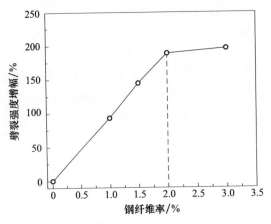

图 3.19　劈裂强度增幅随钢纤维率变化的关系

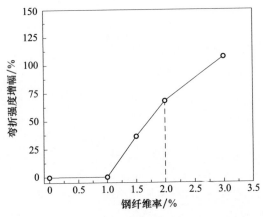

图 3.20　弯折强度增幅随钢纤维率变化的关系

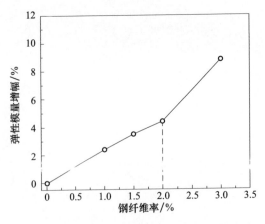

图 3.21　弹性模量增幅随钢纤维率变化的关系

　　试验结果表明:①与素 RPC 相比,钢纤维 RPC 的抗压强度、劈裂强度、弯折强度和弹性模量均随钢纤维率增大而增加,其中劈裂强度增幅最大,钢纤维率 3% 时增幅达到 200%;圆柱体轴心抗压强度增幅最小,钢纤维率 3% 时增幅仅 15% 左右;②当钢纤维率超过 2% 时,除了立方体抗压强度,其余各种强度增幅的增速明显放缓,其中,圆柱体轴心抗压强度和劈裂强度表现最明显,强度增幅增加很小,基本保持不变;③当钢纤维率低于 1% 时,ϕ50mm 和 ϕ100mm 圆柱体试件的轴心抗压强度几乎相同,试件尺寸对轴心抗压强度的影响很小;④钢纤维率低于 1% 时,钢纤维对提高弯折强度的贡献较小;⑤钢纤维率超过 2% 后弹性模量增幅显著增加。

　　同时表明:掺入钢纤维可以显著改善 RPC 的力学性能,但存在一个最优掺量问题。综合经济性、施工和易性和高强度高性能的要求,RPC 钢纤维体积掺量宜控制在 1%～2%。钢纤维率超过 2% 后,抗压强度、抗拉强度和抗弯强度虽然可以继续提高,但增幅开始减小;同时,成型难度和用料成本增加。

　　图 3.22～图 3.26 分别绘出了 RPC 的标准化抗压强度 $f_{cu}/f_{cu,0}$ 和 $f'_c/f_{cu,0}$、标准化劈裂强度 $f_{t,sp}/f_{cu,0}$、标准化弯折强度 $f_{t,flx}/f_{cu,0}$ 及标准化弹性模量 $E/f_{cu,0}$ 随钢纤维率变化的经验关系。其中,$f_{cu,0}$ 为零钢纤维含量 RPC 边长 100mm 立方体抗压强度;f'_c 为 ϕ100mm 圆柱体轴心抗压强度;f_{cu} 为边长 100mm 立方体抗压强度;$f_{t,sp}$ 为劈裂抗拉强度;$f_{t,flx}$ 为弯折强度;ρ_v 为钢纤维率。

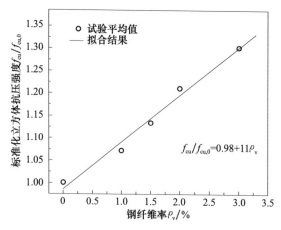

图 3.22　标准化立方体抗压强度与钢纤维率的关系

　　经拟合分析得,RPC 立方体抗压强度 f_{cu}、ϕ100mm 圆柱体轴心抗压强度 f'_c、劈裂抗拉强度 $f_{t,sp}$、弯折强度 $f_{t,flx}$、弹性模量 E 随钢纤维率 ρ_v 变化的经验关系,可分别表示为

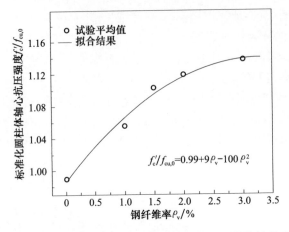

图 3.23　标准化圆柱体轴心抗压强度与钢纤维率的关系

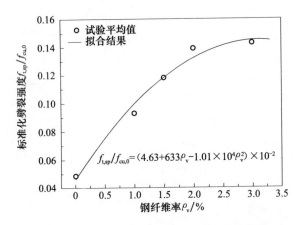

图 3.24　标准化劈裂强度与钢纤维率的关系

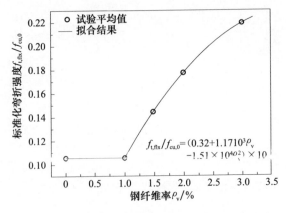

图 3.25　标准化弯折强度与钢纤维率的关系

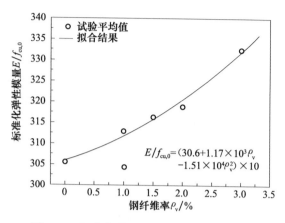

图 3.26　标准化弹性模量与钢纤维率的关系

$$\frac{f_{cu}}{f_{cu,0}} = 0.98 + 11\rho_v \quad (0 \leqslant \rho_v \leqslant 3\%) \tag{3.6}$$

$$\frac{f'_c}{f_{cu,0}} = 0.99 + 9\rho_v - 100\rho_v^2 \quad (0 \leqslant \rho_v \leqslant 3\%) \tag{3.7}$$

$$\frac{f_{t,sp}}{f_{cu,0}} = (4.63 + 633\rho_v - 1.01 \times 10^4 \rho_v^2) \times 10^{-2} \quad (0 \leqslant \rho_v \leqslant 3\%) \tag{3.8}$$

$$\frac{f_{t,flx}}{f_{cu,0}} = \begin{cases} (0.32 + 1.17 \times 10^3 \rho_v - 1.51 \times 10^4 \rho_v^2) \times 10^{-2} & (1.0\% \leqslant \rho_v \leqslant 3\%) \\ 0.105 & (0 \leqslant \rho_v \leqslant 1\%) \end{cases}$$

$$\tag{3.9}$$

$$\frac{E}{f_{cu,0}} = (30.6 + 45\rho_v + 1.4 \times 10^3 \rho_v^2) \times 10 \quad (0 \leqslant \rho_v \leqslant 3\%) \tag{3.10}$$

3.3　本章小结

本章通过对 RPC 力学性能的测试,得出以下结论:

(1) 钢纤维率 $\rho_v = 1.5\%$ 时,边长 100mm 立方体抗压强度平均可达 178.6MPa,弯折强度平均达 22.7MPa;$\rho_v = 2\%$ 时,边长 100mm 立方体抗压强度平均达 190.6MPa,弯折强度达 28MPa;$\rho_v = 3\%$ 时,边长 100mm 立方体抗压强度平均达 205.2MPa,弯折强度平均达 34.5MPa。由于不用加压成型,使用该方法更容易在施工现场配制高性能 RPC。

(2) 掺入钢纤维可以显著改善 RPC 力学性能,但综合施工和易性、经济性和力学性能的要求,RPC 纤维体积掺量宜控制在 1%~2%。钢纤维率超过 2% 时强度虽然继续增加,但增幅开始减小,成型难度和用料成本增加。

参 考 文 献

［1］　中华人民共和国建设部,中华人民共和国国家质量检验检疫总局.普通混凝土力学性能试验方法标准 GB/T 50081—2002［S］.北京:中国建筑工业出版社,2003.

［2］　中国工程建设标准化协会.纤维混凝土试验方法标准 CECS 13:2009［S］.北京:中国计划出版社,2009.

［3］　刘红彬.活性粉末混凝土的制配技术及基本力学性能试验研究［D］.北京:中国矿业大学(北京),2006.

［4］　黄育,王必斌,陈万祥,等.不同钢纤维对 RPC 性能影响的试验分析［J］.解放军理工大学学报(自然科学版),2003,4(5):64-67.

［5］　李惠.高强混凝土及其组合结构［M］.北京:科学出版社,2004.

［6］　刘红彬,陈健,贾玉丹,等.活性粉末混凝土的制备技术与力学性能研究［J］.工业建筑,2008,38(6):74-78.

第 4 章 钢纤维 RPC 的黏结机理

在 RPC 中掺入钢纤维后,可以显著提高抗压强度、抗拉强度、弹性模量等力学性能,同时有效提高了 RPC 的韧性,钢纤维对 RPC 的增韧作用主要是通过它与基体的黏结力实现的,该黏结力使钢纤维起到延缓和阻止裂缝延伸扩展的作用并承担荷载,同时在受力时脱黏或从基体中拔出消耗大量能量,从而改善了普通 HSC 和素 RPC 脆性大的弱点。

混凝土在受应力初期,水泥基料与纤维共同承受外力,但以水泥基料为主要承力者,纤维可以极大地约束基料在应力作用下裂缝的形成和发展;随着应力增大,基料发生开裂后,横跨裂缝的纤维成为主要外力承受者,直到纤维被拉断或者纤维从基体中拔出以致复合材料被破坏。而钢纤维与混凝土基体间的界面黏结特性与界面效应是发挥钢纤维对混凝土基体增韧与阻裂能力的关键所在,界面黏结强度的大小直接影响钢纤维增强、增韧与阻裂能力的发挥程度。

衡量钢纤维与 RPC 基体黏结状况的一个重要指标就是钢纤维与 RPC 的界面黏结强度。RPC 基体中掺入乱向分布的微细钢纤维,由于不易分散、结团等,高含量时微细钢纤维的应用将受到限制。因此,探明钢纤维对 RPC 的增强增韧机理对于合理地确定基体纤维的有效掺量、发挥钢纤维的作用、提高 RPC 性能和降低成本至关重要。

4.1 纤维增强混凝土的基本理论

纤维增强混凝土是以水泥浆、砂浆、粗骨料为基材,以金属材料、无机材料或有机纤维为增强材料组成的一种水泥基复合材料,它是将短而细的,具有高抗拉强度、高极限延伸率、高抗碱性等良好性能的纤维均匀地分散在混凝土基体中形成的一种新型建筑材料。纤维增强混凝土的发展始于 20 世纪初,钢纤维混凝土的研究和应用开展得最早和最广泛。

早在 1910 年,美国的 Porter 就提出将短钢纤维掺入水泥和混凝土中以提高其抗拉力[1]。1963 年 Romuldi 等[2]从理论上阐明了钢纤维的增强作用和机理,从而为钢纤维混凝土的进一步研究和开发奠定了理论基础,使它从小规模探索试验阶段跃进到大面积开发的新阶段。美国在 1990 年和 1991 年举行了纤维增强混凝土的专题报告会,正式拉开了纤维增强混凝土研究与应用的序幕。我国在 20 世纪 70 年代开始了钢纤维混凝土的研究和应用。其中,大连理工大学结构工程研究所从钢纤维混凝土增强机理的研究开始,系统地进行了钢纤维混凝土理论研究[3]。原哈尔滨建筑工程学院从钢纤维混凝土材料出发,进行了钢纤维混凝土基本力学性能的试验研究[4]。在此研究工作的基础上,大连理工大学和原哈尔滨建筑工程学院等单位联合主编了《钢纤维混凝土结构设计与施工规程》(CECS 38:92)和《纤维混凝土试验方法标准》(CECS 13:2009),这为统一我国钢纤维混凝土试验方法、推动钢纤维混凝土在我国的广泛应用奠定了基础[5,6]。

纤维在混凝土中的作用主要体现在三个方面:增强、阻裂和增韧。

混凝土的抗拉能力只有抗压能力的1/10左右,在外荷载的作用下往往呈现脆性破坏,纤维的掺入可以有效提高混凝土的抗拉强度,当基体混凝土出现裂缝时,一部分荷载转移到纤维上,从而增强了混凝土的抗拉能力。

混凝土处于塑性状态时(未凝结硬化前),基体很容易产生微细裂缝,在硬化过程中则因水分的散失导致干缩裂缝的扩大并产生新的裂缝,钢纤维加入到混凝土可以阻止基体中原有裂缝的扩展并延缓裂缝的产生。此外,基体在硬化以后,当荷载达到基体的开裂荷载时便迅速开裂,并沿着主裂缝迅速扩展开导致贯通这个梁截面的脆性断裂。加入钢纤维后,由于大量短切钢纤维的存在,当基体开裂后钢纤维仍可以横跨裂缝承受拉应力,使混凝土表现出良好的韧性。

纤维的增强、阻裂、增韧作用与其在混凝土的分布形态有关。从细观层次上看,材料具有一定的结构和不均匀性。而短纤维增强复合材料的不均匀性主要表现为纤维在基体中分布形态的不均匀。对钢纤维混凝土而言,钢纤维是增强、增韧物,而混凝土是基体。钢纤维混凝土的不均匀性主要表现在四个方面:①钢纤维几何形状、尺寸及材质的不均匀性;②基体混凝土材料的不均匀性;③钢纤维在混凝土中位置分布的不均匀性;④钢纤维方向分布的不均匀性。第一种不均匀性与钢纤维的取材和加工制作工艺等因素有关,从统计的观点看,如果钢纤维的几何因素与材质统计值没有大的分散性,变异系数或者标准差相当小,则可认为钢纤维几何因素和材质的平均值是合理可信的。后三种不均匀性都与钢纤维混凝土的施工工艺、构件尺寸、混凝土配合比等因素有关,后两者还与钢纤维的体积分数有关,和第一种不均匀性有关联[7]。

如果能使钢纤维密集地分布在应力大的部位,而其排列上沿着主拉应力方向取向,那么钢纤维对混凝土构件的增强、增韧效果应是最理想的。然而实际上很难达到这种理想状态,因为钢纤维在混凝土构件中的分布受到多种因素不同程度地影响:搅拌方式、构件的形状和尺寸、钢纤维的体积分数、振捣成型的方式、搅拌与振捣的时间和器具、混凝土配合比以及原材料的组成等。其中,模板尺寸与振捣方式和时间是影响钢纤维在混凝土中的分布和取向最主要的因素。它们对钢纤维的分布和取向的影响主要体现在重力效应和边壁效应上。

(1)重力效应。当钢纤维在新拌混凝土中充分分散并初步搅拌开时,它在拌合物中基本上是三维均匀随机分布的,且各方向的取向概率也十分接近。振捣过程中,由于振捣和重力作用,钢纤维将不断向下部移动,并趋于与重力垂直的平面内取向,这一效应称为纤维的重力效应。重力效应造成纤维在混凝土中的分布上疏下密。

(2) 边壁效应。由于模板对纤维的限制,在振捣成型过程中靠近模板的钢纤维趋于与模板平行的平面取向,钢纤维的这一效应称为边壁效应。

RPC 是钢纤维混凝土的一种,可以参照钢纤维混凝土的基本增强理论来分析和研究钢纤维对 RPC 的增强机理,目前对钢纤维增强机理的研究主要有以下两种理论。

4.1.1　复合力学理论

复合力学理论以混合定律为依据,是把建立在纤维金属和纤维塑料这类纤维增强复合材料基础上的力学理论向纤维混凝土做了进一步的发展应用,表述了由各组分材料的性能分量计算复合材料性能的一种简单关系。该理论基于一定的基本假定,对单向连续纤维增强复合材料和不连续短纤维增强复合材料的混合定律、界面黏结系数、纤维方向系数、纤维长度有效系数等都进行了一系列的研究[7]。

1. 混合定律的基本假定

应用混合定律估算复合材料的性能时,应满足以下条件:

(1) 复合材料在宏观上是匀质的,不存在内应力。

(2) 纤维与基体材料本身是匀质的各向同性(或正交各向异性)线弹性材料,同时横向变形相等。

(3) 纤维完全黏结于基体,即纤维-基体界面没有任何相对滑动。

2. 界面黏结系数

在纤维复合材料中,纤维的长度存在一个临界值,称为临界纤维长度 l_c,纤维上的拉应力可随荷载的增加而增加,直至达到纤维的极限抗拉强度 f_{fu}。l_c 是纤维最大拉应力可能达到纤维断裂的最短纤维长度。当纤维长度 l 大于临界长度 l_c 时,复合材料的破坏形态是纤维拉断而不是纤维拔出。可由式(4.1)得到临界纤维长度:

$$l_c = \frac{f_{fu}d}{2\tau} \tag{4.1}$$

式中,d 为纤维直径;f_{fu} 为纤维的极限抗拉强度;τ 为界面平均剪应力,即黏结强度。l_c/d 称为临界长径比。

定义界面黏结系数为顺向纤维可能达到的最大拉应力 σ_f 与纤维极限抗拉强度之比，即

$$\eta_b = \frac{\sigma_f}{f_{fu}} \tag{4.2}$$

对于不同的纤维长度，作用在纤维上的拉应力不同，界面黏结系数 η_b 也不同。当 $l < l_c$ 时，$\eta_b = \frac{2l}{d}\frac{\tau}{f_{fu}}$；当 $l \geqslant l_c$，$\eta_b = 1$。

3. 纤维方向系数

纤维方向系数是描述纤维在混凝土中分布形态的一个重要参数。任一方向上的单根钢纤维对某一指定方向（一般取主拉方向）的余弦称为该钢纤维对指定方向的增强效率。而各方向上的纤维对指定方向的增强效率在所有可能取向范围内的平均值称为方向系数，记为 η_0。若所有纤维均平行于该指定方向，则 $\eta_0 = 1$；若所有的纤维均垂直于指定方向，则 $\eta_0 = 0$，可见 η_0 的取值为 $0 \sim 1$。

4. 纤维长度有效系数

当复合材料开裂后，裂面上的某根纤维所能承担的拉应力取决于纤维在基体中埋深长度距裂缝面较短的一端。当这端纤维的埋入长度 $l_f \leqslant \frac{l_c}{2}$ 时，纤维将被拔出；当 $l_f \geqslant \frac{l_c}{2}$ 时，纤维将被拉断。

(1) 当 $l_f \leqslant l_c$ 时，纤维长度有效系数 η_l 为 0.5。

(2) 当 $l_f \geqslant l_c$ 时，纤维长度有效系数 $\eta_l = 1 - 0.5\frac{l_c}{l_f}$。

由此可知，η_l 随 l_f 的增大而提高，极限值为 1。以上公式具体推导过程见参考文献[7]。但在实际工程中，纤维长度过大易造成混凝土拌和料胶结成团，反而使硬化后的混凝土强度降低。

4.1.2　纤维间距理论

1963 年，Romualdi 等[2,8,9]发表了一系列钢纤维阻裂机理的文章，在线弹性力学基础上提出了著名的"纤维间距理论"，即认为钢纤维混凝土的开裂强度是由对拉伸应力起有效作用的钢纤维平均间距所决定的，引起了广泛重视。他们认为混凝土的破坏是由其内部的微裂缝、孔隙等初始缺陷，在外力作用下产生的应力集中造成的，并根据理论与试验研究得出某一断面能够有效抵抗拉伸应力的纤维平均间距表达式：

$$S = 13.8d\sqrt{\frac{1}{\rho}} \qquad (4.3)$$

式中,S 为纤维平均间距;d 为纤维直径;ρ 为纤维率,%。

纤维间距理论是一种经验型的钢纤维混凝土增强理论,其本身也存在一些缺陷,例如,它忽略了纤维自身的复合增强效应和纤维长度对增强效果的影响,因此只能定性地对纤维增强原理做一物理上的阐述。

4.2　RPC 黏结-拔出试验

由于钢纤维混凝土的多相、多组分和非匀质等特性,其增强、增韧机理十分复杂,加上施工方式、钢纤维本身的形状及集料等因素的影响,开展钢纤维增强、增韧机理的研究有助于科学评价 RPC 高强度、高韧性的物理力学本质。

4.2.1　钢纤维拔出破坏模型

1. 刚性破坏模型(楔梢模型)

该模型认为,钢纤维与混凝土基体间的界面黏结力由化学黏结力和混凝土的楔梢剪力组成。钢纤维的拔出破坏归因于混凝土基体的楔梢受剪破坏。最大拔出力由黏着力和混凝土的楔梢抗剪力共同提供[10]。基本假定如下:

(1) 钢纤维与基体间的黏结剪切力沿钢纤维全长均匀分布。

(2) 钢纤维刚度足够大,忽略其弯钩及变形的影响。

(3) 钢纤维本身抗拉强度足够大,保证不发生钢纤维拉断破坏。

2. 柔性破坏模型

该模型认为,钢纤维与混凝土基体间的界面黏结力由界面间的化学黏着力和摩擦阻力提供[10]。基本假定如下:

(1) 钢纤维与基体间的黏结剪切力沿钢纤维全长均匀分布。

(2) 钢纤维刚度很小,在拔出过程中只考虑轴向力的作用,且钢纤维本身抗拉强度足够大,保证不发生钢纤维拉断破坏。

(3) 忽略钢纤维轴向变形的影响。

3. 刚柔破坏模型

该模型认为,钢纤维具有一定的柔性,能把荷载从一端传至方向改变的另一端;同时钢纤维也具有一定的刚性,能承受弯矩的作用;钢纤维最大拔出力由界面黏结力与变形抗力共同提供。因此,拔出过程分为两个阶段:弹性黏结阶段和钢纤维调直变形阶段[10]。基本假定如下：

(1) 钢纤维与基体间的黏结剪切力沿钢纤维全长均匀分布。

(2) 钢纤维具有足够的刚度，传递并承受弯矩。

(3) 混凝土基体强度足够大，确保基体不会发生剪切破坏。

(4) 忽略钢纤维轴向变形的影响。

4.2.2 试验概况

采用中国矿业大学（北京）煤炭资源与安全开采国家重点实验室的 SEM(scanning electron microscope)高温疲劳试验系统,该系统主要用于材料在静、动态加载时微细观结构变化和缺陷演化的实时观测;可实现外部应力状态与内部微细观变化的一一对应,自动记录荷载-位移曲线。纤维拔出试验采用位移控制,加载速率 0.002mm/s 和 0.01mm/s,在峰后 60% 峰值荷载时改变加载速率;预加力 10～20N,详细试验情况见文献[11]。

参照我国《纤维混凝土试验方法标准》(CECS 13:2009),采取图 4.1 所示的"8"字形试件的直接拉伸方案。被拔出的钢纤维采用一排三根平行布置,纤维平均直径 0.2mm,平均长度 26mm,切削型纤维,表面做镀铜防锈蚀处理。锚固段(图 4.1 中"8"字形试件右侧)埋入长度较长,且端部做弯钩来增加钢纤维的锚固,拔出段(图 4.1 中"8"字形试件左侧)自由,以确保钢纤维沿拔出段被拔出。试件中间设带孔的塑料隔板以固定被拔出钢纤维的位置并将试件分隔成左右两部分(见图 4.1)。应用 CCD(charge-coupled device)和 SEM 观测并记录钢纤维从 RPC 基体("8"字形试件左侧)中拔出的全过程(见图 4.2)。为了深入探讨 RPC 的纤维增强、增韧机理,分别测试四种不同基体纤维含量对拔出过程的影响,基体钢纤维率分别为 $\rho_v = 0$、1%、2% 和 3%,基体钢纤维直径0.2～0.22mm,长度 13mm,长径比 65。

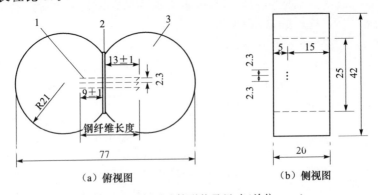

（a）俯视图　　　　　（b）侧视图

图 4.1 "8"字形试件形状及尺寸(单位:mm)

1. 钢纤维;2. 塑料隔板;3.RPC 基体

（a）SEM疲劳试验系统

（b）"8"字形试件加载装置

（c）CCD观测装置

图 4.2　加载装置与观测装置照片

4.3　试验结果与分析

通过 20 组试件的反复试验得到四种钢纤维体积含量下单根钢纤维拔出时的拉伸荷载-位移曲线，以及对应时刻钢纤维拔出过程的细观照片，如图 4.3 所示。四种钢纤维率分别为 $\rho_v = 0$、1%、2% 和 3%。图 4.3 中纵坐标为单根钢纤维抗拉强度，由"8"字形试件的总拉力 T 除以承受拉伸荷载的被拔出钢纤维的根数计算；横坐标为钢纤维加载端或拔出端的位移。

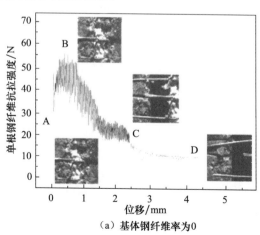

（a）基体钢纤维率为0

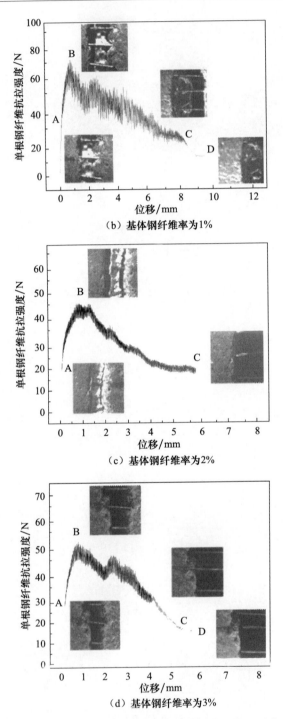

（b）基体钢纤维率为1%

（c）基体钢纤维率为2%

（d）基体钢纤维率为3%

图4.3　钢纤维拔出过程的荷载-位移曲线及细观照片

图 4.4、图 4.5 和表 4.1 分别列出了单根纤维的拔出荷载随基体钢纤维率变化的试验结果。其中,存在明显系统误差或制造误差的试验结果没有列入图表中,详见文献[11]。

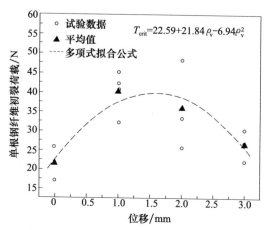

图 4.4　单根钢纤维的初裂荷载随基体钢纤维率变化的关系

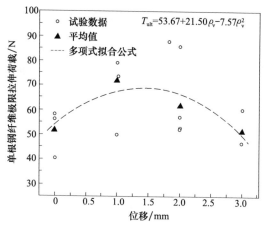

图 4.5　单根钢纤维的极限拉伸荷载随基体钢纤维率变化的关系

表 4.1　RPC 钢纤维拔出试验数据

钢纤维率 ρ_v /%	单根钢纤维初裂荷载 /N	A 点位移 D_A /mm	单根钢纤维极限荷载 /N	B 点位移 D_B /mm
0	21.43	0.09	51.76	0.724
1	40.10	0.32	71.91	1.095
2	35.90	0.28	61.85	1.505
3	26.51	0.16	51.41	0.821

注:单根钢纤维的初裂荷载和极限荷载是根据每种钢纤维率下 3～5 个试件 A 点初裂荷载和 B 点峰值荷载的实测值对三根钢纤维取平均获得的。

由受力分析可知,拉伸过程中作用在钢纤维上的力有钢纤维的拉应力 $\sigma_{s(x)}$、基体与纤维之间的黏结应力 $\tau_{(x)}$ 和拔出力 T,如图 4.6 所示。假设钢纤维埋长为 L,直径为 d,施加的拉力为 T,根据平衡条件,钢纤维中的拉应力 $\sigma_{s(x)}$、黏结应力 $\tau_{(x)}$ 和拔出力 T 满足:

$$\int_0^L \left(\pi d\tau_{(x)}\,\mathrm{d}x + \frac{\pi d^2}{4}\,\mathrm{d}\sigma_{s(x)} \right) = T \tag{4.4}$$

当钢纤维与基体的黏结被完全破坏时,即黏结应力 $\tau_{(x)}$ 超过界面黏结强度后,拔出力 T 由钢纤维承担,界面黏结应力丧失,$\tau_{(x)} = 0$。钢纤维拔出过程中,钢纤维拉应力 $\sigma_{s(x)}$ 和黏结应力 $\tau_{(x)}$ 从钢纤维加载端到自由端呈非线性变化,拉应力 $\sigma_{s(x)}$ 峰值沿加载端向自由端逐渐减小,而黏结应力 $\tau_{(x)}$ 峰值由加载端逐渐向自由端移动。当接近自由端的黏结应力 $\tau_{(x)}$ 峰值也达到界面黏结强度时,钢纤维被完全拔出。

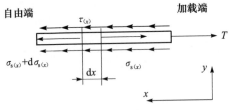

图 4.6　单根钢纤维受力分析

图 4.3 所示的荷载-位移变化直观地显示出上述黏结应力的变化规律。荷载-位移曲线和细观结构照片表明,钢纤维拔出过程和黏结破坏可以分为三个不同阶段:

(1) 线性阶段(OA),当试件开始受力时,钢纤维加载端与基体之间的黏结很快发生破坏,钢纤维与基体之间发生相对滑移。随外部荷载持续增加,钢纤维与基体的黏结破坏区域逐步向钢纤维自由端移动,加载端的位移持续增加,拔出力 T 与加载端位移 D 呈线性关系。不同钢纤维率试件均具有类似的现象。

(2) 非线性阶段(AB),当拔出力 T 接近 A 点时,拔出力 T 开始出现"跳跃"(荷载陡降-增加),每一次荷载"跳跃"时加载端的位移增加并不大,但伴有清晰的、频率固定的"噼啪"响声,这里称 A 点荷载 T_{crit} 为初裂荷载。连接"跳跃"阶段各个波峰、波谷荷载点的包络线表现出十分明显的非线性。B 点对应的峰值荷载 T_{ult} 为钢纤维拔出的极限荷载。

图 4.4、图 4.5 和表 4.1 实测数据表明,含钢纤维 RPC 的初裂荷载 T_{crit} 和极限荷载 T_{ult} 高于不含钢纤维素 RPC 的相应值,钢纤维率 1% 时增加幅度最大,初裂荷载平均提高 87%,极限荷载提高 39%;钢纤维率 3% 时的初裂荷载略高于素 RPC,而极限荷载与素 RPC 相当,钢纤维率越高,荷载增加的幅度越小。就拔出位移而言,相比素 RPC,钢纤维率 1% 时的初裂位移 D_A 最大,提高 256%,随钢纤维率增加,位移增加幅度减小。钢纤维率 2% 时的极限位移 D_B 最大,而钢纤维率 3% 的极限位移与素 RPC 值相当。这表明基体钢纤维含量显著影响单根纤维拔出的初裂荷载、极限荷载以及对应变形,但存在一个临界钢纤维含量 $\rho_{v,crit}$。图 4.4 和图 4.5 试验数据拟合分析表明,临界钢纤维含量 $\rho_{v,crit}$ 接近 1.5%,即基体钢纤维率超过 1.5% 后,它对纤维

黏结强度和变形影响开始减弱,达到 3% 时与素 RPC 相当。若基体钢纤维含量继续增加,钢纤维的黏结强度有可能变差,基体纤维有可能呈负面影响。

对图 4.4 和图 4.5 试验数据进行回归,单根钢纤维拔出的初裂荷载、极限荷载与 RPC 基体钢纤维率的关系可以近似表达为

$$T_{crit} = 22.59 + 21.84\rho_v - 6.94\rho_v^2 \tag{4.5}$$

$$T_{ult} = 53.67 + 21.50\rho_v - 7.57\rho_v^2 \tag{4.6}$$

式中,T_{crit} 和 T_{ult} 的单位为 N;$0 \leqslant \rho_v \leqslant 3\%$。

(3) 下降段(BCD),当拔出力越过峰值荷载 T_{ult} 后,荷载-位移曲线出现"软化"现象,拔出力开始下降,而加载端位移持续增加,该阶段仍伴有明显的荷载"跳跃"现象和清晰的"噼啪"响声,直到钢纤维被完全拔出。同时,试验结果显示,含钢纤维 RPC 的拉伸曲线峰后下降段出现了"第二峰值"现象,基体钢纤维率越高,"第二峰值"现象越明显,表明基体中掺入钢纤维显著地影响基体与纤维界面的黏结-滑动性质。

4.4　纤维-基体黏结破坏机理

为揭示上述试验现象的内在机制,认识含钢纤维 RPC 的黏结破坏机理,作者利用 SEM 观察和对比不同基体纤维率条件下钢纤维拔出前后的细观表面形貌,发现十分有趣的现象,为阐述 RPC 黏结破坏的机理提供了证据[12]。图 4.7 为一组钢纤维细观表面形貌的典型照片,它清楚地显示:

(1) 纤维拔出后表面黏结了大量的"球状"和"棱柱状"碎屑[见图 4.7(l)、(m)],加载端邻近区域以"球状"碎屑为主,基本覆盖纤维表面;而"棱柱状"碎屑主要分布在自由端邻近区域,且具有明显摩擦后的残留痕迹[见图 4.7(d)~(k)]。试验前钢纤维表面较光洁[见图 4.7(b)、(c)]。

(2) 基体钢纤维率不同,拔出纤维表面黏结物质的数量和分布不同。含钢纤维 RPC 中被拔出纤维表面黏结的"球状"和"棱柱状"碎屑多于素 RPC[见图 4.7(d)~(k)]。基体纤维率 1% 时,加载端和自由端黏结的碎屑数量最多,分布基本覆盖纤维表面[见图 4.7(f)、(g)]。钢纤维率 2% 时的碎屑数量明显减少;当达到钢纤维率 3% 时,被拔出纤维无论加载端还是自由端,表面碎屑的数量和分布基本上与素 RPC 相当[见图 4.7(h)~(k)]。

(3) 被拔出纤维表面黏结的"球状"和"棱柱状"碎屑,在尺寸和形状上,与 RPC 基体呈网状结构分布的"孔穴"较吻合[见图 4.7(a)]。

基于上述宏观拉伸试验和 SEM 观测结果,分析认为钢纤维与 RPC 基体的黏结力由以下四部分组成:

(1) C-S-H 凝胶体与纤维表面的化学黏着力。呈球形的硅粉(主要成分为 SiO_2)与水泥水化作用产生的 $Ca(OH)_2$ 发生二次水化反应,生成具有网状结构且致密的

C-S-H凝胶体，C-S-H凝胶体与钢纤维表面具有较强的化学黏着力，它构成了界面第一部分黏结强度$\tau_{u,chem}$。当纤维与基体发生局部相对滑动时，化学黏结力丧失。

（2）C-S-H凝胶体与纤维之间的静摩擦力。由于钢纤维表面的粗糙性质、水泥石的干缩作用以及基体中散布纤维的约束作用，被拔出的纤维与基体之间具有较强的静摩擦力，静摩擦力提供了界面第二部分黏结强度$\tau_{u,stf}$。当界面剪应力超过最大静摩擦力$\tau_{u,stf}$时，纤维与基体发生相对滑动，这一部分黏结力丧失。

（3）纤维与基体之间的机械咬合力。图4.7(b)、(c)显示纤维表面并非完全光滑，由于机械加工，表面残留"切削"的痕迹，因此表面具有一定的粗糙性。同时由于凝胶体水化颗粒较小，部分基体嵌入纤维表面凹凸部分。当钢纤维受拉时，表面局部凸起将挤压周围基体，形成机械咬合力，这构成了界面第三部分黏结强度$\tau_{u,mech}$。当基体在纤维凸起提供的斜向压力作用下发生开裂破坏后，基体碎屑附着在纤维表面随钢纤维一起被拔出，第三部分黏结强度$\tau_{u,mech}$丧失。

（4）纤维与基体碎屑之间的滑动摩擦力。当纤维与基体之间相互咬合部分的混凝土被完全"剪断"时，被拔出的钢纤维将沿纤维凸起处外缘的"剪断面"发生滑动，"剪断面"碎屑与完整基体之间的滑动摩擦阻力提供了界面第四部分的黏结强度$\tau_{u,dnf}$。该部分黏结强度一直保持到纤维被完全拔出破坏。

（a）钢纤维与RPC基体交界面观形貌放大500倍

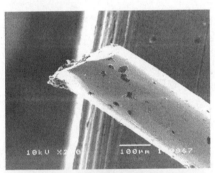

（b）埋入前钢纤维自由端表面形貌

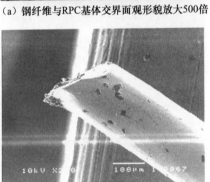

（c）埋入前钢纤维"柱身"表面形貌

（d）钢纤维率为0时钢纤维加载端表面形貌

（e）钢纤维率为0时钢纤维自由端表面形貌

（f）钢纤维率为1%时钢纤维加载端表面形貌

（g）钢纤维率为1%时钢纤维自由端表面形貌

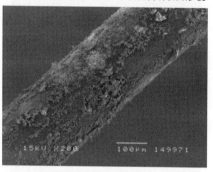

（h）钢纤维率为2%时钢纤维加载端表面形貌

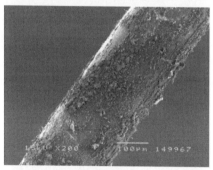

（i）钢纤维率为2%时钢纤维自由端表面形貌

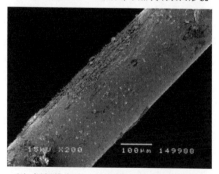

（j）钢纤维率为3%时钢纤维加载端表面形貌

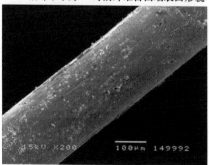

（k）钢纤维率为3%时钢纤维自由端表面形貌

（l）加载端钢纤维表面黏结物形貌放大1000倍

（m）自由端钢纤维表面残留物形貌放大1000倍

图 4.7　拔出试验前后钢纤维表面形貌照片

实际上，从纤维开始受力到最终被完全拔出，在滑移变形的不同阶段，上述各部分黏结力发生不同的变化，具体体现在荷载-位移曲线的变化上。

在荷载-位移曲线线性段（OA），纤维开始受力后加载端应力差较大，界面剪应力很快超过化学黏结力 $\tau_{u,chem}$ 和最大静摩擦力 $\tau_{u,stf}$，黏结力被破坏，加载端开始滑移。随荷载继续增加，黏结破坏逐步向自由端扩展。由于化学黏结力与界面细观结构有关，静摩擦力与界面摩擦系数、基体收缩压力成正比，而静摩擦系数又与界面细观结构有关，因此，纤维黏结破坏的早期阶段表现为与界面细观结构有关的"界面脱黏"，因而纤维加载端残留有部分从网状结构中脱离出来的"球形"基体碎屑。这种细观机制体现在荷载-位移曲线上表现为，从加载开始，加载端就有滑移，滑移与荷载呈线性关系。图 4.8(a)形象地描绘了这种细观"脱黏"机制。

在荷载-位移曲线非线性段（AB），当加载端"脱黏"滑移一定距离后，随荷载继续增加，界面机械咬合力 $\tau_{u,mech}$ 开始发挥作用，钢纤维必须克服 $\tau_{u,mech}$ 才能继续滑移变形。钢纤维表面凸起挤压周围基体，使周围混凝土沿斜向产生开裂①，如图 4.8(b)所示；与此同时，挤压力的径向分力在基体内产生环向拉力，当该拉应力超过 RPC 基体抗拉强度时，试件内部形成径向劈裂②，A 点反映了基体内部发生第一次径向劈裂时的荷载和滑移变形。除了沿径向扩展外，劈裂裂纹②随着荷载增加逐渐由加载端向自由端扩展。由于每次沿纤维埋长方向的扩展均引起周围基体的开裂，每次开裂混凝土产生局部应力释放，因而荷载-位移曲线 AB 段开始出现荷载"跳跃"，并发出清晰固定的"噼啪"响声。此后，随荷载增加，内部斜裂纹①和径向劈裂裂纹②逐步扩展形成一个"圆柱状"破裂区③，荷载-位移曲线达到峰值 B 点。

值得注意的是，第 3 章数据显示基体中的散布钢纤维可以提高 RPC 的抗压强度、劈裂抗拉强度和弯折抗拉强度，钢纤维率越高，劈裂抗拉强度和弯折强度越大。因此，对应内部劈裂机制，含钢纤维 RPC 的拔出初裂荷载 T_{crit} 和极限荷载 T_{ult} 高于不含钢纤维 RPC 的相应值。但是，提高的幅度并不与基体纤维率成正比，钢纤维率超过 1.5% 后拔出荷载增加的幅度反而减小。究其原因,内部劈裂裂纹的起裂和扩展固然与基体抗拉强度有关,但由于单根纤维对周围基体的影响范围有限,仅局限于圆柱状破裂区以内。当基体钢纤维含量过高时,由于钢纤维分布不均、结团等,基体纤维对于提高圆柱状破裂区内混凝土抗拉强度的贡献并未增加,反而可能降低,表现为基体钢纤维率 1% 时单根钢纤维的拔出初裂荷载 T_{crit} 和峰值极限荷载 T_{ult} 最大,纤维率 3% 时的峰值荷载与素 RPC 值基本相当。该阶段体现出钢纤维对 RPC 的增强效应。

在荷载-位移曲线下降段(BCD),当围绕纤维的圆柱状破裂区形成后,破裂区内 RPC 基体抗剪强度降低,继续施加荷载,基体与纤维之间相互咬合部分的混凝土陆续被剪断,荷载越过峰值 T_{ult} 转入下降段。钢纤维裹挟着混凝土碎屑沿纤维凸起外侧剪断面滑动,如图 4.8(c)所示。由于粗糙剪断面上碎屑与基体之间的摩擦力以及剪断面附近基体钢纤维的影响,每次滑动都需要克服较大的滑动阻力 $\tau_{u,dnf}$,消耗大量的能量,因而荷载-位移曲线下降段出现荷载"跳跃"现象。另外,当剪断面碎屑堆积或遇到较多基体钢纤维阻滞时,滑动受阻,拔出力增加才能克服阻力继续变形,下降段会出现"第二峰值"或更多。

需要指出的是,滑动摩擦力 $\tau_{u,dnf}$ 与剪断面基体钢纤维含量有关,基体钢纤维增加了剪断面的压力和滑动阻力;由于破坏区的局限以及钢纤维结团等,过多的纤维对于提高剪断面混凝土的抗剪强度贡献并未随钢纤维含量增加而增大,反而可能降低。图 4.7 所示的被拔出钢纤维表面细观形貌特征证实了这一点,即含钢纤维 RPC 中被拔出钢纤维表面黏结的球状和棱柱状碎屑明显多于素 RPC;但当钢纤维率

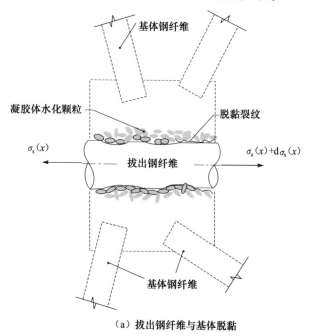

(a) 拔出钢纤维与基体脱黏

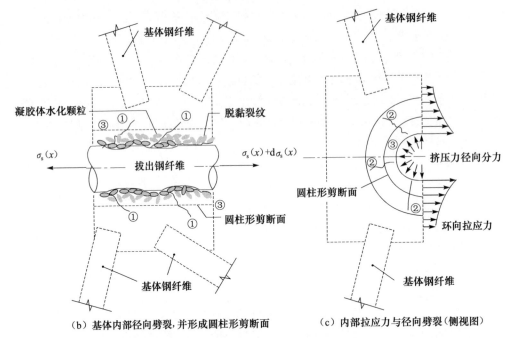

（b）基体内部径向劈裂，并形成圆柱形剪断面　　　（c）内部拉应力与径向劈裂（侧视图）

图 4.8　基体-纤维黏结破坏过程示意图

超过 2%，特别是达到 3% 时，被拔出纤维无论加载端还是自由端，表面碎屑的数量和分布都与素 RPC 相当。

下降段荷载"跳跃"以及"第二峰值"现象体现了掺入钢纤维可提高 RPC 后期变形能力，即提高韧性的作用，它是区别于普通 HSC 的显著标志。

4.5　纤维-基体黏结强度和耗散能

黏结强度指纤维与基体之间发生黏结拔出破坏时的最大黏结应力。试验表明，黏结强度与界面细观结构、基体强度以及界面压力有关，具体体现为纤维表面形状、长径比、基体颗粒形状、尺寸、劈拉强度、抗剪强度、基体纤维率以及界面压力等一系列因素的影响。由于黏结应力在黏结破坏各级段发生着不同的变化，很难从理论上给出黏结强度与各变量之间的解析关系。考虑到试验中除基体纤维率及由此引发的基体抗拉强度和抗剪强度变化外，其余各因素不变，因此，可以从宏观上刻画黏结强度随基体纤维率变化的关系[11]。

4.5.1　黏结强度

定义黏结强度 τ_u 为峰值极限荷载 T_{ult} 所对应的最大黏结应力，假设黏结应力沿纤维黏结长度均匀分布,忽略式(4.4)中钢纤维拉应力项 $\sigma_{s(x)}$,根据式(4.4),黏结强度 τ_u 可写为

$$\tau_u = \frac{T_{ult}}{n\pi dL} \tag{4.7}$$

式中,n 表示埋入钢纤维的数量;L 为纤维黏结长度,mm;d 为纤维平均直径,mm。

实际上,黏结强度 τ_u 代表最大荷载时黏结应力在纤维黏结长度上的平均效应。

表 4.2 列出了根据试验值计算得到的不同基体纤维率 ρ_v 下单根钢纤维拔出的黏结强度 τ_u 和标准化黏结强度 τ_u/f_c',这里 f_c' 表示 RPCϕ100 圆柱体抗压强度,为了合理地刻画基体钢纤维含量的影响,采用无量纲量 τ_u/f_c' 来表示单根钢纤维的黏结强度。图 4.9 绘出了标准化黏结强度 τ_u/f_c' 随 ρ_v 变化的关系曲线。

表 4.2　纤维-基体界面黏结强度试验数据统计表

钢纤维率 ρ_v/%	试件编号	单根纤维峰值荷载 T_{ult}/N	$D_{res}=4$mm 时单根纤维的残余荷载/N	τ_u/MPa	τ_u/f_c'/($\times 10^{-3}$)	拔出功 W/J
0	A02	40.23	18.83	0.85	5.45	119.61
	A03	56.33	26.17	0.90	5.77	146.22
	A04	58.71	38.55	0.85	5.45	161.67
	平均值	51.76	27.85	0.87	5.56	142.50
1	B01	73.90	52.57	0.98	5.89	236.02
	B02	84.40	61.10	1.22	7.34	232.63
	B04	79.03	54.03	1.51	9.08	196.58
	B05	50.30	25.53	1.14	6.86	112.14
	平均值	71.91	48.31	1.21	7.29	194.34
2	D01	57.53	47.70	1.02	5.79	152.27
	D05	85.83	23.17	1.24	7.03	172.36
	D11	52.03	22.77	1.04	5.90	115.61
	D13	52.00	24.80	0.75	4.25	143.25
	平均值	61.85	29.61	1.01	5.74	145.87
3	E01	60.43	33.87	1.26	7.03	175.84
	E03	51.93	43.60	0.80	4.47	173.02
	E06	46.67	25.87	0.93	5.19	129.47
	E10	46.60	28.53	0.82	4.58	130.26
	平均值	51.41	32.97	0.95	5.31	152.15

结果表明,与素 RPC 相比,基体钢纤维率为 1% 时,单根纤维的标准化黏结强度 τ_u/f_c' 提高了 30%,当钢纤维率为 2% 时,τ_u/f_c' 增加的幅度开始下降,钢纤维率达

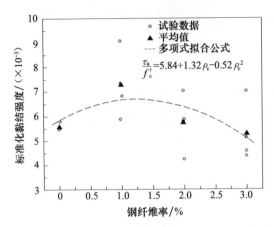

图 4.9　标准化黏结强度 τ_u/f'_c 随基体钢纤维率 ρ_v 变化的关系

到 3% 时，τ_u/f'_c 与素 RPC 相当。这表明基体纤维对单根纤维黏结强度的影响存在一个最优临界含量 $\rho_{v,crit}$，图 4.9 显示该值接近 1.5%。这与前述对初裂荷载 T_{crit}、极限荷载 T_{ult} 以及表面细观形貌的观测结论是一致的。

对实测数据进行回归分析，单根纤维拔出的标准化黏结强度 τ_u/f'_c 与基体钢纤维率 ρ_v 之间的关系可近似用抛物线方程表示为

$$\frac{\tau_u}{f'_c} = 5.84 + 1.32\rho_v - 0.52\rho_v^2 \tag{4.8}$$

式中，$0 \leqslant \rho_v \leqslant 3\%$；$f'_c$ 为 RPC $\phi100$ 圆柱体抗压强度。

4.5.2　纤维拔出功或耗散功

从基体中拔出纤维所消耗的能量，即拔出功，是衡量 RPC 韧性的重要指标。参考我国《纤维混凝土试验方法标准》（CECS 13：2009），采用荷载-位移曲线包络线所包围的面积来计算拔出功，如图 4.10 所示。考虑到 RPC 具有较高的强度和良好的后期变形性能，为了合理地反映 RPC 的韧性，取荷载-位移曲线上拔出位移 $D_{res}=4\text{mm}$ 作为变形控制量来计算拔出功。

表 4.2 列出了根据试验值计算出来的不同钢纤维率下 RPC 试件的拔出功 W。图 4.11 为试件拔出功 W 随基体钢纤维率 ρ_v 变化的规律。

不难看出，单根纤维从掺有钢纤维的 RPC 基体中拔出的总耗散功高于从素 RPC 中拔出时的总耗散功，基体钢纤维对于提高 RPC 黏结韧性具有明显的作用。与拔出荷载和黏结强度的变化规律相似，拔出纤维耗散功 W 的变化也存在一个临界基体钢纤维率 $\rho_{v,crit}=1.5\%$。钢纤维率大于 1.5% 时，基体纤维对提高单根钢纤维拔出韧性的作用开始下降，钢纤维率 3% 时拔出纤维的耗散功与素 RPC 的基本相当。

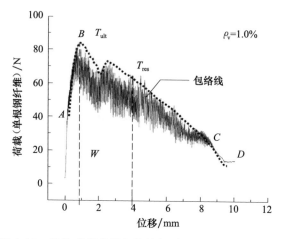

图 4.10　荷载-位移曲线包络线与纤维拔出功计算示意图

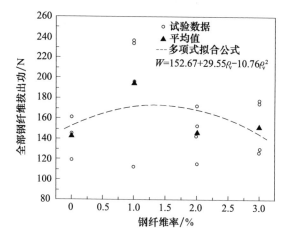

图 4.11　纤维拔出功随基体钢纤维率变化的规律

通过回归分析,单根钢纤维拔出功与基体钢纤维率的关系可以近似表示为

$$W = 152.67 + 29.55\rho_v - 10.76\rho_v^2 \tag{4.9}$$

式中,拔出功 W 单位为 J;$0 \leqslant \rho_v \leqslant 3\%$ 。

单根钢纤维黏结拔出破坏的初裂荷载 T_{crit}、极限荷载 T_{ult}、标准化黏结强度 τ_u/f_c' 和拔出功 W 随基体钢纤维率 ρ_v 变化的关系可统一采用抛物线形式表达:

$$V = a + b\rho_v + c\rho_v^2 \tag{4.10}$$

式中,V 代表各物理量;$0 \leqslant \rho_v < 3\%$;a、b、c 为材料参数。

4.6 本章小结

通过 RPC 单根钢纤维黏结破坏的研究,得到以下研究结论:

(1) 单根纤维的黏结-滑移破坏分为线性段、非线性段和下降段。超过初裂荷载后,非线性段荷载-位移曲线开始出现荷载"跳跃",并伴有"噼啪"响声。越过极限荷载后,荷载-位移曲线出现"第二峰值",同时伴有荷载"跳跃"和"噼啪"响声,基体纤维率越高,"第二峰值"现象越明显。

(2) 基体钢纤维掺量对单根纤维黏结-滑移破坏的初裂荷载、极限荷载、界面黏结强度以及拔出功具有显著影响,但基体纤维并非越多越好。相比不含钢纤维的素 RPC,$0 < \rho_v \leqslant 1.5\%$ 时,初裂荷载、极限荷载、黏结强度和拔出功随基体纤维率增加而增大;$1.5\% \leqslant \rho_v < 3\%$ 时,上述各物理量增加的幅度开始下降,达到 $\rho_v = 3\%$ 时,各项指标与素 RPC 基本相当。基体钢纤维对单根钢纤维黏结性能的影响存在一个最优掺量。该结果也同时反映出单根钢纤维黏结机制与混合钢纤维黏结机制的区别。在最优基体钢纤维掺量范围内,初裂荷载、极限荷载、界面黏结强度随基体纤维掺量增加而增大体现了基体钢纤维的增强作用;总拔出功 W 随基体纤维掺量增加而增大,"第二峰值"现象体现了基体钢纤维的增韧作用。

(3) 单根钢纤维从 RPC 基体中拔出时表面黏结有大量的球状和棱柱状碎屑,这种碎屑在尺寸和形状上与基体 C-S-H 网状结构相似。随基体纤维掺量不同,拔出纤维表面黏结的碎屑的数量和分布不同,基体纤维率 1% 时加载端和自由端黏结的碎屑数量最多,分布基本覆盖纤维表面。纤维率 2% 时的碎屑明显减少,达到 3% 时,被拔出纤维无论加载端还是自由端,表面碎屑的数量和分布基本上与素 RPC 相当。该细观特征与单根纤维拔出时各宏观物理量的变化规律相吻合。

(4) 单根纤维与基体的黏结力可以分成四部分:表面化学黏结力、凝胶体与纤维之间的静摩擦力、纤维与基体之间的机械咬合力以及纤维与基体碎屑之间的滑动摩擦力。从纤维开始受力到最终完全被拔出,在滑移变形的不同阶段,上述各部分黏结力发生不同的变化,所起的作用也不同。

参 考 文 献

[1] 沈荣熹,崔琪,李清海. 新型纤维增强水泥基复合材料[M]. 北京:中国建材工业出版社,2004.

[2] Roumaldi J P, Batson G B. Mechanics of crack arrest in concrete[J]. ASCE of Engineering Mechanics Division, 1963, 89: 137-148.

[3] 赵国藩,黄承连. 钢纤维混凝土增强机理及其结构设计理论研究课题研究总结[R]. 大连:

大连理工大学土木系结构研究室,1993.

[4]　赵景海,程龙保. 钢纤维混凝土设计与施工[M]. 哈尔滨:黑龙江科学技术出版社,1988.

[5]　中国工程建设标准化协会. 钢纤维混凝土结构设计与施工规程 CECS 38:92[S]. 北京:中国建筑工业出版社,1992.

[6]　中国工程建设标准化协会. 纤维混凝土试验方法标准 CECS 13:2009[S]. 北京:中国计划出版社,2009.

[7]　林小松,杨果林. 钢纤维高强与超高强混凝土[M]. 北京:科学出版社,2002.

[8]　Romualdi J P,Mandel J A. Tensile strength of concrete affected by unigormlydistributed and closely spaced short lengths of wire reinforcement[J]. ACI Journal Proceedings:ACI, 1964,61(6):567-670.

[9]　Romualdi J P. The static cracking stress and fatigue strength of concrete reinforced with short pieces of thin steel wire[C]//International Conference the Structure of Concrete,London,1968:190-201.

[10]　田稳苓. 钢纤维膨胀混凝土增强机理及其应用研究[D]. 大连:大连理工大学,1998.

[11]　贾玉丹. 活性粉末混凝土钢纤维黏结及增韧机理的试验研究[D]. 北京:中国矿业大学(北京),2006.

[12]　鞠杨,贾玉丹,刘红彬,等. 活性粉末混凝土钢纤维增强增韧的细观机理[J]. 中国科学(E辑:技术科学),2007,37:1403-1416.

第 5 章　RPC 的断裂韧性及表征方法

　　NC 和 HSC 具有很高的抗压强度、刚度和较好的耐久性,但凝结与硬化过程中收缩大、抗拉强度低、极限延伸率小及抗冲击性差。其抗拉强度一般仅是抗压强度的 1/10～1/7,受拉极限延伸率只有 0.005%～0.05%,断裂功为 30～80J/m²,且随着水泥基材抗压强度的提高,干缩与脆性问题越发明显。为克服上述缺点,一种行之有效的方法就是在基体中掺入纤维,可以在提高混凝土抗拉强度的同时,通过阻裂作用来提高其变形能力,即所谓的韧性。

　　韧性指标能够定量地描述工程材料、构件或结构本身在出现开裂后的带裂缝工作能力、吸收能量而变形的能力及整体生存能力(发生大变形时仍具有足够的残余强度)。对于应用超高强度混凝土的工程结构,混凝土的韧性尤其重要,因为超高强度常常伴随着高脆性,而韧性表征超高强度混凝土避免灾害性脆性破坏的能力。因此,如何科学地评价超高强度 RPC 材料的韧性和耗能能力、发展以韧性指标为基础的结构设计方法,便成为发挥 RPC 优异的物理力学性能,提高结构安全性、适用性和生存能力,以及拓展 RPC 应用的一个基础性和前沿性的课题。

　　长期以来,为了发展和应用以韧性为基础的结构设计方法,人们一直希望建立一个可作为材料常数的、与试验样本和量测方法无关的纤维混凝土韧性指标。为实现这个目标,人们尝试了多种测试和确定纤维混凝土耗能能力和韧性的方法,包括压缩、拉伸和弯曲试验等方法[1~21],其中弯曲试验由于能够模拟大多数实际工程情况,方法简单,因而得到了广泛应用。欧美、日本以及我国的试验标准和规范大多建议用弯曲试验方法来测试和表征纤维混凝土的韧性[1~7]。在这些尝试中,无论压缩、拉伸还是弯曲试验,人们常用荷载-变形曲线上初裂荷载、峰值荷载或峰后荷载等特征时刻所对应的曲线面积或面积比作为指标来表征纤维混凝土的韧性或耗能能力。然而研究发现,初裂荷载或初裂变形的确定、变形计算范围、材料脆性性质、试件尺寸、骨料大小、纤维形状、不对称开裂和测量方法等诸多因素显著地影响韧性指标的客观性,基于不同试验和量测方法所得到的韧性指标最多可相差 200%以上[8~20],现有的表征纤维混凝土韧性的指标强烈地依赖于上述因素。这给建立一个客观的具有广泛工程适用性的纤维混凝土韧性指标带来了极大的困难,也制约了以韧性为基础的结构设计方法的发展。

　　国际上对量测和表征纤维混凝土韧性方法的争论主要集中在:①如何准确地获得并从物理上解释初裂变形(或初裂荷载)以及韧性所对应的极限变形等特征值;②试验方法(三点或四点加载)、控制方式(位移控制或者力控制,包括加载速率)、纤维种类、试件尺寸和材料脆性对上述特征值的影响等[8~20]。其中核心问题是,针对不同类型的纤维混凝土如何用一种统一的方法来确定韧性指标的初始参考点——初裂变形位置。为了避免初裂变形量测误差对韧性指标的影响,使研究者和设计人员能够应用一致的标准来评价纤维混凝土的韧性以及不同纤维种类对混凝土韧性的贡献,部分研究者提出用峰值荷载所对应的变形,而不是真实初裂荷载所对应的变形,作为计算韧性的初始参考变形。其依据是,从初裂到峰值荷载前普通纤维混凝土中纤维对提高韧性的贡献很小;同时荷载-挠度曲线上峰值荷载的变化明显、易于测量[8,16,17]。但也有研究发现,初裂到峰值荷载前,纤维对提高混凝土韧性的作用与纤维率和纤维种类有关,这部分在总韧性指标中占有相当大的比例[1];同时,低纤维率时弯曲荷载-挠度曲线上峰值荷载的稳定性与试验机刚度和控制方式密切相关,不同的试验方法将导致以峰值荷载或峰值变形为基础的纤维混凝土韧性指标具有较大的差异[10,17]。

就韧性试验方法而言,目前主要有两类,一是考虑整体变形的无缺口梁弯曲试验;二是考虑断裂面集中变形的有缺口梁的弯曲试验。后者试图通过记录裂纹口张开位移(crack mouth opening displacement,CMOD)和断裂力学的方法来解决无缺口梁弯曲试验中初裂变形和极限变形量测的不稳定性问题。尽管存在量测设备要求高的困难,但由于测量误差和数据离散性较小以及能够获得实际的初裂变形等优点,断裂力学试验方法逐渐被人们应用于确定纤维混凝土的韧性[13,17,19]。例如,文献[20]建议利用 CMOD 和转角 θ 的关系以及整体变形梁的弯矩-转角关系来计算开口梁的耗能能力和韧性,从而避免初裂挠度量测的不确定性。但试验数据同时显示,通过适当方式消除三点或四点弯曲试验中初裂变形和极限变形的测量误差后,采用断裂力学的方法获得的韧性指标仍明显不同于弯曲试验所获得的韧性指标,而且该指标与试件尺寸、跨度和纤维长度有关[8,13,17,20]。

由此可见,目前与研究并建立一个反映纤维混凝土本质特征且不依赖于试验样本及量测方法的韧性指标的目标仍有相当大的距离。

与普通纤维混凝土不同,掺入钢纤维的 RPC 没有粗骨料,基体结构密实且强度高;钢纤维与凝胶体的界面黏结性较强,钢纤维从基体拔出时表面黏结有大量的基体颗粒[22];同时,荷载-变形曲线上峰值荷载前有较明显的初裂过程,且峰后荷载曲线出现多峰值[21,22]。这些独特的性质使 RPC 受力破坏时表现出不同于普通纤维混凝土的裂纹起裂、扩展和耗能行为。因此,能否针对 RPC 独特的材料组成和物理力学行为,以工程应用为目标,建立一套反映 RPC 韧性本质特征并具有工程适用性的韧性评价方法和衡量指标,成为人们面临首要科学问题。该问题的解决对于科学地评价 RPC 的变形韧性和钢纤维的强韧效果、优化 RPC 材料组成、发展以韧性指标为基础的结构设计方法,以及拓展 RPC 未来的工程应用领域具有重要意义。

基于上述原因,通过以下两方面的工作开展 RPC 断裂韧性的研究:

(1) 通过 90 根不同钢纤维率的 RPC 无预制裂纹和有预制裂纹梁的弯曲破坏试验研究 RPC 的韧性机制和韧性特征,特别是被测试验梁不同的变形方式(整体变形和断裂面集中变形)对 RPC 韧性破坏时的初裂、裂纹扩展、峰值和峰后等力学行为及特征值的影响,分析在不同变形机理下钢纤维对提高 RPC 抗裂能力、耗能能力和韧性所起的作用。这将有助于理解 RPC 的韧性实质与表现特征。

(2) 基于试验结果,提出一种反映 RPC 韧性本质特征的韧性定义方法和表征指标。该指标以理想弹塑性材料为基准,可以直观地表述相比理想弹塑性材料RPC 的韧性大小,有助于建立统一的 RPC 韧性标准且有利于工程应用。

5.1　试　验　概　况

为考察钢纤维含量对 RPC 韧性的影响,测试了未掺钢纤维和不同钢纤维含量RPC 的弯曲和断裂力学性质(未掺入钢纤维的 RPC200 称为素 RPC,掺入不同含量钢纤维的 RPC 称为钢纤维 RPC),设计无预制裂纹和预制裂纹两种梁的三点弯曲试验来测试 RPC 的耗能能力和韧性。

一般来讲,为了消除受弯构件中横向剪应力对弯曲韧性和耗能结果的影响,常采用中间 1/3 区段为纯弯的四点弯曲试验,如美国 ACI 544[3]、ASTM 1018[1],日本 JCI SF-4[4] 和欧盟 EFNARC[2] 标准等。这对于素混凝土是合适的,因为素混凝土的弯曲初裂荷载和峰值荷载很接近,弯曲加载过程中不对称开裂对初裂荷载和峰值荷载的影响可以忽略不计[9,16,17]。然而,钢纤维混凝土的弯曲初裂荷载和峰值荷载可能相差较大。由于钢纤维随机分布,诱发试件失效的主裂纹常常不对称地随机出现在纯弯曲段以外,不同的主裂纹分布导致弯曲韧性的测算结果差异很大[9~12,16~20],这严重影响弯曲韧性指标的客观性。因此,为最大限度地减小这种影响,考虑到钢纤维 RPC 良好的峰前和峰后变形能力,采用三点弯曲方案,使主裂纹集中在中部加载点的邻近区域内。同时,作为辅助和对比,进行预制裂纹梁的弯曲断裂试验来评估这种影响。

考虑到工程中梁的实际尺寸以及尽可能降低剪应力的影响,采用试件净跨高比 $S/h \geqslant 2.5$,预制裂纹梁的缝高比 $a_0/h = 0.3$。除预制裂纹外,两种弯曲试件的尺寸相同,均为 $b \times h \times l = 40\text{mm} \times 40\text{mm} \times 160\text{mm}$。试件尺寸和加载方式如图 5.1 所示。

试件变形是衡量 RPC 韧性和耗能能力的重要指标。为了减小非试件变形因素对韧性结果的影响,提高韧性表征指标的客观性,采用门式框架的电液伺服闭环加载系统,系统变形刚度大于 1500kN/mm。对于无预制裂纹梁,由于变形发生在整个试件上,因此量测加载点的净位移 δ 作为试件挠度变形值(见图 5.1),记录梁的荷载-挠度曲线,即 P-δ 曲线(见图 5.2)。对于预制裂纹梁,由于开裂集中在预制裂纹处,试件变形和能量耗散集中在破裂面上,因此测量预制裂纹的 CMOD 作为计算耗能的变形指标(见图 5.1),记录荷载-裂纹口张开位移曲线,即 P-CMOD 曲线。加载过程采用位移控制模式,开始至荷载下降为 70% 峰值荷载前的加载速率为 0.05mm/min,70% 峰值荷载后的加载速率为 0.1mm/min,位移控制精度 1/1000mm。采用夹式引伸计量测 CMOD,最大量程 4mm,精度 1/1000mm。

无预制裂纹和预制裂纹试件的弯曲试验分别测试了五种钢纤维率 $\rho_v=0$、1%、1.5%、2% 和 3%,其中 $\rho_v=0$ 表示无钢纤维掺入的情况。同种工况试件制作三组,每组三个试件,分别用于量测试件的 δ 和 CMOD,共测试了 90 个试件。详细的试验情况见文献[21]。

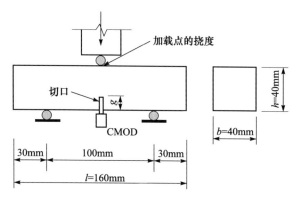

图 5.1　三点弯曲试验方案与试件尺寸图

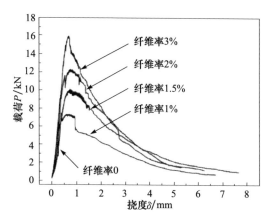

图 5.2　无预制裂纹梁的荷载-挠度曲线(P-δ 曲线)

5.2　无预制裂纹梁的变形与韧性特征

表 5.1 给出了 RPC 三点弯曲实测数据。图 5.2 给出了一组典型的无预制裂

纹梁的荷载-挠度曲线（P-δ 曲线）。为了比较,将不同钢纤维率的 P-δ 曲线绘制在同一张图中。图 5.3 为弯曲破坏时梁初裂荷载 $P_{f,r}$ 和峰值荷载 $P_{ult,r}$ 随钢纤维率变化的趋势,图 5.4 为对应上述荷载值的初裂挠度 $\delta_{f,r}$ 和峰值挠度 $\delta_{ult,r}$ 随纤维率变化的趋势[23]。

表 5.1 　RPC200 三点弯曲试验数据

试件编号	钢纤维体积掺量/%	初裂荷载/kN	初裂挠度/mm	初裂强度/MPa	初裂韧度/(N·m)	峰值荷载/kN	峰值荷载对应挠度/mm
A1-1	0	4.50	0.40	10.55	0.3537	8.98	0.54
A1-2	0	4.18	0.18	9.80	0.3660	7.06	0.26
A1-3	0	4.36	0.22	10.22	0.4758	6.04	0.27
A2-1	0	4.66	0.23	10.92	0.4959	6.95	0.29
A2-2	0	4.17	0.18	9.77	0.3564	6.10	0.22
A2-3	0	4.56	0.21	10.69	0.4356	6.76	0.27
A3-1	0	5.54	0.24	12.98	0.6041	8.27	0.30
A3-2	0	4.33	0.19	10.15	0.3738	6.35	0.24
A3-3	0	5.07	0.23	11.88	0.5410	7.35	0.29
平均值	0	4.60	0.23	10.77	0.4248	7.10	0.27
B1-1	1.0	4.58	0.11	10.73	0.2279	7.29	0.41
B1-2	1.0	4.13	0.09	9.68	0.2094	5.23	0.34
B2-1	1.0	5.31	0.47	12.45	0.6799	7.93	0.74
B2-2	1.0	4.66	0.40	10.92	0.6273	8.14	0.70
B2-3	1.0	4.99	0.10	11.70	0.2644	6.76	0.39
B3-1	1.0	4.58	0.29	10.73	0.5158	6.76	0.72
B3-2	1.0	5.65	0.25	13.24	0.6654	7.35	0.63
B3-3	1.0	5.14	0.44	12.05	0.6351	7.37	0.84
平均值	1.0	4.88	0.27	11.44	0.6247	7.10	0.60
C1-1	1.5	6.25	0.19	14.65	0.7048	9.38	0.51
C1-2	1.5	5.78	0.17	13.55	0.5266	7.60	0.37
C1-3	1.5	6.04	0.17	14.16	0.6043	8.22	0.40
C2-1	1.5	6.26	0.29	14.67	0.8094	7.92	0.46
C2-2	1.5	7.40	0.50	17.34	1.4281	11.92	0.98
C2-3	1.5	7.44	0.39	17.44	1.044	10.12	0.74
C3-1	1.5	6.87	0.07	16.10	—	11.24	0.42
C3-2	1.5	6.98	0.10	16.36	—	11.11	0.46
平均值	1.5	6.63	0.24	15.53	0.7378	9.69	0.54

续表

试件编号	钢纤维体积掺量/%	初裂荷载/kN	初裂挠度/mm	初裂强度/MPa	初裂韧度/(N·m)	峰值荷载/kN	峰值荷载对应挠度/mm
D1-1	2.0	11.53	0.61	27.02	2.905	12.84	0.79
D1-2	2.0	11.27	0.45	26.41	2.122	13.79	0.75
D1-3	2.0	10.27	0.40	24.07	1.998	10.27	0.40
D2-1	2.0	9.99	0.39	23.41	1.900	12.35	0.77
D2-2	2.0	10.01	0.40	23.46	1.780	13.41	0.83
D2-3	2.0	8.66	0.35	20.30	1.352	10.68	0.75
D3-1	2.0	9.66	0.41	22.64	1.870	11.05	0.56
D3-2	2.0	8.79	0.51	20.60	1.591	11.47	0.74
D3-3	2.0	9.10	0.38	21.33	1.719	11.85	0.66
平均值	2.0	9.92	0.43	23.25	1.792	11.97	0.69
E1-1	3.0	12.49	0.53	29.27	2.722	14.09	0.64
E1-2	3.0	13.30	0.39	31.17	2.080	16.97	0.62
E1-3	3.0	12.03	0.52	28.20	2.929	13.97	0.81
E2-1	3.0	13.18	0.48	30.89	2.509	16.06	0.69
E2-2	3.0	10.06	0.38	23.58	1.656	12.23	0.56
E2-3	3.0	15.17	0.54	35.55	3.697	16.80	0.77
E3-1	3.0	9.20	0.37	21.56	1.530	11.23	0.54
E3-2	3.0	12.20	0.42	28.59	2.194	14.09	0.56
E3-3	3.0	14.68	0.47	34.41	3.036	17.07	0.74
平均值	3.0	12.48	0.46	29.25	2.348	14.72	0.66

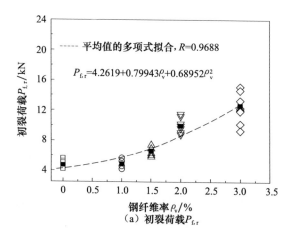

（a）初裂荷载 $P_{f,r}$

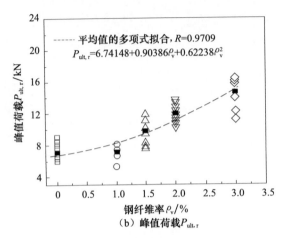

图 5.3　弯曲破坏时梁初裂荷载和峰值荷载随钢纤维率的变化

每个空心点代表 1 个试件的试验结果，每种钢纤维率下重复试验了 6~9 个试件；实心点表示同种
钢纤维率下所有试件结果置信度为 95% 的平均值；虚线表示对平均值的拟合结果。
图中给出的素 RPC 初裂荷载是名义初裂荷载，未计入失败试件的结果

试验结果表明：

（1）从破坏特征上看，素 RPC 与钢纤维 RPC 的弯曲破坏有显著差别。素 RPC 加载至破坏的过程短暂，试件开裂后裂纹快速扩展，荷载迅速达到峰值，试件裂成两半；开裂位置出现在跨中，破裂面平直；P-δ 曲线在峰值荷载处出现陡降，挠度变形很小，整个曲线较光滑平直，脆性特征显著。与此相反，钢纤维 RPC 梁从出现裂纹→峰值荷载→最终失效（承载力下降到峰值荷载 10% 以下或荷载不增加而变形持续增大时），裂纹始终缓慢地扩展，挠度变形较大；荷载达到峰值时试件并未断开，越过峰值后裂纹未出现失稳扩展，最终试件也未断裂成两部分；开裂位置在跨中，但扩展轨迹曲折，破裂面粗糙；开裂过程伴有清晰和频率固定的"噼啪"响声，P-δ 曲线上有荷载"噼啪"现象（文献[22]也有类似发现）。仅纤维率 1% 试件的 P-δ 曲线峰后出现了一段局部陡降，其他试件的 P-δ 曲线峰后均为缓慢下降（见图 5.2）。

（2）素 RPC 弯曲破坏时峰值荷载 $P_{ult,p}$ 和峰值挠度 $\delta_{ult,p}$ 均较小，P-δ 曲线没有峰后阶段。而钢纤维 RPC 的峰值荷载 $P_{ult,r}$ 和峰值挠度 $\delta_{ult,r}$ 随钢纤维率不同而变化。钢纤维率不超过 1% 时，峰值荷载 $P_{ult,r}$ 与素 RPC 的峰值荷载 $P_{ult,p}$ 相当，但峰值挠度 $\delta_{ult,r}$ 提高了 1 倍[见图 5.2、图 5.3(b)和图 5.4(b)]。钢纤维率达到 1.5%、2% 和 3% 时，与素 RPC 相比，峰值荷载平均提高约 37%、69% 和 108%，但峰值挠度 $\delta_{ult,r}$ 提高的幅度与钢纤维率 1% 的情况相当；当纤维率达 3% 时，峰值挠度提高的幅度反而下降。这表明只有掺量大于 1% 时，钢纤维才有助于提高 RPC 的抗弯极限承载能力，掺量越高，提高的幅度越大。当纤维率较低时（$\rho_v \leqslant 1.5\%$），钢纤维对提高 RPC 峰值变形能力的作用较大，但随纤维率增加，峰值变形提高的幅度逐

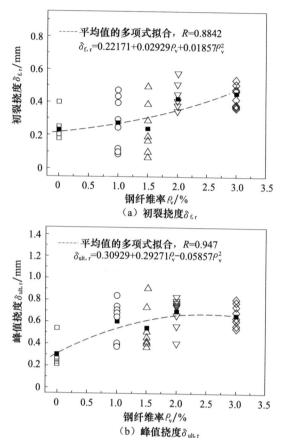

（a）初裂挠度 $\delta_{\mathrm{f,r}}$

（b）峰值挠度 $\delta_{\mathrm{ult,r}}$

图 5.4　弯曲破坏时梁初裂挠度和峰值挠度随钢纤维率的变化

每个空心点代表 1 个试件的试验结果,每种钢纤维率下重复试验了 6～9 个试件;实心点表示
同种钢纤维率下所有试件结果的置信度为 95% 的平均值;虚线表示对平均值的拟合结果。
图中给出的素 RPC 初裂挠度是名义初裂挠度,未计入失败试件的结果

渐变缓,纤维率超过 2% 后峰值变形提高的幅度开始下降。因此,为了同时获得较
高的抗弯极限强度和峰值变形能力,钢纤维率宜控制在 1%～2%。

（3）钢纤维 RPC 的 $P\text{-}\delta$ 曲线显示,当弯曲荷载超过某定值后,$P\text{-}\delta$ 曲线开始偏
离线性段,且局部出现陡降(见图 5.2),此后荷载逐渐回升,$P\text{-}\delta$ 曲线开始进入非线
性阶段。这在普通纤维混凝土中,特别是低掺量纤维混凝土中很难观测到。该现
象表明钢纤维 RPC 发生了初裂,将该时刻的荷载定义为初裂荷载 $P_{\mathrm{f,r}}$,相对应的挠
度定义为初裂挠度 $\delta_{\mathrm{f,r}}$。实际上,当外荷载作用使梁受拉侧混凝土应力超过 RPC
抗拉强度后,钢纤维 RPC 开裂,局部卸载导致 $P\text{-}\delta$ 曲线下降。随后由于钢纤维的
阻滞作用裂纹扩展受阻,只有继续增大荷载,外力做功增加,试件才能进一步变形,
因而曲线出现上升。同时,由于钢纤维的复合增强作用,$P\text{-}\delta$ 曲线呈非线性。文献

[22]发现了类似的现象。

值得注意的是,素 RPC 的 $P\text{-}\delta$ 曲线中没有明显的初裂,即局部荷载陡降,但在峰值荷载 65%左右时 $P\text{-}\delta$ 曲线开始偏离直线段出现非线性特征。将该时刻的荷载定义为素 RPC 的名义初裂荷载 $P_{f,p}$,相对应的挠度定义为名义初裂挠度 $\delta_{f,p}$。

数据显示,钢纤维率不超过 1%时,钢纤维 RPC 的初裂荷载 $P_{f,r}$ 和初裂挠度 $\delta_{f,r}$ 与素 RPC 的名义初裂荷载 $P_{f,p}$ 和名义初裂挠度 $\delta_{f,p}$ 十分接近;当钢纤维率增至 1.5%、2%和 3%时,与素 RPC 的名义值相比,钢纤维 RPC 的初裂荷载平均提高 44%、116%和 171%,提高的幅度大于峰值荷载提高的幅度。此外,当钢纤维率超过 1.5%后,钢纤维 RPC 的初裂挠度显著增加,当钢纤维率增至 2%和 3%时,与素 RPC 的名义值相比,钢纤维 RPC 的初裂挠度平均增加约 87%和 100%[见图 5.2、图 5.3(a)和图 5.4(a)]。

根据上述试验结果,对于整体弯曲变形的 RPC 梁,有如下结论:

(1) 钢纤维率超过 1%才有助于提高 RPC 的抗裂能力,钢纤维提高初裂荷载的作用大于提高峰值荷载的作用,纤维含量越高,这种作用越明显。图 5.5 所示初裂荷载占峰值荷载的比例 $\Delta_P = P_{f,r}/P_{ult,r}$ 随钢纤维率增加而变化的规律说明了这一点。其中,$P_{f,r}$ 代表初裂荷载平均值,$P_{ult,r}$ 代表峰值荷载平均值。表明钢纤维率越高,梁弯曲变形时初裂荷载 $P_{f,r}$ 占峰值荷载 $P_{ult,r}$ 的比例越大。随着钢纤维率增加,RPC 的抗裂韧性逐步增强,其中纤维率在 1.5%~2%增幅最明显,钢纤维率超过 2%后增幅开始放缓。值得注意的是,素 RPC 梁的名义初裂荷载 $P_{f,p}$ 占到了峰值荷载 $P_{ult,p}$ 的 65%,从初裂到最终弯曲破坏,其荷载增幅为峰值荷载 $P_{ult,p}$ 的 35%左右,在如此大的荷载余量下,试件短时间内发生破坏,表明素 RPC 具有相当高的脆性。

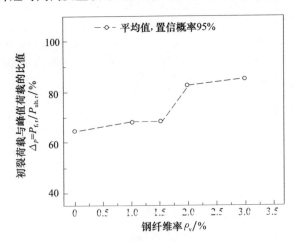

图 5.5　初裂荷载与峰值荷载的比值 Δ_P 随钢纤维率的变化

图中素 RPC 的初裂荷载为名义初裂荷载

（2）钢纤维对初裂变形能力的影响不同于对峰值变形能力的影响，图 5.4(a)、(b)所示挠度随钢纤维率变化趋势的差异以及图 5.6 中初裂挠度与峰值挠度的比值随钢纤维率变化的趋势清楚地说明了这一点。其中，$\delta_{f,r}$ 表示初裂挠度的平均值，$\delta_{ult,r}$ 表示峰值挠度的平均值。

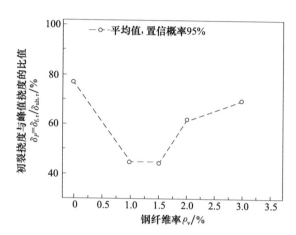

图 5.6　初裂挠度与峰值挠度的比值 δ_P 随钢纤维率的变化
图中素 RPC 的初裂挠度为名义初裂挠度

图 5.4 和图 5.6 表明，钢纤维率不超过 1% 时，RPC 的初裂挠度与峰值挠度相接近，钢纤维作用较小；纤维率超过 1.5% 后，随钢纤维含量增加，RPC 抗裂变形的增幅逐渐增大，而峰值变形能力则逐渐趋于稳定；当钢纤维率超过 2% 后，RPC 峰值挠度及挠度比的增幅均开始下降。说明为了同时提高钢纤维 RPC 的抗裂变形能力和峰值变形能力，钢纤维率应大于 1.5%，但不超过 2%。

因此，在满足制备和易性和经济性要求的前提下，为保证钢纤维 RPC 具有较高的抗裂能力、抗弯承载能力和较好的变形能力，钢纤维率 ρ_v 宜控制在 1.5% ～ 2%。

上述结果体现了梁整体变形对 RPC 弯曲特征值——初裂荷载（或初裂挠度）和峰值荷载（或峰值挠度）以及两者比例关系随纤维率变化规律的影响。

图 5.3 和图 5.4 分析表明，钢纤维 RPC 的初裂荷载 $P_{f,r}$ 和峰值荷载 $P_{ult,r}$ 随钢纤维率 ρ_v 变化的规律相似，两者可近似地用以下经验关系式表达：

$$\begin{cases} P_{f,r} = 4.3 + 79.9\rho_v + 6895.2\rho_v^2 \\ P_{ult,r} = 6.7 + 90.4\rho_v + 6223.8\rho_v^2 \end{cases} \quad (0 \leqslant \rho_v \leqslant 3\%) \tag{5.1}$$

初裂挠度 $\delta_{f,r}$ 和峰值挠度 $\delta_{ult,r}$ 随钢纤维率 ρ_v 变化的规律不同，两者分别用以下经验关系式近似：

$$\delta_{\mathrm{f,r}} = 0.22 + 2.9\rho_{\mathrm{v}} + 185.7\rho_{\mathrm{v}}^2 \qquad (0 \leqslant \rho_{\mathrm{v}} \leqslant 3\%)$$

$$\delta_{\mathrm{ult,r}} = 0.31 + 29.3\rho_{\mathrm{v}} - 585.7\rho_{\mathrm{v}}^2 \qquad\qquad\qquad (5.2)$$

由于 RPC 初裂时荷载-挠度响应呈线性关系,根据弹性理论,钢纤维 RPC 弯曲初裂强度可表示为

$$f_{\mathrm{f,r}} = \frac{3P_{\mathrm{f,r}}l}{2bh^2} \qquad\qquad (5.3)$$

式中,$f_{\mathrm{f,r}}$ 表示 RPC 的弯曲初裂强度,MPa,对素 RPC 而言该强度代表名义弯曲初裂强度;$P_{\mathrm{f,r}}$ 为试件的弯曲初裂荷载,N,对素 RPC 而言该荷载指名义初裂荷载 $P_{\mathrm{f,p}}$;l 为三点弯曲试件的净跨距,mm;b 和 h 分别试件截面的宽度和高度,mm。

表 5.2 列出了不同钢纤维率的 RPC 弯曲初裂强度。计算结果表明,弯曲初裂强度 $f_{\mathrm{f,r}}$ 随钢纤维率 ρ_{v} 增加而增大。

表 5.2　RPC 的弯曲与断裂强度

钢纤维率/%	弯曲初裂荷载平均值/kN	弯曲初裂强度/MPa	标准弯曲初裂强度/MPa	断裂时的计算初裂强度/MPa
0	4.60	10.77	6.84	9.21
1.0	4.88	11.44	6.78	12.83
1.5	6.63	15.54	8.70	13.72
2.0	9.92	23.25	12.19	14.18
3.0	12.48	29.25	14.25	17.72

考虑到钢纤维提高了 RPC 的单轴抗压强度和劈裂抗拉强度,较高的弯曲初裂强度 $f_{\mathrm{f,r}}$ 可能来自于钢纤维对梁式构件受压区和受拉区强度的贡献,因此,为了表征钢纤维率对弯曲初裂强度的影响,引入标准弯曲初裂强度 $\kappa_{\mathrm{f,R}}$:

$$\kappa_{\mathrm{f,R}} = \frac{f_{\mathrm{f,r}}}{f_{\mathrm{cu}}} \qquad\qquad (5.4)$$

式中,f_{cu} 表示钢纤维 RPC 的边长 100mm 立方体抗压强度。

表 5.2 和图 5.7 分别给出了标准弯曲初裂强度 $\kappa_{\mathrm{f,R}}$ 的计算值及其随钢纤维率的变化趋势。结果表明,钢纤维率不超过 1% 时,钢纤维对提高 RPC 标准弯曲初裂强度的作用很小,而钢纤维率超过 1% 后,标准弯曲初裂强度 $\kappa_{\mathrm{f,R}}$ 随钢纤维率增加而增大,但钢纤维率超过 2% 后增加的幅度开始下降。因此,为了获得理想的弯曲初裂强度,钢纤维率宜控制在 1%~2%,这与前述试验观测和分析结果相一致。

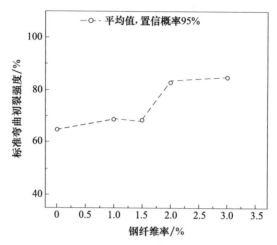

图 5.7 标准弯曲初裂强度随钢纤维率的变化

5.3 预制裂纹梁的变形与韧性特征

为理解 RPC 韧性机制和变形方式对韧性特征的影响、确定适当的表征方法,作者进行了集中变形的预制裂纹梁的三点弯曲断裂试验。图 5.8 绘出了不同钢纤维率的预制裂纹梁的 $P\text{-}\delta$ 曲线,图 5.9 为对应试件的 $P\text{-CMOD}$ 曲线,图 5.10 和图 5.11 给出了断裂时初裂荷载 $P_{f,r,CMOD}$、峰值荷载 $P_{ult,r,CMOD}$、初裂 $CMOD_{f,r}$ 和峰值 $CMOD_{ult,r}$ 随钢纤维率 ρ_v 变化的趋势[21]。

试验表明,集中变形的预制裂纹梁的断裂行为既与整体变形的无预制裂纹梁的弯曲行为有相似之处,也有显著不同,具体表现如下。

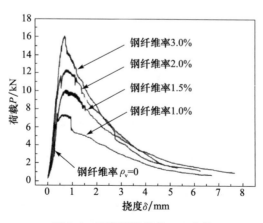

图 5.8 预制裂纹梁的 $P\text{-}\delta$ 曲线

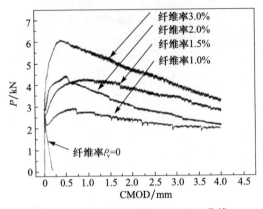

图 5.9　预制裂纹梁的 P-CMOD 曲线

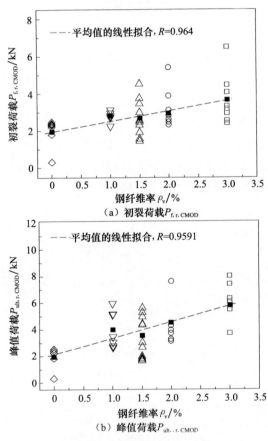

（a）初裂荷载 $P_{\mathrm{f, r, CMOD}}$

（b）峰值荷载 $P_{\mathrm{ult, \cdot, r, CMOD}}$

图 5.10　初裂荷载和峰值荷载随钢纤维率的变化

每个空心点代表 1 个试件的试验结果，每种钢纤维率下重复试验了 6～9 个试件；实心点表示
同种钢纤维率下所有试件结果的置信度为 95% 的平均值；虚线表示对平均值的拟合结果。
图中给出的素 RPC 初裂荷载为实测的峰值荷载，未计入失败试件的结果

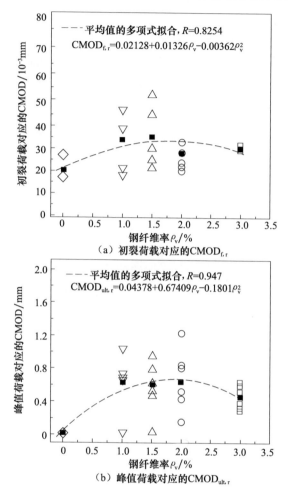

（a）初裂荷载对应的CMOD$_{\text{f, r}}$

（b）峰值荷载对应的CMOD$_{\text{ult, r}}$

图 5.11　初裂荷载和峰值荷载对应的 CMOD 值随钢纤维率的变化

每个空心点代表 1 个试件的试验结果,每种钢纤维率下重复试验了 6～9 个试件;实心点表示
同种钢纤维率下所有试件结果的置信度为 95％ 的平均值;虚线表示对平均值的拟合结果。
图中素 RPC 初裂 CMOD 实际为峰值荷载对应的 CMOD 值,未计入失败试件的结果

（1）从破坏特征上看,与整体变形的无预制裂纹梁类似,集中变形的素 RPC 梁断裂时裂纹扩展迅速,荷载很快达到峰值,无亚临界阶段。试件断裂成两部分,断裂面平直,脆性特征显著。P-δ 曲线和 P-CMOD 曲线在峰值荷载处出现陡降,峰值荷载对应的挠度和 CMOD 值很小,P-δ 曲线与无预制裂纹梁的相似。而钢纤维 RPC 梁断裂时,从初裂到峰值荷载,再到最终失效(承载力下降到峰值荷载 10％以下或荷载不增加而变形持续增大时),裂纹始终缓慢地扩展。荷载达到峰值后裂纹未出现失稳扩展现象,试件最终也未断裂成两部分。开裂面粗糙,断裂过程同样伴有清晰的"噼啪"响声,P-δ 曲线和 P-CMOD 曲线上有明显的局部荷载"跳跃"现

象,峰后挠度和 CMOD 值较大。

与整体变形梁 P-δ 曲线的响应不同,P-CMOD 曲线以钢纤维率 1.5% 为界呈现出不同的变化形式。钢纤维率不超过 1.5% 时,P-CMOD 曲线的上升段和下降段较平缓,表明荷载变化慢而 CMOD 变化快,变形刚度较小;当钢纤维率超过 1.5% 后,P-CMOD 曲线的上升段和下降段开始变陡,表明荷载变化快而 CMOD 变化慢,变形刚度较大(见图 5.9)。

(2) 与无预制裂纹梁相比,集中变形的钢纤维 RPC 梁断裂时,P-δ 曲线和 P-CMOD 曲线也出现荷载超过某定值后局部荷载陡降、曲线偏离线性段的现象(见图 5.8 和图 5.9),此后荷载逐渐回升,P-δ 曲线和 P-CMOD 曲线进入非线性阶段,表明钢纤维 RPC 断裂时裂纹尖端有明显的起裂或初裂过程,这与整体弯曲变形的钢纤维 RPC 梁的初裂行为一致。但不同的是,集中变形的素 RPC 梁断裂时 P-δ 曲线和 P-CMOD 曲线平直,既无峰值前的局部荷载陡降,又无非线性特征,素 RPC 开裂便快速失稳破坏,初裂荷载即为峰值荷载,没有整体变形梁显示出的名义初裂荷载 $P_{f,p}$ 和名义初裂挠度 $\delta_{f,p}$,初裂 $\text{CMOD}_{f,p}$ 等于峰值 $\text{CMOD}_{ult,p}$,没有整体变形梁的名义初裂值。

而对集中变形的钢纤维 RPC 梁而言,其初裂挠度明显小于整体变形的钢纤维 RPC 梁;不同钢纤维率试件的初裂 $\text{CMOD}_{f,r}$ 值十分接近,平均值约 $31\mu m$,略高于素 RPC 峰值 $\text{CMOD}_{ult,p}$ 的平均值 $22\mu m$[见图 5.11(a)]。

集中变形的 RPC 梁断裂时的另一个显著特点是,与整体变形梁不同,其初裂荷载 $P_{f,r,\text{CMOD}}$ 随钢纤维率增加呈线性增大。与素 RPC 梁相比,按置信率 95% 的平均值计算,钢纤维率 1%、1.5%、2% 和 3% 时初裂荷载分别提高约 73%、81%、95% 和 166%,表明在低钢纤维率($\rho_v \leqslant 1.5\%$)时,集中变形的梁的初裂荷载提高的幅度大于整体变形的梁初裂荷载提高的幅度;高钢纤维率($\rho_v \geqslant 2\%$)时两者提高的幅度相当。

上述差别体现出变形方式对 RPC 初裂行为和初裂特征值的影响。

(3) 与无预制裂纹梁相似,集中变形的素 RPC 梁断裂时峰值荷载 $P_{ult,r,\text{CMOD}}$ 和峰值 $\text{CMOD}_{ult,p}$ 均较小,P-δ 曲线和 P-CMOD 曲线无峰后下降段。但集中变形的钢纤维 RPC 梁断裂时峰值荷载 $P_{ult,r,\text{CMOD}}$ 随钢纤维率增加呈线性增大,与素 RPC 梁峰值荷载相比,按置信率 95% 的平均值计算,钢纤维率 1%、1.5%、2% 和 3% 时峰值荷载分别提高约 90%、111%、137% 和 201%,增幅远大于整体变形的钢纤维 RPC 梁峰值荷载的增幅。这体现了梁变形方式对 RPC 弯曲的另一特征值——峰值荷载的影响。

此外,就峰值变形而言,集中变形的钢纤维 RPC 梁断裂时 $\text{CMOD}_{ult,r}$ 随钢纤维率变化的趋势与整体变形的钢纤维 RPC 梁峰值挠度 $\delta_{ult,r}$ 随钢纤维率变化的趋势相同,即均呈二次非线性增长。当钢纤维率达到 2% 时,峰值 $\text{CMOD}_{ult,r}$ 开始下降。

（4）与无预制裂纹梁不同，集中变形 RPC 梁断裂时初裂荷载 $P_{f,r,CMOD}$ 占峰值荷载 $P_{ult,r,CMOD}$ 的比值 Δ_P 随钢纤维含量增加而下降，如图 5.5 和图 5.12 所示。集中变形梁的初裂 $CMOD_{f,r}$ 占峰值 $CMOD_{ult,r}$ 的比值 Δ_{CMOD} 远小于整体变形梁的初裂挠度 $\delta_{f,r}$ 占峰值挠度 $\delta_{ult,r}$ 的比值 δ_P，如图 5.6 和图 5.13 所示。

如果不考虑梁受拉侧预制裂纹高度范围内混凝土的受拉承载力，假设在剩余的 $0.7h$ 范围内梁在开裂前发生整体弯曲变形，将实测的断裂初裂荷载的平均值 $P_{f,r,CMOD}$ 代入式（5.5）就可以得到按整体变形考虑的弯曲初裂强度 $f_{f,r,CMOD}$，表 5.2 列出了计算结果。对比发现，由该假设得到的弯曲初裂强度 $f_{f,r,CMOD}$ 比按整体变形梁计算得到的弯曲初裂强度 $f_{f,r}$ 平均小 18.5%，且钢纤维率越高差别越大。

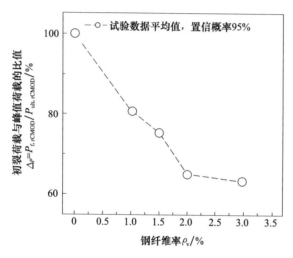

图 5.12　初裂荷载 $P_{f,r,CMOD}$ 与峰值荷载 $P_{ult,r,CMOD}$ 比值随钢纤维率的变化

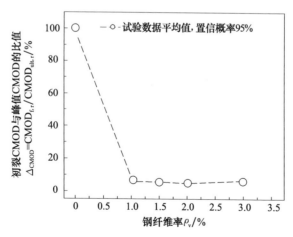

图 5.13　初裂 $CMOD_{f,r}$ 和峰值 $CMOD_{ult,r}$ 比值随钢纤维率的变化

上述结果表明,被测梁的变形方式,即整体变形或断裂面集中变形,对目前广泛采用的表征韧性的特征参数——初裂变形(或初裂荷载)、峰值变形(或峰值荷载)和峰后变形及其随钢纤维率变化的规律有显著影响,特别是对素 RPC 的特征参数影响更大。不能简单地将变形集中在断裂面上的梁荷载-变形关系等效于整体变形梁的荷载-变形关系来计算 RPC 的耗能能力和韧性。

产生上述差别的原因,主要在于无预制裂纹梁开裂前后其变形机制发生了转变。无预制裂纹梁开裂前为弯曲变形,沿梁长分布,荷载-挠度关系反映了外力功转化为弹性应变能的过程,该关系适用于分析梁各点处的应力和变形;开裂后梁变形转变为开裂面上的裂纹张开,外力功被消耗用于形成新的开裂面或者拔出钢纤维(具体与有无钢纤维或钢纤维率大小有关)。荷载-变形关系转变为作用在裂纹尖端区域的场应力及场应变之间的关系,这是一种非线性关系,荷载-挠度关系不再适用于分析梁各点处的应力和变形。这种变形机制上的变化使研究人员较容易从荷载-挠度曲线的线性与非线性之间的转变或者局部荷载陡降来判别 RPC 的初裂。同时,较高的基体抗拉强度以及钢纤维的贡献使初裂荷载与峰值荷载较接近(见图 5.5)。

然而,预制裂纹梁没有这种变形机制的转变过程。预制裂纹梁从受荷开始至最终断裂,变形始终为开裂面上的裂纹张开,外力功被消耗于形成新的开裂面或者拔出钢纤维,梁挠度和 CMOD 取决于作用在裂纹尖端区域的场应力及场应变之间的关系,荷载-挠度关系不适用于分析梁各点处的应力和变形。其中,对于素 RPC梁,由于基体中无钢纤维,预制裂纹尖端的应力强度因子一旦超过素 RPC 临界应力强度因子(断裂韧性),裂纹迅速起裂扩展并导致最终断裂,因而 P-δ 曲线或 P-CMOD 曲线上无初裂荷载或名义初裂荷载,初裂荷载即为峰值荷载。该过程外力功被消耗,用于裂纹尖端形成新的开裂。然而,掺入钢纤维后 RPC 的断裂过程发生了变化。由于钢纤维与基体之间良好的黏结性能和钢纤维抑制裂纹扩展的作用[22],外力功被消耗于开裂面上钢纤维的逐步拔出以及裂纹尖端区形成新的开裂,因此裂纹从起裂至峰后下降段一直处于稳定扩展,P-δ 曲线或 P-CMOD 曲线上升阶段出现非线性特征,初裂荷载不同于峰值荷载,据此可以判别钢纤维 RPC初裂。同时,由于钢纤维对初裂荷载和峰值荷载的影响程度不同,出现了 RPC 梁断裂时初裂荷载与峰值荷载的比值随钢纤维含量增加而下降的趋势(见图 5.12)。由于钢纤维含量对 RPC 初裂 $CMOD_{f,r}$ 影响较小(见图 5.11),因此初裂荷载/峰值荷载比值的变化规律表明,随钢纤维含量增加,RPC 初裂至峰值之间的荷载增幅增加,消耗能量增多,韧性提高。

5.4　RPC 韧性与韧性指标

通过上述分析不难看出,RPC 的韧性源自钢纤维对 RPC 基体开裂后吸收能量而变形能力的贡献,可采用 RPC 荷载-变形曲线下的面积来表征这种能力。关键问题是采用何种荷载-变形曲线以及如何确定变形范围来衡量 RPC 的韧性,并使这种表征指标能够客观地反映 RPC 韧性的本质特征且具有工程实用性。为了解决这个问题,分别采用 P-δ 曲线和 P-CMOD 曲线下面积来定义和计算 RPC 韧性,通过两种不同方法的对比来确定适合的 RPC 韧性表征方法和韧性指标[23]。

5.4.1　基于荷载-挠度曲线的韧性与韧性指标

图 5.14 为典型的含钢纤维和无钢纤维 RPC 的荷载-挠度曲线,阴影部分表示素 RPC 荷载-挠度曲线所包围的面积 E_{unrein},代表素 RPC 完全断裂时需要消耗的能量;$\delta_{ult,p}$ 表示素 RPC 的峰值挠度。当试件尺寸和加载方式一定时,E_{unrein} 和 $\delta_{ult,p}$ 为材料常数,与钢纤维率无关。试验条件下 $\delta_{ult,p}$ 平均值为 0.3mm(见图 5.4)。要注意的是,由于试验梁变形方式的影响,素 RPC 的初裂挠度 $\delta_{f,p}$ 和峰值挠度 $\delta_{ult,p}$ 有所差别(见图 5.4 和图 5.6)。考虑到钢纤维 RPC 的初裂荷载(或初裂挠度)、峰值荷载(或峰值挠度)及增幅随钢纤维含量增加而变化的事实(见图 5.3~图 5.6),以及韧性衡量的应该是钢纤维对提高 RPC 开裂后耗能能力的作用,采用素 RPC 峰值挠度 $\delta_{ult,p}$ 作为 RPC 荷载-挠度曲线上的初始参考变形来计算 RPC 的韧性。

定义如下:①给定挠度变形 $n\delta_{ult,p}$ 下 RPC 耗能能力 $\Delta E_{n\delta_{ult,p}}$ 为该挠度变形所对应的荷载-挠度曲线下面积 $E_{n\delta_{ult,p}}$ 与素 RPC 荷载-挠度曲线下面积 E_{unrein} 之差,如图 5.14 所示;②给定挠度变形量 $n\delta_{ult,p}$ 的 RPC 韧性指标 $T_{2(n-1)}(n)$ 为该挠度变形下钢纤维 RPC 耗能能力 $\Delta E_{n\delta_{ult,p}}$ 与素 RPC 耗能能力 E_{unrein} 之比,即

$$T_{2(n-1)}(n) = T_{2(n-1)}(n\delta_{ult,p}) = \frac{\Delta E_{n\delta_{ult,p}}}{E_{unrein}} = \frac{E_{n\delta_{ult,p}} - E_{unrein}}{E_{unrein}} \tag{5.5}$$

式中,n 为计算韧性时所取的素 RPC 峰值挠度 $\delta_{ult,p}$ 的倍数。

显然,当 $n=1$ 时,$T_0(1)=0$,表明素 RPC 开裂后其耗能能力等于零。

对比图 5.15 所示的理想弹塑性材料,韧性指标 $T_{2(n-1)}(n)$ 满足:

$$T_{2(n-1)}(n) = 2(n-1) \quad (n=1,2,3,\cdots) \tag{5.6}$$

图中,$\delta_{ult,e}$ 表示弹脆性极限变形,类似于素 RPC 的峰值变形 $\delta_{ult,p}$;n 表示计算理想弹塑性材料韧性时所取的弹脆性极限变形的倍数。这表明式(5.5)定义的韧性指标 $T_{2(n-1)}(n)$ 直观和定量地给出了相比理想弹塑性材料钢纤维 RPC 的韧性程度。

表 5.3 列出了给定挠度变形量 $n\delta_{ult,p}$($n=3,5,7$)时,不同钢纤维率 RPC 的耗能能力 $\Delta E_{n\delta_{ult,p}}$ 和韧性指标 $T_{2(n-1)}(n)$ 的计算结果,并与理想弹塑性材料的韧性指标进行了对比。其中,计算耗能能力 $\Delta E_{n\delta_{ult,p}}$ 时,取 $n\delta_{ult,p}=\delta_{ult,r}$。

理论上,RPC 吸收的总变形能等于外力功(挠度曲线下面积)和梁自重做功 $W\delta$ 的总和,但由于试验梁尺寸较小、重量轻,自重做功仅占外载功的 0.2%~0.7%,故计算时未计入这部分功。

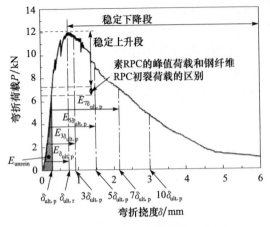

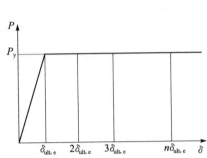

图 5.14　计算 RPC 耗能能力和韧性　　　　　图 5.15　理想弹塑性材料的
　　　指标的示意图　　　　　　　　　　　　　　　韧性计算方法

表 5.3　基于荷载-挠度曲线的 RPC 各变形阶段耗能能力和韧性的计算结果

钢纤维率 ρ_v/%	耗能能力 E_{unrein} /(N·m)	耗能能力 $E_{\delta_{ult,r}}$ /(N·m)	耗能能力 $E_{3\delta_{ult,p}}$ /(N·m)	耗能能力 $E_{5\delta_{ult,p}}$ /(N·m)	耗能能力 $E_{7\delta_{ult,p}}$ /(N·m)	韧性指标 $T_{\delta_{ult,r}}$	韧性指标 $T_4(3)$	韧性指标 $T_8(5)$	韧性指标 $T_{12}(7)$
0	0.749	0.749	0.749	0.749	0.749	0	0	0	0
1.0	0.749	3.138	5.108	8.357	11.122	3.19	5.82	10.16	13.85
1.5	0.749	4.200	5.725	11.211	15.556	4.61	6.64	13.97	19.77
2.0	0.749	6.197	7.747	14.275	19.280	7.27	9.34	18.06	24.74
3.0	0.749	5.654	8.691	15.941	21.367	6.55	10.60	20.28	27.53
理想弹塑性体	$\frac{1}{2}P_y\delta_{ult,e}$	$\frac{1}{2}P_y\delta_{ult,e}$	$\frac{5}{2}P_y\delta_{ult,e}$	$\frac{9}{2}P_y\delta_{ult,e}$	$\frac{13}{2}P_y\delta_{ult,e}$	0	4	8	12

注:表中所列五种钢纤维率下试件各变形阶段耗能能力 ΔE 值为 6～9 个试件计算结果的平均值。

表 5.3 计算结果表明:

(1) 除钢纤维率 3% 的韧性指标 $T_{\delta_{ult,r}}$ 偏低外,其他韧性指标 $T_{2(n-1)}(n)(n=3,5,7)$ 均随钢纤维率 ρ_v 增加而增加,韧性指标 $T_{2(n-1)}(n)$ 对钢纤维率的变化很敏感,反映出整体变形时钢纤维对提高 RPC 韧性的不同贡献。韧性指标 $T_{\delta_{ult,r}}$ 偏低,主要是由钢纤维率超过 2% 后 RPC 峰值挠度的增幅下降而造成的(见图 5.4)。

(2) 钢纤维率 1% 时,RPC 的韧性水平与理想弹塑性材料相当,但钢纤维率超过 1.5% 后,RPC 的韧性水平明显大于理想弹塑性材料的韧性水平,钢纤维率越高,这种差别越大。当钢纤维率超过 2% 后,RPC 韧性增加的幅度开始下降。

5.4.2　基于 *P*-CMOD 曲线的韧性与韧性指标

为了反映钢纤维对抑制 RPC 裂纹扩展和提高韧性的作用,以 *P*-CMOD 曲线为基础,采用上述类似的方法来评价 RPC 的韧性和韧性指标的敏感性。

图 5.16 给出了典型的含钢纤维和无钢纤维 RPC 的 P-CMOD 曲线,图中阴影部分表示素 RPC 的 P-CMOD 曲线所包围的面积 FE_{unrein},$CMOD_{ult,p}$ 表示素 RPC 峰值 CMOD 值。试件尺寸和加载方式一定时,FE_{unrein} 和 $CMOD_{ult,p}$ 为材料常数,与钢纤维率无关。试验条件下 $CMOD_{ult,p}$ 平均值为 0.022mm,十分接近钢纤维 RPC 裂纹起裂时的初裂 $CMOD_{f,r}$ 值 0.03mm(见图 5.11)。

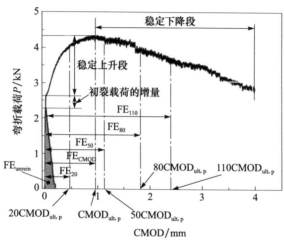

图 5.16　计算 RPC 断裂时耗能能力和韧性指标的示意图

为了衡量钢纤维阻滞裂纹扩展而吸收能量的能力,考虑到钢纤维 RPC 裂纹起裂时 $CMOD_{f,r}$ 接近素 RPC 峰值 $CMOD_{ult,p}$ 的事实,采用类似 5.4.1 节的方法,以素 RPC 峰值 $CMOD_{ult,p}$ 作为 RPC P-CMOD 曲线上的初始参考变形来计算钢纤维 RPC 韧性。

定义如下:①给定 $nCMOD_{ult,p}$ 变形下 RPC 耗能能力 $\Delta FE_{nCMOD_{ult,p}}$ 为该 CMOD 变形所对应的 P-CMOD 曲线下面积 $FE_{nCMOD_{ult,p}}$ 与素 RPC 的 P-CMOD 曲线下面积 FE_{unrein} 之差,如图 5.16 所示;②给定 $CMOD_{ult,p}$ 变形下 RPC 的韧性指标 $FT_{2(n-1)}(n)$ 为该 CMOD 变形下钢纤维 RPC 耗能能力 $\Delta FE_{nCMOD_{ult,p}}$ 与素 RPC 耗能能力 FE_{unrein} 之比,即

$$FT_{2(n-1)}(n)=FT_{2(n-1)}(nCMOD_{ult,p})=\frac{\Delta FE_{nCMOD_{ult,p}}}{FE_{unrein}}=\frac{FE_{nCMOD_{ult,p}}-FE_{unrein}}{FE_{unrein}}$$

(5.7)

式中,n 为计算韧性时所取的素 RPC 峰值 $CMOD_{ult,p}$ 的倍数。

显然,当 $n=1$ 时 $FT_0(1)=0$,表明素 RPC 裂纹尖端起裂后其耗能能力等于零。类似地,采用式(5.6)和图 5.15 方法将 RPC 断裂时的韧性与理想弹塑性材料的韧性进行对比。

　　表 5.4 列出了给定变形 $n\mathrm{CMOD}_{\mathrm{ult,p}}$（$n=20,50,80,110$）下，不同钢纤维率的 RPC 断裂时的耗能能力 $\Delta\mathrm{FE}_{n\mathrm{CMOD}_{\mathrm{ult,p}}}$、韧性指标 $T_{2(n-1)}(n)$ 以及理想弹塑性材料韧性的计算结果，其中，计算钢纤维 RPC 峰值 $\mathrm{CMOD}_{\mathrm{ult,r}}$ 下耗能能力 $\Delta\mathrm{FE}_{n\mathrm{CMOD}_{\mathrm{ult,p}}}$ 时取 $n\mathrm{CMOD}_{\mathrm{ult,p}}=\mathrm{CMOD}_{\mathrm{ult,r}}$。由于素 RPC 断裂时峰值 $\mathrm{CMOD}_{\mathrm{ult,p}}$ 远小于钢纤维 RPC 断裂时的峰值 $\mathrm{CMOD}_{\mathrm{ult,r}}$（见图 5.9、图 5.11 和图 5.13），故计算韧性时变形倍数 n 分别取 20、50、80 和 110。

表 5.4　基于 P-CMOD 曲线的各变形阶段耗能能力和韧性的计算结果

钢纤维率 ρ_v④ /%	耗能能力 FE$_{\text{unrein}}$ /(N·m)	耗能能力 FE$_{20}$② /(N·m)	耗能能力 FE$_r$① /(N·m)	耗能能力 FE$_{50}$② /(N·m)	耗能能力 FE$_{80}$② /(N·m)	耗能能力 FE$_{110}$② /(N·m)	韧性指标① FT$_r$	韧性指标 FT$_{38}$ (20)	韧性指标 FT$_{98}$ (50)	韧性指标 FT$_{158}$ (80)	韧性指标 FT$_{218}$ (110)
0.0	0.221	0.221	0.221	0.221	0.221	0.221	0	0	0	0	0
1.0	0.221	1.097	1.737	2.957	4.664	6.222	6.86	3.96	12.38	20.10	27.15
1.5	0.221	1.471	3.577	4.239	6.966	9.481	15.19	5.66	18.18	30.52	41.90
2.0	0.221	1.693	2.046	4.386	6.685	8.655	8.26	6.66	18.85	29.25	38.16
3.0	0.221	2.303	1.999③	6.114	9.562	12.642	8.06	9.42	26.67	42.27	56.20
理想弹塑性体	$\frac{1}{2}P_y\delta_{\mathrm{ult,e}}$	$\frac{39}{2}P_y\delta_{\mathrm{ult,e}}$	$\frac{1}{2}P_y\delta_{\mathrm{ult,e}}$	$\frac{99}{2}P_y\delta_{\mathrm{ult,e}}$	$\frac{159}{2}P_y\delta_{\mathrm{ult,e}}$	$\frac{219}{2}P_y\delta_{\mathrm{ult,e}}$	0	38	98	158	218

① FE$_r$ 和 FT$_r$ 分别代表 FE$_{\mathrm{COMOD}_{\mathrm{ult,r}}}$ 和 FT$_{\mathrm{CMOD}_{\mathrm{ult,r}}}$ 值；
② FE$_n$ 代表 FE$_{n\mathrm{CMOD}_{\mathrm{ult,p}}}$ 值；
③ 钢纤维率 3% 时，峰值 $\mathrm{CMOD}_{\mathrm{ult,r}}$ 下耗能能力 FE$_r$ 小于变形量 20$\mathrm{CMOD}_{\mathrm{ult,p}}$ 下耗能能力 FE$_{20}$，这是因为给定变形 20$\mathrm{CMOD}_{\mathrm{ult,p}}$ 大于同钢纤维率下钢纤维 RPC 的峰值变形 $\mathrm{CMOD}_{\mathrm{ult,r}}$；
④ 五种钢纤维率下试件各变形阶段耗能能力值为 6~9 个试件计算结果的平均值。

　　表 5.4 计算结果表明：

　　(1) 由于集中变形时不同钢纤维率 RPC 的 P-CMOD 响应不同，钢纤维 RPC 的耗能能力和韧性指标呈现不同的变化规律。

　　当钢纤维率 $\rho_v\leqslant1.5\%$ 时，耗能能力 FE$_r$、FE$_n$ 及韧性指标 FT$_r$、FT$_{2(n-1)}(n)$ 均随钢纤维率增加而增大，这与图 5.10 和图 5.11 显示的峰值荷载 $P_{\mathrm{ult,r,CMOD}}$ 和峰值 $\mathrm{CMOD}_{\mathrm{ult,r}}$ 随钢纤维率增加而增大的规律相一致，反映出钢纤维因阻滞裂纹扩展而提高 RPC 韧性和残余强度的作用。

　　当钢纤维率 $\rho_v>1.5\%$ 后，峰值变形 $\mathrm{CMOD}_{\mathrm{ult,r}}$ 下 RPC 耗能能力 FE$_r$ 随纤维率增加而逐渐降低，反映出前述"钢纤维率达到 2% 时峰值 $\mathrm{CMOD}_{\mathrm{ult,r}}$ 开始下降"的影响[见图 5.11(b)]。与此同时，当 CMOD_r 满足 $\mathrm{CMOD}_{\mathrm{ult,r}}<\mathrm{CMOD}_r\leqslant50\mathrm{CMOD}_{\mathrm{ult,p}}$ 时，耗能能力 FE$_n$ 和韧性指标 FT$_{2(n-1)}(n)$ 随钢纤维率增加而增大，而当 $\mathrm{CMOD}_r>50\mathrm{CMOD}_{\mathrm{ult,p}}$ 后，由于钢纤维率对提高峰值荷载和峰值变形能力的作用不同[见图 5.10(b) 和图 5.11(b)]，钢纤维率 2% 的耗能能力 FE$_n$ 和韧性指标 FT$_{2(n-1)}(n)$ 有所下降，而钢纤维率 3% 的耗能能力 FE$_n$ 和韧性指标 FT$_{2(n-1)}(n)$ 继

续增加。

该结果表明,耗能能力 $FE_{nCMOD_{ult,p}}$ 和韧性指标 $FT_{2(n-1)}(n)$ 对钢纤维率的变化敏感,反映出钢纤维率不同时钢纤维对阻滞 RPC 基体裂纹扩展的不同作用和影响。

(2) 与基于弯曲荷载-挠度曲线得到的韧性指标 $T_{2(n-1)}(n)$ 不同,基于断裂 P-CMOD 曲线得到的韧性指标 $FT_{2(n-1)}(n)$ 均小于相同变形程度下理想弹塑性材料的韧性水平。以钢纤维率 1.5% 的情况为例,将对应七倍素 RPC 峰值挠度 $\delta_{ult,p}$ 和峰值 $CMOD_{ult,p}$ 的 RPC 韧性水平 $T_{2(n-1)}(n)$ 和 $FT_{2(n-1)}(n)$ 等效成理想弹塑性材料的韧性水平,并与相同变形程度($n=7$)的理想弹塑性材料的韧性水平 $2(n-1)$ 进行对比,如图 5.17 所示。其中,矩形 $ABGH$ 面积表示裂纹口张开位移达到 $7CMOD_{ult,p}$ 时 RPC 的耗能能力,矩形 $ADEH$ 面积表示挠度达到 $7\delta_{ult,p}$ 时 RPC 的耗能能力,矩形 $ACFH$ 面积代表变形达到七倍初始参考变形时理想弹塑性材料的耗能能力。其他钢纤维率的对比可以此类推,但韧性指标 $FT_{2(n-1)}(nCMOD)$、$T_{2(n-1)}(n)$ 和 $T_{2(n-1)}(n\delta)$ 的相互位置随钢纤维率不同而变化。

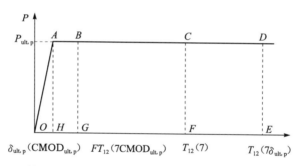

图 5.17　等效后的 RPC 韧性指标与理想弹塑性材料韧性指标的对比

图 5.17 清楚地表明,由于被测梁变形方式的影响,钢纤维 RPC 弯曲初裂至峰值挠度 $\delta_{ult,r}$ 的过程较短,峰值挠度后的面积 $ADEH$ 远大于弹脆性阶段的面积 OAH,导致韧性指标 $T_{2(n-1)}(n\delta)$ 大于同等变形程度下理想弹塑性材料的韧性指标 $T_{2(n-1)}(n)$。$T_{2(n-1)}(n\delta)$ 放大了峰值挠度 $\delta_{ult,r}$ 后钢纤维 RPC 吸收能量而变形的能力,没有反映出钢纤维对提高初裂至峰值挠度阶段 RPC 韧性的贡献。与此相反,断裂时的 P-CMOD 曲线清楚地呈现出 RPC 裂纹起裂至峰值 $CMOD_{ult,r}$ 的裂纹稳定扩展阶段,矩形面积 $ABGH$ 包含了裂纹起裂至峰值 $CMOD_{ult,r}$ 阶段以及峰值后阶段 RPC 的耗能能力。同理想弹塑性材料相比,钢纤维 RPC 的变形能力有限,因此韧性指标 $FT_{2(n-1)}(nCMOD)$ 小于理想弹塑性材料的韧性指标 $T_{2(n-1)}(n)$,这体现了韧性指标 $FT_{2(n-1)}(nCMOD)$ 的合理性。

由此可见,采用以 CMOD 定义的韧性指标能够较好地反映出钢纤维对提高

RPC 初裂至峰值变形阶段以及峰后变形阶段韧性的作用。

实际上,由于弯曲荷载-挠度曲线上初裂至峰值变形阶段较短以及初裂挠度或初裂荷载的不稳定性,采用初裂挠度来计算普通纤维混凝土韧性时存在较多困难,为此很多研究建议采用峰值挠度作为计算韧性的初始参变变形[8,16,17]。然而上述分析表明,这种方法对普通纤维混凝土可能较合适,但对于掺入钢纤维的 RPC200,基于这种方法的韧性指标可能会掩盖钢纤维对 RPC 初裂至峰值变形阶段韧性的贡献,同时放大了钢纤维对 RPC 峰值后变形韧性的作用。

5.5　本章小结

本章通过不同钢纤维率的 RPC 无预制裂纹和有预制裂纹梁的弯曲破坏试验,开展了 RPC 的韧性机制和韧性特征的研究工作,得到以下主要结论:

(1) 不同的梁变形方式下,钢纤维 RPC200 的韧性与破坏特征有显著区别,钢纤维对提高 RPC200 抗裂能力、耗能能力和韧性的作用也不同。

整体弯曲变形时,素 RPC 破坏呈脆性,梁开裂后裂纹快速失稳扩展,荷载-挠度曲线上升段没有荷载陡降,峰后也没有下降段。当荷载增至峰值荷载 65% 左右时,荷载-挠度曲线偏离直线出现非线性特征。此时的荷载和挠度分别定义为素 RPC 的名义初裂荷载 $P_{f,p}$ 和名义初裂挠度 $\delta_{f,p}$。然而,钢纤维 RPC 破坏呈韧性特征,梁开裂后裂纹自始至终稳定扩展,无失稳扩展现象。荷载-挠度曲线上升段有明显的局部荷载陡降和非线性,表明 RPC 有明显的初裂过程。初裂荷载 $P_{f,r}$ 和初裂挠度 $\delta_{f,r}$ 随钢纤维率变化而变化。其中,钢纤维率不超过 1% 时,RPC 的初裂荷载和初裂挠度与素 RPC 的名义值相当;钢纤维率超过 1.5% 后,初裂荷载和初裂挠度显著增加,其中初裂荷载增幅较大,钢纤维提高初裂荷载的作用大于提高峰值荷载的作用,钢纤维含量越高这种作用越明显。RPC 峰值荷载 $P_{ult,r}$ 和峰值挠度 $\delta_{ult,r}$ 也随钢纤维率变化而变化,纤维率大于 1% 后钢纤维才有助于提高 RPC 的峰值荷载,即抗弯承载能力,掺量越高增幅越大。钢纤维对峰值变形和初裂变形的影响规律不同,钢纤维率不超过 1% 时两者差别不大;钢纤维率超过 1.5% 后,随纤维含量增加初裂变形的增幅逐渐增大,而峰值变形提高的幅度逐渐趋于稳定;当钢纤维率超过 2% 后,RPC 峰值挠度的增幅开始下降。

当变形集中于断裂面时,与整体变形行为相比,RPC 的韧性和破坏特征既有相似之处又有显著差别,不同之处主要表现为:①集中变形梁的 P-CMOD 曲线以钢纤维率 1.5% 为界呈现出不同的变化形式,钢纤维率 $\rho_v \leqslant 1.5\%$ 时,P-CMOD 曲线非线性上升段和下降段较平缓,表明荷载变化慢而变形增加快;钢纤维率 $\rho_v >$ 1.5% 后,P-CMOD 曲线的上升段和下降段较陡,表明荷载变化快而变形增加慢;②素 RPC 梁 P-δ 曲线和 P-CMOD 曲线上升段平直,既无局部荷载陡降也无非线性特征,即没有名义初裂时刻,初裂荷载即为峰值荷载,初裂 $CMOD_{f,p}$ 等于峰值 $CMOD_{ult,p}$;③钢纤维 RPC 梁的 $P-\delta$ 曲线和 P-CMOD 曲线上升段都有明显的局部荷载陡降和非线性特征,裂纹有明显的起裂或初裂过程。不同钢纤维率 RPC 的初裂 $CMOD_{f,r}$ 值接近,略高于素 RPC 峰值 $CMOD_{ult,p}$ 的平均值。钢纤维 RPC 初裂荷载 $P_{f,r,CMOD}$ 随钢纤维率含量增加呈线性增大;④与素 RPC 峰值荷载相比,钢纤维 RPC 的峰值荷载 $P_{ult,r,CMOD}$ 随钢纤维率增加呈线性增大,增幅远大于整体变形的钢纤维 RPC 梁峰值荷载的增幅。峰值 $CMOD_{ult,r}$ 随钢纤维率增加呈二次非线性增长,钢纤维率达到 2% 时峰值 $CMOD_{ult,r}$ 开始下降;⑤初裂荷载占峰值荷载的比值随钢纤维率增加而下降,初裂 $CMOD_{f,r}$ 占峰值 $CMOD_{ult,r}$ 的比值远小于整体变形梁初裂挠度 $\delta_{f,r}$ 占峰值挠度 $\delta_{ult,r}$ 的比值。

(2) 提出用素 RPC 峰值变形作为 RPC 荷载-变形曲线上的初始参考变形来计算 RPC 的韧性,针对 RPC 的 $P-\delta$ 和 P-CMOD 响应分别定义了韧性指标 $T_{2(n-1)}(n)$ 和 $FT_{2(n-1)}(n)$。该指标以理想弹塑性材料的韧性指标 $T_{2(n-1)}(n)=2(n-1)$ 为基准,表述了相比理想弹塑性材料时,不同变形方式下 RPC 的韧性大小。

韧性指标 $T_{2(n-1)}(n)$ 可以反映整体变形条件下钢纤维对提高 RPC 韧性的作用。但由于变形方式的影响,指标 $T_{2(n-1)}(n)$ 大于同等变形程度下理想弹塑性材料的韧性水平 $2(n-1)$,$T_{2(n-1)}(n)$ 放大了钢纤维对提高 RPC 峰值后韧性的作用,未能反映出钢纤维对提高初裂至峰值变形阶段 RPC 韧性的贡献。韧性指标 $FT_{2(n-1)}(n)$ 则反映了变形集中在断裂面上时不同掺量钢纤维对阻滞 RPC 基体裂纹扩展的不同作用和影响。指标 $FT_{2(n-1)}(n)$ 小于相同变形程度下理想弹塑性材料的韧性水平 $2(n-1)$,能够较好地反映出钢纤维对提高 RPC 初裂至峰值变形阶段以及峰后变形阶段韧性的作用。

参 考 文 献

[1] ASTM. Standard test method for flexural toughness and first-crack strength of fiber reinforced concrete(using beam with third-point loading)[S]. ASTM C 1018, ASTM Inter, West Conshohocken,1997:7.

[2] EFNARC. Specification for sprayed concrete(final draft). European federation of national associations of specialist contractors and material supplies to the construction industry (EFNARC)[R]. Hampshire,UK,1993:35.

[3] ACI Committee 544. Measurement of Properties of Fiber Reinforced Concrete[S]. ACI Journal Proceedings,1988,85:583-593.

[4] JCI. Method of Test for Flexural Strength and Flexural Toughness of Fiber Reinforced Concrete,JCI Standard SF-4[S]. Japan Concrete Institute Standards for Test Methods of Fiber Reinforced Concrete,Tokyo,Japan,1984:45-51.

[5] 中华人民共和国建筑工业行业标准. 钢纤维混凝土 JG/T 3064—1999[S]. 北京:中国标准出版社,1999.

[6] 中国工程建设标准化协会. 纤维混凝土试验方法标准 CECS 13:2009[S]. 北京:中国计划出版社,2009.

[7] 中国工程建设标准化协会. 纤维混凝土结构技术规程 CECS 38:2004[S]. 北京:中国计划出版社,2004.

[8] El-Ashkar N H,Kurtis K E. A new simple practical method to characterize toughness of fiber-reinforced cement-based composites[J]. ACI Materials Journal,2006,103(1):33-44.

[9] Banthia N,Mindess S. Toughness characterization of fiber-reinforced concrete:Which standard to use? [J]. Journal Testing and Evaluation,2004,32(2):1-5.

[10] Banthia N,Dubey A. Measurement of flexural toughness of fiber reinforced concrete using a novel technique,Part 1:Assessment and calibration[J]. ACI Materials Journal. 1999,96(6):651-656.

[11] Banthia N,Dubey A. Measurement of flexural toughness of fiber reinforced concrete using a novel techique,Part 2:Performance of various composites[J]. ACI Materials Journal,2000,97(1):3-11.

[12] Taylor M, Lydon F, Barr B. Toughness measurements on steel fibre-reinforced high strength concrete[J]. Cement and Concrete Composites,1997,19(4):329-340.

[13] Barr B,Gettu R,Al-Oraimi S,et al. Toughness measurement-the need to think again[J]. Cement and Concrete Composites,1996,18(4):281-297.

[14] Johnston C D. Deflection measurement considerations in evaluating FRC performance using ASTM C 1018[J]. ACI Special Publication,1995,155:1-22.

[15] Chen L,Mindess S,Morgan D R,et al. Comparative toughness testing of fiber reinforced concrete[J]. ACI Special Publication,1995,155:41-76.

[16] Banthia N,Trottier J F. Test methods for flexural toughness characterization of fiber reinforced concrete:some concerns and a proposition[J]. ACI Materials Journal,1995,92(1):48-57.

[17] Gopalaratnam V S,Gettu R. On the characterization of flexural toughness in fiber reinforced concretes[J]. Cement and Concrete Composites,1995,17(3):239-254.

[18] Mindess S,Chen L,Morgan D. Determination of the first-crack strength and flexural toughness of steel fiber-reinforced concrete[J]. Advanced Cement Based Materials,1994,1(5):201-208.

[19] Johnston C D. Discussion of'fracture toughness of fiber reinforced concrete by V. S. Gopalaratnam,S. P. Shah,G B Batson,M E Criswell,V. Ramakishnan and M. Wecharatana'[J]. ACI Materials Journal,1992,89(3):304-309.

[20] Gopalaratnam V S,Shah S P,Batson G B,et al. Fracture toughness of fiber reinforced concrete[J]. ACI Materials Journal,1991,88(4):339-353.

[21] 陈健. 活性粉末混凝土的弯曲及断裂性能研究[D]. 北京:中国矿业大学(北京),2006.

[22]　鞠杨,贾玉丹,刘红彬,等.活性粉末混凝土钢纤维增强增韧的细观机理[J].中国科学(E辑:技术科学),2007,37(11):1403-1416.

[23]　鞠杨,刘红彬,陈健,等.超高强度活性粉末混凝土的韧性与表征方法[J].中国科学(E辑:技术科学),2009,39(4):793-808.

第 6 章　RPC 的尺寸效应

尺寸效应是准脆性材料的一个普遍性质,混凝土作为一种准脆性材料也存在尺寸效应,主要表现为混凝土断裂能随结构尺寸增大而增大,强度随结构尺寸增大而减小。

对于 RPC,由于剔除了粗骨料,添加了钢纤维,提高了其强度和韧性,那么在提高其性能的同时,RPC 是否也存在尺寸效应? 这种尺寸效应的规律如何? 研究和分析 RPC 的尺寸效应规律,掌握不同变形条件下 RPC 尺寸效应的作用机理,对于发挥 RPC 优越的物理力学性能,拓展其工程应用具有重要的科学研究意义和工程应用价值。

从微观结构上看,混凝土是一种由粗、细骨料及硬化水泥基体组成的多相材料,内部含有大量微裂隙和微孔洞,是典型的非均匀材料。这种微观结构特征使混凝土的断裂过程十分复杂。混凝土的微观结构特征使其具有准脆性材料的尺寸效应规律[1]。准脆性材料断裂破坏的基本特征是裂纹尖端存在较大范围的开裂损伤区域,即断裂过程区(fracture process zone,FPZ),能量耗散主要发生在该区域。此类材料断裂破坏的特点是到达峰值荷载以前,包含微裂纹的断裂扩展区发生稳定的增长和发展,特别是伴随外荷载的增加,裂缝尖端应力在 FPZ 的重新分布,材料出现应变软化和应变能逐渐释放。FPZ 的发展、演化以及区内材料的应变软化和应变能释放控制着准脆性材料的尺寸效应问题。

目前有以下几种关于尺寸效应的基本理论:

(1) 材料强度的随机性引起尺寸效应,即统计尺寸效应。自 1939 年 Weibull 采用最弱键概念分析和描述强度的尺寸效应现象,并提出著名的 Weibull 分布以来,统计强度理论已发展为一门引人注目的学科[1]。一些学者采用 Weibull 统计理论来分析和解释混凝土强度的尺寸效应。Weibull 理论认为尺寸效应主要是由材料强度的随机分布引起的。

(2) 由能量释放引起尺寸效应,即断裂力学尺寸效应。其中,Bažant 的尺寸效应理论比较完善,能够很好地解释混凝土的尺寸效应规律。该理论认为,混凝土这种准脆性材料,既不能用极限状态分析,也不能用线弹性断裂力学方法进行分析,混凝土通常条件下的尺寸效应介于极限强度破坏和裂纹扩展破坏,因此解决混凝土结构的尺寸效应必须考虑裂纹前缘 FPZ 局部损伤的非线性断裂,并提出了非局部损伤和微平面模型,从能量释放角度出发,近似分析了尺寸效应律和混凝土结构的尺寸效应问题[1]。也有学者指出,断裂能尺寸效应是由预制裂缝端部的微裂缝区和主裂缝的亚临界扩展造成的[2]。

（3）裂纹分形理论。该理论将分形几何引入混凝土尺寸效应的分析,利用严格的几何相似分析和推论,从微元破裂与整体结构破坏之间相似的特性角度来解释断裂的尺寸效应。裂纹分形理论包括裂纹表面的侵入式分开特性理论（表面粗糙度的分开属性）和间隙分形特性理论（代表微裂纹的分形分布）[1,3]。此外,有研究认为,引起混凝土尺寸效应的直接原因包括:由边界层引起的尺寸效应;由扩散现象引起的与时间相关的尺寸效应;由水化热或其他化学反应引起的尺寸效应[4]。

6.1　试验概况

试验采用三点弯曲试验,分五种尺寸（长×宽×高）:200mm×50mm×50mm、400mm×50mm×100mm、560mm×50mm×150mm、740mm×50mm×200mm、900mm×50mm×250mm,净跨度分别为 160mm、320mm、480mm、640mm、800mm。采用跨高比统一为 $L/h=3.2$,试件的厚度不变,高度和跨度方向呈比例放大。试件预制切口,预制切口的缝高比分别为 0.1、0.3、0.6,其中,0.1 和 0.6 两种缝高比的试件是为了测定 RPC 梁的断裂能,钢纤维率为 1.5%;缝高比 0.3 的试件是为了测定 RPC 梁的抗折强度,钢纤维体积掺量分别为 0、1%、2%、3%。详细试验情况见文献[5]。

图 6.1 中,l 为试件长度,s 为梁净跨度,t 为试件厚度,h 为试件高度。模具侧面中部预制了宽约为 0.26mm、深为 3mm 的凹槽,以便成型时在预制槽中垂直插入厚度约为 0.25mm、宽度各异的薄铁片,预制裂缝高度见表 6.1。

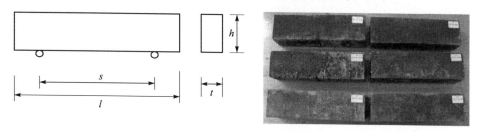

图 6.1　试件尺寸示意图及试件

表 6.1　RPC 试件预制裂缝高度

标号	试件尺寸/mm	缝高比 0.1 的情况/mm	缝高比 0.3 的情况/mm	缝高比 0.6 的情况/mm
1	200×50×50	8	18	33
2	400×50×100	13	33	63
3	560×50×150	18	48	93
4	740×50×200	23	63	123
5	900×50×250	28	78	153

　　RPC三点弯曲试验采用岛津 AG-200kN 电子力学试验机及相应电脑数据采集系统,试验机刚度足够大,最大荷载量程 200kN。CMOD 值通过 YYJ-1040 系列电子引伸计测得,试验加载控制方式采用位移控制,由开始到荷载下降至 70%峰值荷载前加载速率为 0.0375mm/min,峰后 70%荷载后加载速率为 0.1mm/min,至承载力下降到峰值荷载 10%以下,或者荷载不增加而变形持续增大时试验结束。

　　试验中在试件的一面用记号笔画上间隔 5mm 的正交网格,采用 Nikon FASTCAM SA1.1 型高速摄像机对该面进行拍摄,然后借助数字散斑相关方法来观测预制裂纹尖端 FPZ 的演化(见图 6.2)。

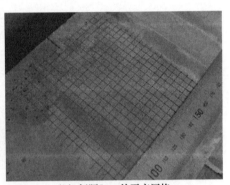

(a) 三点弯曲加载设备及数据采集系统　　　　　(b) 间隔5mm的正交网格

图 6.2　三点弯曲加载设备及正交网格

6.2　极限强度及尺寸效应

　　名义极限强度是指用峰值荷载计算弯曲强度时,不考虑预制裂纹的影响,梁的高度依旧采用整个梁高,得到的强度就是名义极限强度。通过三点弯曲试验研究 RPC 的极限强度及其尺寸效应。

6.2.1　名义极限强度的试验值及尺寸效应

　　纤维增强水泥基复合材料中,钢纤维的主要作用在于吸收水泥基材开裂时释放的能量,从而延缓水泥基材中裂缝的扩展,水泥基材一旦出现裂缝,钢纤维可通过跨越裂缝承受拉力,从而使复合材料具有高抗拉强度和高韧性。RPC 中,钢纤维的掺入可以显著提高其极限强度,且随着钢纤维率的增加,名义极限强度也相应提高。图 6.3 为试验得到的各钢纤维率下不同尺寸 RPC 试件的三点弯曲荷载-挠度曲线;表 6.2 为实测得到的各钢纤维率下不同尺寸的 RPC 的峰值荷载及相关参数。其中名义极限强度按照式(6.1)计算:

$$f_{\mathrm{fc,cra}}=\frac{3PL}{2bh^{2}} \tag{6.1}$$

式中,L 为三点弯梁跨距,mm;b 为试件宽度,mm;h 为试件高度,mm;P 为峰值荷载,kN。

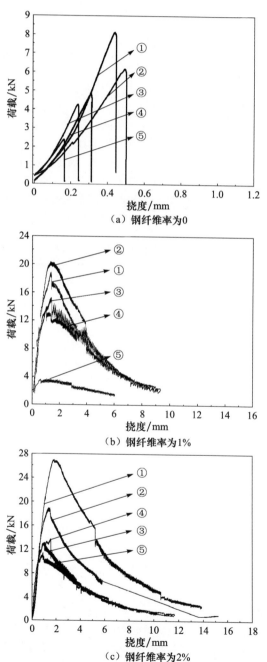

（a）钢纤维率为0

（b）钢纤维率为1%

（c）钢纤维率为2%

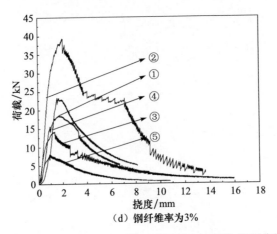

（d）钢纤维率为3%

图 6.3　各钢纤维率下不同尺寸的 RPC 的荷载-挠度曲线

①试件尺寸为 900mm×50mm×250mm；②试件尺寸为 740mm×50mm×250mm；

③试件尺寸为 400mm×50mm×100mm；④试件尺寸为 560mm×50mm×150mm；

⑤试件尺寸为 200mm×50mm×50mm

表 6.2　RPC 三点弯曲试验数据

试件编号	钢纤维率/%	峰值荷载/kN	名义极限强度/MPa	峰值荷载对应挠度/mm
A200	0	2.553	4.902	0.210
A400	0	4.301	4.129	0.259
A560	0	5.196	3.326	0.317
A740	0	6.569	3.153	0.394
A900	0	8.224	3.158	0.869
B200	1	4.504	8.648	1.085
B400	1	10.137	9.732	0.786
B560	1	14.520	9.293	1.267
B740	1	17.725	8.508	0.970
B900	1	22.166	8.512	0.885
C200	2	8.430	16.186	0.885
C400	2	15.238	14.628	1.409
C560	2	15.377	9.841	0.879
C740	2	24.072	11.555	1.550
C900	2	17.938	6.888	1.052
D200	3	8.010	15.380	1.207
D400	3	16.857	16.183	1.198
D560	3	18.365	11.754	0.931
D740	3	37.907	18.196	2.009
D900	3	18.245	7.006	1.722

注：钢纤维率 0、1%、2%、3%分别对应的试件编号为 A、B、C、D[6]。以上数据为三个试件的平均值。

　　表 6.2 的试验数据表明，素 RPC 表现出比 NC 更明显的尺寸效应，随着尺寸的增大，强度逐步降低，尺寸越小，强度越高，A200 比 A400 强度高 18.4%，A400 比 A560 强度高 24.0%，A400 比 A740 强度高 5.6%。随钢纤维率的增加，RPC 的

峰值荷载及名义极限强度都显著提高;相同钢纤维率时,随试件尺寸的增加,RPC 的峰值荷载也随之增大,名义极限强度总体呈现下降趋势(见表 6.2 和图 6.4)。

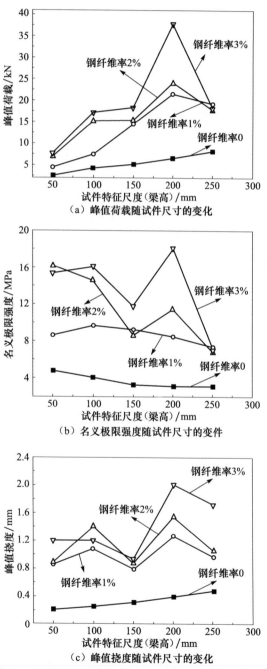

(a) 峰值荷载随试件尺寸的变化

(b) 名义极限强度随试件尺寸的变件

(c) 峰值挠度随试件尺寸的变化

图 6.4　不同钢纤维率下 RPC 各参数随试件尺寸的变化

钢纤维率为1%时,RPC的名义极限强度总体趋势是随着试件尺寸的增加而略有降低,740mm×50mm×200mm 试件到 900mm×50mm×250mm 试件之间强度的降幅要大于 200mm×50mm×50mm 试件到 400mm×50mm×100mm 试件及 400mm×50mm×150mm 试件到 560mm×50mm×200mm 试件之间的幅度,表现出一定的尺寸效应。

钢纤维率为2%时,强度随试件尺寸的增加而降低,尺寸效应现象比较明显,强度拟合曲线基本呈平缓下滑趋势。钢纤维率为3%时,强度整体下降,存在比较大的波动。从 200mm×50mm×50mm 试件到 400mm×50mm×100mm 试件,强度略有上升;长度 400mm 到 560mm、900mm 的试件强度呈现均匀下降趋势,而长度 740mm 的试件强度较高,使整个连线表现出波动趋势。整体来看,钢纤维率3%时,RPC没有明显的尺寸效应,认为钢纤维的含量显著影响了强度这一宏观指标。

综上所述,素 RPC 尺寸效应较明显;含有钢纤维时,尺寸效应存在,但是不明显。当钢纤维率为1%和3%时,RPC 的名义极限强度随试件尺寸的增加而降低,且降幅不同,尺寸效应不明显;当钢纤维率为2%时,RPC 的名义极限强度的尺寸效应可以较明显观测到。

当钢纤维率为2%时,对名义极限强度与试件尺寸之间的关系进行指数拟合,如图 6.5 所示。

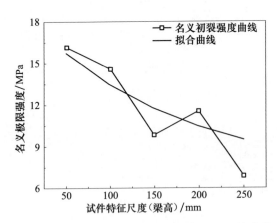

图 6.5　钢纤维率为 2% 时名义极限强度的拟合曲线

6.2.2　名义极限强度的理论值

1. Bažant 尺寸效应律

混凝土具有典型准脆性材料的特征,其强度的尺寸效应规律符合经典的

Bažant 尺寸效应律[1]。RPC 作为高强和高性能混凝土的一种,其尺寸效应律被普遍认为具有准脆性材料的特征。按照能量释放的观点来探求 RPC 尺寸效应规律,应用经典的 Bažant 尺寸效应律来预测 RPC 的弯曲断裂强度。

　　Bažant 尺寸效应理论[1]认为,对于混凝土这种准脆性材料,既不能用极限状态分析,也不能用线弹性断裂力学方法分析,混凝土通常条件下的尺寸效应介于极限强度破坏和裂纹扩展破坏之间,因此,解决混凝土结构的尺寸效应必须考虑裂纹前缘 FPZ 局部损伤的非线性断裂。因此,Bažant 提出了非局部损伤和微平面模型,从能量释放角度出发,近似分析尺寸效应律和混凝土结构的尺寸效应问题。

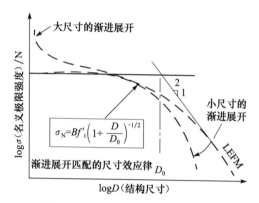

图 6.6　不同尺寸情况下尺寸效应的渐进展开(虚线)以及
与这些渐进展开匹配的尺寸效应律(实线)

　　对照本章试验,图 6.6 中横坐标为 RPC 三点弯梁的高度,纵坐标为名义极限强度。如果 RPC 梁表现出塑性,则数据点落在左侧直线部分,即不存在尺寸效应现象;如果 RPC 梁遵循弹性体的尺寸效应律,则数据点应分布在右侧 $-1/2$ 斜率直线部分。为确定不同尺寸 RPC 梁所在曲线的区域,首先计算 RPC 材料的特征长度,公式为 $D_0 = C_f g'(\alpha_0)/g(\alpha_0)$,其中,$g_i(a)$ 是相应于荷载 P_i 的无量纲能量释放率;裂纹的亚临界扩展长度 c_f。高度的特征值计算结果见表 6.3。

表 6.3　高度的特征值计算

钢纤维率/%	有效断裂过程区长度 c_f/mm	特征长度 D_0/mm
0	7.655	39.185
1	37.8	193.49
2	37.2	190.42
3	40.74	208.54

　　计算结果表明,素 RPC 试件的梁高为 50mm、100mm、150mm、200mm、250mm,均大于其特征长度(39.185mm),即素 RPC 梁更接近线弹性体的特征。

对于含钢纤维的试件,从表 6.3 可以看出,150mm、200mm、250mm 三个尺寸都在特征长度附近,最小的 50mm、100mm 试件落在特征长度左侧,也就是说,钢纤维率 1%、2%、3%的试件更多的表现为弹性和塑性之间的特征,即落在 Bažant 公式适用的中间部分。

根据 Zech 等[7]和 Wittmann 等[8]的试验,对于混凝土材料,如果试件几何相似,则其所在指数位于 -1/4 到 -1/6 区间。参考以往学者的经验,预测 RPC 所在区域为没有尺寸效应的塑性范围和 -1/2 斜率的线弹性断裂力学之间的区域,即

$$\sigma_N = Bf_t'\left(1 + \frac{d}{\lambda_0 d_a}\right)^{-1/2} = Bf_t'\left(1 + \frac{d}{d_0}\right)^{-1/2} \tag{6.2}$$

式中,σ_N 为混凝土破坏时的名义应力;d_a 为最大集料尺寸;d 为结构特征尺寸;B 和 λ_0 为考虑不同尺寸几何形状相似的结构时的常数,只与试件形状有关而与尺寸无关;f_t' 为混凝土的直接拉伸强度。

由于式(6.2)中参数需要拟合才能得到,而这等同于先假定 RPC 符合该尺度律,为了排除这种影响,这里暂不进行假定,直接采取该公式最原始的形式来计算[1]:

$$\sigma_N = \sqrt{\frac{EG_f}{g'(\alpha_0)c_f + g(\alpha_0)D}} \tag{6.3}$$

式中,E 为弹性模量;G_f 为断裂能;α_0 为初始缝高比 0.3。

$$g(\alpha) = \left(\frac{L}{h}\right)^2 \pi\alpha[1.5F(\alpha)]^2, F(\alpha) = \frac{1.99 - \alpha(1-\alpha)(2.15 - 3.93\alpha + 2.7\alpha^2)}{\sqrt{\pi}(1+2\alpha)(1-\alpha)^{3/2}},$$

$g'(\alpha_0)$ 为 $g(\alpha_0)$ 对 α_0 求导数后代入 α_0 的值。$F(\alpha)$ 是 α 的无量纲几何方程,反映了试件形状对尺度律的影响。函数 $g(\alpha)$ 和其导数 $g'(\alpha)$ 产生了尺寸效应。

实际上,$g(\alpha) = f^2(\alpha) = \pi\alpha c_n^2 F^2(\alpha)$,下面讨论如何确定 $g(\alpha)$。根据 LEFM 理论,对于有限的大试件,有

$$K_I = \sigma_N \sqrt{\pi a} F(\alpha) \tag{6.4}$$

式中,K_I 为一型裂纹应力强度因子;a 是裂纹长度;α 是缝高比;$F(\alpha)$ 是 α 的无量纲几何方程;σ_N 是名义应力,其定义为

$$\sigma_N = c_n \frac{P}{bd} \tag{6.5}$$

式中,b 为试件厚度;d 为试件特征长度,对于三点弯曲梁为试件高度;c_n 根据不同的应力分布情况而定[1],如图 6.7 所示。

图 6.7 从左至右 1、2、3、4 四种情况,分别对应梁截面上应力分布的四种情况,相应的 c_n 分别为 $1.5\frac{S^2}{h^2}$、$\frac{S}{h}$、0.75、$\frac{3S}{4h}$。

考虑 LEFM 能量释放率 $G=\dfrac{(K_{IC})^2}{E}$，可以得到

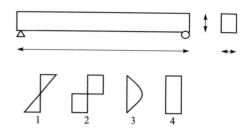

图 6.7　梁截面上不同的应力分布情况

$$G=\frac{P_c^2}{Eb^2d}g(\alpha) \qquad (6.6)$$

式中，P_c 是临界荷载或者最大荷载。

根据设计的试验选取合适的参数，应力在梁断面上是线性分布的，则 $c_n=1.5\dfrac{S^2}{h^2}$，联立式(6.4)～式(6.6)，得

$$g(\alpha)=f^2(\alpha)=\pi ac_n^2F^2(\alpha) \qquad (6.7)$$

综上所述，在应用式(6.3)时，需要在试验中测定的参数是断裂能、弹性模量和有效断裂过程区长度 c_f。断裂能和弹性模量通过每种纤维含量下的立方体试件试验来得到，有效 FPZ 长度 c_f 通过数字散斑相关方法得到，得到以上参数后，通过 Bažant 尺寸律［式(6.3)］来预测 RPC 名义强度，同时和实测名义极限强度进行对比，来验证 RPC 破坏过程中是否确实存在断裂过程区的发展，并确定名义强度是否存在尺寸效应。

2. 含钢纤维 RPC 尺寸

RPC 中掺入钢纤维后，其裂缝起裂、发展过程、弯曲断裂强度必然受钢纤维的影响，从试验结果可以明显看出，钢纤维的掺入能够显著提高弯曲强度[9,10]。所以，在应用经典尺寸律时，须考虑钢纤维的增强、增韧作用。

Bažant 在理论中给出了掺入钢纤维时的公式［见式(6.6)］，同时参照 RPC 的特点，分析认为 RPC 梁中含有钢纤维的情况，等同于在裂缝发展最终阶段存在残余应力。对于具有残余内聚应力的拉伸裂纹情况，软化曲线终止于某个常数残余应力 σ_r 平台处。同样，为了表征纤维混凝土的情形，也可以假定有常数残余应力 σ_r 的存在。沿裂纹的均匀压力 σ_Y 可以看成作用于结构的两个荷载之一，可以应用多荷载作用下的叠加公式。一般而言，每个荷载产生的能量释放率不具有可加性，但是每个荷载所导致的应力强度因子 K_I 可以叠加，于是有

$$\sum \sigma_{Ni}\sqrt{Dg_i(\alpha)}=\sqrt{EG_f}$$

式中，$g_i(\alpha)$ 是相应于荷载 P_i 的无量纲能量释放率。

下面分别给出荷载 P 和沿裂纹均匀压力 σ_Y 作用下的应力强度因子：

$$K_I^2=\sigma_N^2Dg(\alpha_0+\theta), \quad K_I^2=\sigma_Y^2\gamma(\alpha_0+\theta)$$

式中，g、γ 为无量纲函数。

于是可以得到在大裂纹情况下的尺寸效应公式：

$$\sigma_N = \frac{\sqrt{EG_f} + \sigma_Y\sqrt{\gamma'(\alpha_0)c_f + \gamma(\alpha_0)D}}{\sqrt{g'(\alpha_0)c_f + g(\alpha_0)D}} \tag{6.8}$$

式中,Bažant 未提出残余应力修正项 $\gamma(\alpha)$ 的具体值,参照函数 $g(\alpha)$ 的形式提出了纤维的影响项 $\gamma(\alpha)$ 来计算最后结果。

定义 $\gamma(\alpha) = \pi h a F^2(\alpha)$,$\gamma(\alpha)$、$\gamma'(\alpha)$ 反映了纤维对强度的影响。

确定纤维修正项后,还需确定形函数,目前采用比较普遍的形函数有三个,分别是陈篾公式、美国材料试验协会(American Society for Testing and Materials, ASTM)公式以及 Tada 公式,$f(\alpha)$ 为形函数,等同于式(6.8)中的形函数 $F(\alpha)$[1,11]。

陈篾公式:

$$K_{IC} = \frac{F_{max}S}{4th^{3/2}} f_1\left(\frac{a}{h}\right) \tag{6.9}$$

式中,$f_1\left(\dfrac{a}{h}\right) = \left[7.51 + 3.0\left(\dfrac{a}{h} - 0.5\right)^2\right]\sec\left(\dfrac{\pi}{2}\dfrac{a}{h}\right)\sqrt{\tan\left(\dfrac{\pi}{2}\dfrac{a}{h}\right)}$

ASTM 公式:

$$K_{IC} = \frac{F_{max}S}{4th^{3/2}} f_2\left(\frac{a}{h}\right) \tag{6.10}$$

式中,

$$f_2\left(\frac{a}{h}\right) = 2.9\left(\frac{a}{h}\right)^{\frac{1}{2}} - 4.6\left(\frac{a}{h}\right)^{\frac{3}{2}} + 21.8\left(\frac{a}{h}\right)^{\frac{5}{2}} - 37.6\left(\frac{a}{h}\right)^{\frac{7}{2}} + 38.7\left(\frac{a}{h}\right)^{\frac{9}{2}}$$

Tada 公式:

$$K_{IC} = \frac{1.5F_{max}S}{th^2}\sqrt{a}\, f_3\left(\frac{a}{h}\right) \tag{6.11}$$

式中,

$$f_3\left(\frac{a}{h}\right) = \frac{1.99 - \left(\dfrac{a}{h}\right)\left(1 - \dfrac{a}{h}\right)\left[2.15 - 3.93\dfrac{a}{h} + 2.7\left(\dfrac{a}{h}\right)^2\right]}{\left(1 + 2\dfrac{a}{h}\right)\left(1 - \dfrac{a}{h}\right)^{\frac{3}{2}}}$$

从图 6.8 可以看出,a/h 在区间 $(0.3,0.7)$ 时,函数曲线都非常接近,大约在 0.7 以后 ASTM 公式和另外两个公式有了较大差异,因此,采取何种形函数对计算结果影响不大。

3. 数字散斑法测 FPZ 发展过程

根据虚拟裂缝理论,RPC 三点弯曲梁在外部荷载达到某一水平、预制裂缝裂尖处的应力达到材料的抗拉强度时,裂尖处 FPZ 开始发展,虚拟裂缝产生。此时继续增加荷载,材料并没有突然完全失效而退出工作,而是随着虚拟裂缝的不断张开呈现软化现象。在该阶段,由于 FPZ 的发展,材料的裂缝断裂抵制能力不断增

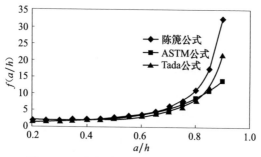

图 6.8 三点弯曲计算公式形函数比较[12]

加;当达到最大荷载时,通常情况下,虚拟 CMOD 仍然较小,并没有达到裂缝尖端开口位移(crack tip opening displacement,CTOD),因此,裂尖处材料应力降为某一水平但没有失去工作能力,此时材料的裂缝扩展阻力为失稳断裂韧度,但并没有达到最后的收敛值;超过最大荷载后,虚拟裂缝继续张开,应力不断降低,FPZ 继续向前延伸,荷载降到某一特定值时,虚拟 CMOD 达到特征裂缝张开口大小时,在裂尖处形成自由裂缝。试验时可以明显看到试验机荷载达到峰值时,试件并没有断开,而是过几秒后伴随"嘣"的一声,试件发生脆断,也就是断裂存在时间上的滞后[13,14]。此后,随着荷载的进一步下降,自由裂缝长度不断增加,FPZ 继续向前发展,此期间裂缝的抵制阻力保持不变,即由非线性拉伸软化曲线积分得到的真实断裂能[6,13](见图 6.9 和图 6.10):

$$g_{\mathrm{f}}(x) = G_{\mathrm{F}} = \int_0^{w_x} \sigma(w) \mathrm{d}w \tag{6.12}$$

当 FPZ 扩展到试件边界时,其发展会受到边界效应影响,从而导致边界区局部断裂能下降,此时的局部断裂能小于真实断裂能。

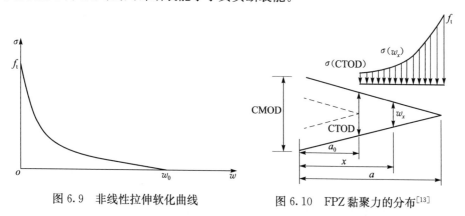

图 6.9 非线性拉伸软化曲线   图 6.10 FPZ 黏聚力的分布[13]

对于含钢纤维的 RPC 试件,在荷载超过初裂荷载后,P-δ 曲线开始偏离线性段,且局部出现陡降,此后荷载逐渐回升,P-δ 曲线开始进入非线性段。实际上,达到初裂荷载前,其断裂过程与素 RPC 非常接近,5.2 节中观察到素 RPC 梁荷载峰值时刻的 CMOD 值非常接近含钢纤维 RPC 初裂时刻的 CMOD 值,也就是说,纤维的增强、增韧在初裂荷载后才发挥作用。当荷载超过初裂荷载后(线弹性阶段),混凝土基体会产生轻微的细小裂痕(含钢纤维的 RPC 试件作为整体是未开裂的),同时会伴有"噼噼"的声音,代表混凝土基体的裂开,横跨裂纹的钢纤维会继续承载。试验中,观察到长 560mm、钢纤维率 1.5% 的试件此时荷载可以达到 22kN;在峰后荷载下降到 20.5kN 时,试件表面没有任何裂纹或者裂痕的部分高度仅为 12~15mm。作者认为,由于 RPC 的高脆性,当纤维与混凝土基体变形不协调时,试件表面非常容易出现裂纹。裂纹包括两部分,一是混凝土基体的真实裂缝;二是仅试件表面出现轻微裂痕,混凝土基体并没有贯通的裂缝。这种现象在试件的背面(试件浇筑的上表面)并不是非常明显。后者对于 FPZ 的观测是一种干扰[12,14,15]。

　　混凝土表面的位移场,尤其是损伤过程区的位移场是了解混凝土裂缝的产生、扩展,以及分析混凝土结构裂缝扩展、损伤与断裂机理的重要依据。由于 RPC 梁表现出准脆性特征,其在破坏过程中不同于完全线弹性体,基于线性渐近叠加原理的线弹性断裂力学公式不适用于 RPC,试验中要准确测量 Δa_c 较为困难,需要采用先进的测试技术,如光弹贴片、激光散斑、声发射等。采用数字散斑方法得到 RPC 梁在荷载下 FPZ 的范围和周边位移场的变化,观察裂缝扩展过程及裂缝扩展路径等相关信息。

　　数字散斑相关方法(digital speckle correlation method,DSCM)是随着光电技术、视频技术、计算机视觉技术以及图像处理技术的不断发展而产生的一种光力学变形测量技术。该方法主要用于对材料或者结构表面在外荷载或其他因素作用下的变形场进行测量,它具有全场测量、非接触、光路相对简单、测量视场无限制、不需要光学干涉条纹处理、可适用的测试对象范围广、对测试环境无特别要求等突出优点。目前,该方法在工程应用、固体力学问题研究以及材料性能分析等领域得到越来越多的关注,并且已经取得了一批研究成果[16]。

　　与其他光学测量技术相比,在试验条件上,DSCM 原始数据采集方式相对简单,不需对试件进行复杂的预处理,直接从试件表面摄取包含变形信息的人工斑点或自然斑点,便于实现自动化;在应用条件上,该方法对测量环境要求比较低,不需要严格的防震、暗室等特殊要求;同时,在测量范围上,该方法可以根据需要在宏观、细观、微观范围内调节,与显微光学设备(如光学显微镜、电子显微镜等)相结合可以测量局部微区的变形。该方法已从最初用于试验应力分析扩展到很多领域,如固体力学、流体力学、生物力学、木材力学、复杂材料本构关系的确定、微尺度力学试验、电子封装以及工程检测与无损检测等众多领域。

　　DSCM 通过处理被测对象变形前和变形后的散斑图像直接获得物体的变形信息。变形前的数字散斑图像称为参考图像,变形后的数字散斑图像称为变形后图像。假设参考图像和变形后图像的灰度分别表示为 $f(x,y)$ 和 $g(x,y)$[17]，如图 6.11 所示。

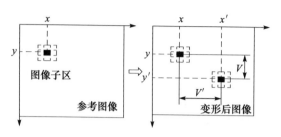

图 6.11　DSCM 原理图

在参考图像中取以某待求点 (x,y) 为中心的 $(2m+1)$ 像素×$(2m+1)$ 像素大小的矩形参考图像子区，在变形后的图像中取一变形图像子区，则变形图像子区和参考图像子区具有一定的相关性，可用相关系数表达。按照一定的搜索方法找到一个以 (x',y') 为中心的变形图像子区，这种相关性达到了最大值，参考图像子区在变形后就一一对应于该变形图像子区，根据两点的坐标差值即可获得变形信息[18]。

图 6.12 为拍摄区域示意图。图 6.13 为高速摄像机拍摄到的图像。

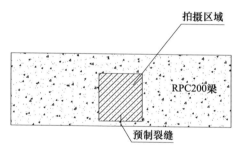

图 6.12　拍摄区域示意图

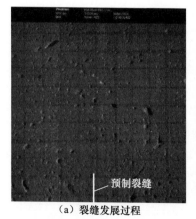

（a）裂缝发展过程　　　　　　　　　　（b）裂缝发展过程

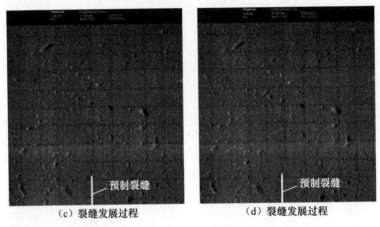

（c）裂缝发展过程　　　　　　　　　（d）裂缝发展过程

图 6.13　高速摄像机拍摄到的素 RPC 梁断裂过程（速度为 1000 帧/s）

试件表面的网格间距为 5mm，拍摄时视场大小为 1024 像素×1024 像素，视场有 9.7 格，所以每像素代表 9.7×5/1024＝0.0474mm。拍摄区域内的预制裂缝长 1.7 格，即 0.0474×1.7×5＝0.403mm。

图 6.14 中浅蓝、深蓝颜色区域对应的位移较小，为 3.35 像素（0.1588mm）左右。中部淡绿色区域为过渡区域，深绿色区域位移最大，达到 3.85 像素，且集中在预制裂纹尖端附件，超过蓝色区域对应位移的 15%，即该区域为 FPZ 的范围，该范围在 Y 方向共 170 像素，说明 FPZ 长度为 170×0.0474－0.403＝7.655mm，即有效 FPZ 长度为 7.655mm。

钢纤维率 1% 时 B560 试件的图像如图 6.15 所示。试件表面画上的网格为每格 5mm 间距，拍摄时视场大小为 1024 像素×1024 像素，视场中共 15.6 格，每像素代表 0.0762mm，拍摄区域内的预制裂缝长 1.2 格，即 0.0762×1.2×5＝0.4572mm。

从图 6.16 可以看出，蓝色（包括深蓝、浅蓝、天蓝色）区域对应的位移较小，约 3.9 像素。中部绿色区域（包括浅绿、深绿色）为过渡区域，由于该试件含钢纤维，按规定应大于蓝色区域位移的 20%，即大于 0.8 像素的区域为 FPZ，对于该图，超过 4.718 像素位移的区域为 FPZ，黄色区域仍然划归为过渡区，橘黄色、红色区域被界定为 FPZ，该区域 Y 方向共 502 像素，说明 FPZ 长度为 502×0.0762－0.457＝37.7954mm。有效 FPZ 的长度为 37.7954mm。

对于钢纤维率 2% 的 C900 试件，试件表面画上的网格为每格 5mm 间距，拍摄时视场大小为 1024 像素×1024 像素，视场中共 17.8 格，所以每像素即代表 0.0869mm，如图 6.17 所示。拍摄区域内，预制裂缝长 0.4 格，FPZ 的长度为 0.0869×0.4×5＝0.1738mm。

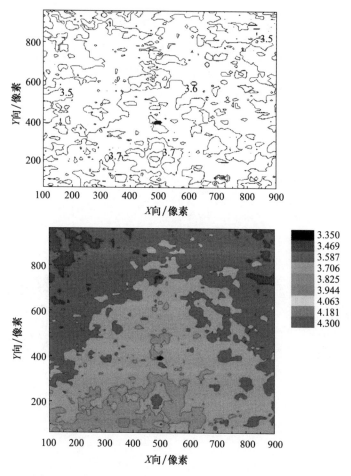

图 6.14　素 RPC 位移场计算结果的等高线图（后附彩图）

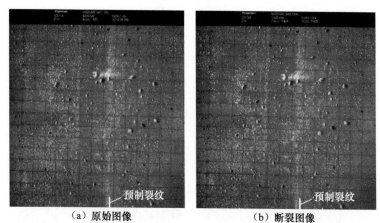

（a）原始图像　　　　　　　　　（b）断裂图像

图 6.15　高速摄像机拍摄到的 1% 钢纤维率 RPC 梁断裂图像

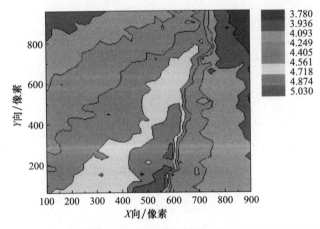

图 6.16　1%钢纤维率 RPC 位移场计算结果的彩色等高线图(后附彩图)

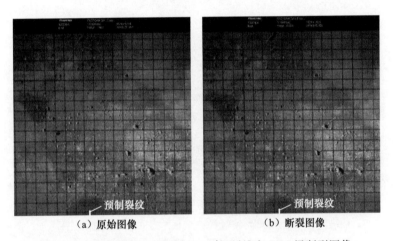

（a）原始图像　　　　　　　（b）断裂图像

图 6.17　高速摄像机拍摄到的 2%钢纤维率 RPC 梁断裂图像

从图 6.18 可以看出,蓝色(包括深蓝、浅蓝、天蓝色)区域的相对位移较小,约 6.97 像素。中部绿色区域(包括浅绿、深绿色)为过渡区域,该试件含纤维,沿用上面钢纤维率 1%时的规定,即大于蓝色区域位移 0.8 像素的区域为 FPZ,对于该图,超过 7.7 像素位移的区域为 FPZ,黄色区域仍然划归为过渡区,橘黄色、红色区域被界定为 FPZ,该区域 Y 方向共 430 像素,则说明 FPZ 长度为$430 \times 0.0869 - 0.174 = 37.193$mm。那么有效 FPZ 长度为 37.193mm。

同样,对于钢纤维率 3%的 D560 试件,试件表面画上的网格为每格 5mm 间距,拍摄时视场大小为 1024 像素×1024 像素,视场中共 16.5 格,那么,所以每像素代表 0.0806mm,如图 6.19 所示。拍摄区域内,预制裂缝长 0.9 格,FPZ 的长度为$0.0806 \times 0.9 \times 5 = 0.3627$mm。

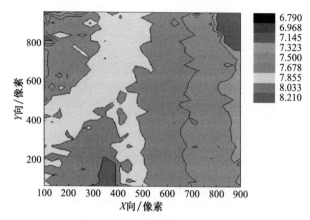

图 6.18　2%钢纤维率 RPC 位移场计算结果的等高线图(后附彩图)

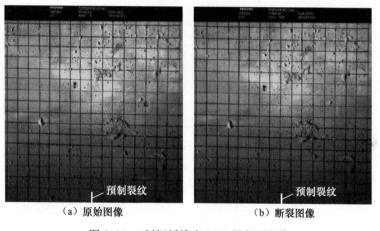

图 6.19　3%钢纤维率 RPC 梁断裂图像

从图 6.20 可以看出,蓝色(包括深蓝、浅蓝、天蓝色)区域的相对位移较小,约 7.25 像素。中部浅绿色区域为过渡区域,该试件含纤维,沿用上面钢纤维率 1%时的规定,即大于蓝色区域位移 0.8 像素的区域为 FPZ,对于该图,超过 8.05 像素位移的区域为 FPZ,深绿色区域仍然划归为过渡区,黄色区域被界定为断裂过程区,该区域 Y 方向共 510 像素,则说明 FPZ 大小为 $510 \times 0.0806 - 0.363 = 40.743\text{mm}$。那么有效 FPZ 长度为 40.743mm。

由于 Bažant 尺寸律公式可以反映不同缝高比对试件名义强度的影响,分析 E、F 两组试件,以期对 RPC 梁是否符合 Bažant 尺寸律公式进一步验证。对于钢纤维率 1.5%的 E560 试件,试件表面画上的网格为每格 5mm 间距,拍摄时视场大小为 1024 像素×1024 像素,视场中共 14.1 格,每像素代表 0.0689mm,如图 6.21 所示。拍摄区域内,预制裂缝长 0.6 格,FPZ 的长度为 $0.0689 \times 0.6 \times 5 = 0.2067\text{mm}$。

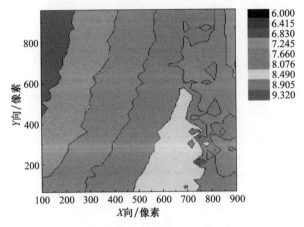

图 6.20　3%钢纤维率 RPC 位移场计算结果的等高线图

（后附彩图）

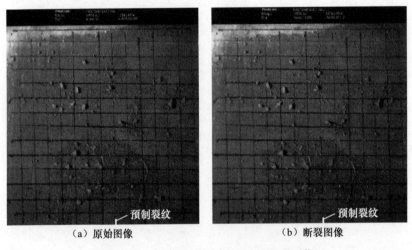

（a）原始图像　　　　　　　　　　　　（b）断裂图像

图 6.21　1.5%钢纤维率 RPC 梁断裂图像

　　从图 6.22 可以看出,蓝色(包括深蓝、浅蓝色)区域对应的位移较小,5.85 像素左右。中部绿色区域(包括浅绿、深绿色)为过渡区域,由于该试件含纤维,故规定大于蓝色区域位移 20%,即大于 1.2 像素的区域为断裂过程区。对于该图,超过7.05 像素位移的区域为断裂过程区,于是,黄色区域、橘黄色、红色区域被界定为断裂过程区.该区域 Y 方向共 585 像素,则说明断裂过程区大小为 $585 \times 0.0689 = 0.2067 = 40.0998$mm。那么有效断裂过程区长度为 40.0998mm。

　　最终分别得到了四种不同纤维率的 FPZ 长度,见表 6.4。

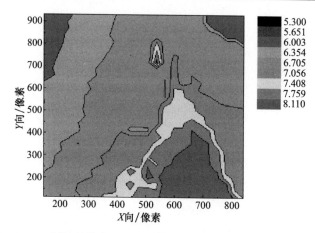

图 6.22　1.5%钢纤维率 RPC 位移场计算结果的等高线图(后附彩图)

表 6.4　FPZ 长度的计算结果

钢纤维率/%	FPZ 长度/mm	钢纤维率/%	FPZ 长度/mm
0	7.655	2	37.2
1	37.8	3	40.74
1.5	40.10		

从表 6.4 可以看出,素 RPC 的 FPZ 比较小,仅为含钢纤维 RPC FPZ 的 20%左右;随钢纤维率的增加,FPZ 长度基本呈现增长趋势,如从 1%时的 37.8mm 到 1.5%时的 40.10mm,再到 3%时的 40.74mm,但这种趋势不明显。

4. 尺寸律公式计算结果

尺寸律公式计算结果见表 6.5。其中,考虑到钢纤维和混凝土基体黏结强度为 1~2MPa[19],根据以往结论,钢纤维修正项中黏结强度为 1%时,黏结强度取 1.21MPa;钢纤维率 1.5%、2%和 3%时为 2MPa;$\alpha=0.3$ 时,$F(\alpha)=1.0447$,$F'(\alpha)=0.9326$,$g(\alpha)=23.697$,$g'(\alpha)=121.30$。

表 6.5　尺寸律公式计算结果

不同试件尺寸/mm	实测名义极限强度/MPa	弹性模量/MPa	断裂能/(kJ/m²)	C_f/mm	钢纤维修正/MPa	不含钢纤维计算结果/MPa	最终结果/MPa	误差/%
A200×50×50	4.87	43.4	0.127	7.655	—	1.63	1.63	66.6
A400×50×100	4.12	43.4	0.148	7.655	—	1.40	1.40	66.0
A560×50×150	3.32	42.92	0.174	7.655	—	1.29	1.29	61.0
A740×50×200	3.14	43.4	0.177	7.655	—	1.17	1.17	62.8
A900×50×250	3.15	42.92	0.187	7.655	—	1.08	1.08	65.6

续表

不同试件 尺寸/mm	实测名义 极限强度 /MPa	弹性 模量 /MPa	断裂能 /(kJ/m²)	C_f /mm	钢纤维 修正 /MPa	不含钢纤维 计算结果 /MPa	最终 结果 /MPa	误差 /%
B200×50×50	8.65	44.5	11.092	37.8	1.71	9.25	10.96	26.7
B400×50×100	9.73	44.5	8.967	37.8	2.43	7.57	10.01	2.8
B560×50×150	9.29	44.1	12.81	37.8	2.99	8.02	11.01	18.5
B740×50×200	8.51	44.5	11.08	37.8	3.47	7.27	10.74	26.3
B900×50×250	7.42	44.1	11.176	37.8	3.89	6.44	10.33	39.3
C200×50×50	16.19	45.3	21.576	37.2	2.82	13.10	15.92	1.6
C400×50×100	14.63	45.3	18.918	37.2	4.02	11.16	15.18	3.8
C560×50×150	9.84	43.1	5.025	37.2	4.95	5.18	10.13	3.0
C740×50×200	11.55	45.3	16.029	37.2	5.74	8.86	14.60	26.3
C900×50×250	6.87	43.1	10.90	37.2	6.44	6.71	13.15	91.2
D200×50×50	15.38	47.3	19.821	40.74	2.82	12.37	15.19	1.2
D400×50×100	16.18	47.3	23.464	40.74	4.02	12.32	16.34	0.9
D560×50×150	11.75	47.5	17.253	40.74	4.94	9.82	14.77	25.6
D740×50×200	18.20	47.3	26.270	40.74	5.73	11.33	17.06	6.2
D900×50×250	7.01	47.5	10.576	40.74	6.43	6.80	13.23	88.8

注:误差为最终结果与实测名义极限强度相比。

图 6.23 结果表明,在钢纤维率为 0 时,理论计算值与实际测量值差距非常大,误差最大的 A200 试件相差 66.6%,平均也在 64.4%;而含纤维的试件预测结果比较好,钢纤维率为 1%、2%、3%均存在几个计算值和实测值误差在 5%以内的数据点。对于 900mm×50mm×250mm 的试件,误差较大,C900 甚至达到 91.2%,其原因可能是试件尺寸较大,制备、运输过程中非常容易产生瑕疵,导致试验结果离散性较大。

由于 Bažant 尺寸律公式可以反映不同缝高比对试件名义强度的影响,根据该公式计算了 E、F 两组试件的真实断裂能,进一步验证 RPC 梁是否符合 Bažant 尺寸律公式,结果见表 6.6。

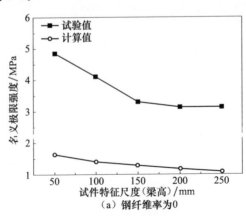

(a) 钢纤维率为 0

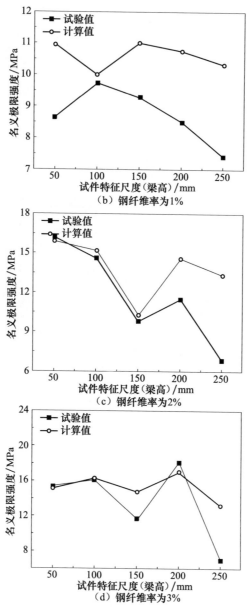

图 6.23　不同钢纤维率试件计算值和实测值的比较

表 6.6　E、F 两组结果对比

不同试件 尺寸/mm	实测名义极限 强度/MPa	弹性模量 /MPa	断裂能 /(kJ/m²)	C_f /mm	钢纤维修正 /MPa	最终结果 /MPa	误差 /%
E200×50×50	20.429	49.83	3.480	40.1	2.88	9.59	53.1
E400×50×100	19.770	49.83	7.106	40.1	4.08	13.24	33.0

不同试件 尺寸/mm	实测名义极限 强度/MPa	弹性模量 /MPa	断裂能 /(kJ/m²)	C_f /mm	钢纤维修正 /MPa	最终结果 /MPa	误差 /%
E560×50×150	14.256	49.83	10.324	40.1	5.01	15.59	9.4
E740×50×200	14.567	49.83	12.681	40.1	5.79	17.08	17.3
E900×50×250	22.130	49.83	26.036	40.1	6.48	22.09	0.2
F200×50×50	6.697	49.83	2.603	40.1	2.83	5.21	60.6
F400×50×100	2.070	49.83	3.185	40.1	4.04	6.33	71.4
F560×50×150	2.830	49.83	4.956	40.1	4.98	7.54	166.2
F740×50×200	3.289	49.83	6.173	40.1	5.77	8.39	165.3
F900×50×250	2.212	49.83	10.749	40.1	6.47	9.68	337.6

　　由图 6.24 可以看出,对于缝高比为 0.1 的 E 组试件,计算结果和试验实测结果整体看比较接近,E200 试件误差较大,达到了 53.1%,E400 误差 33%,其余三

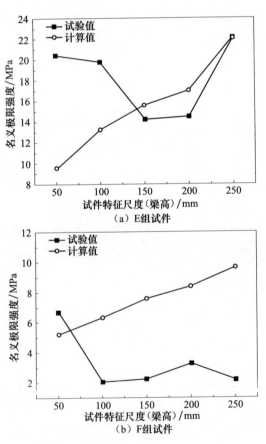

图 6.24　E、F 组试件计算值和试验值的比较

个尺寸比较接近,E900 误差仅为 0.2%。对于缝高比为 0.6 的试件,从实际制备情况来看,由于梁高度上超过一半都是预制裂缝,容易折断。同时可以看出,除 F200 外,预测值普遍高于实测值,F900 试件的误差较大,可能与试件制备有关,在大缝高比和大尺寸情况下,较难控制好试件的制备质量,导致预测值普遍低于实测值,误差较大。

总之,对钢纤维 RPC 而言,除缝高比为 0.6 的试件外,其他尺寸试件的计算值和实测值比较接近,平均误差在 25% 以内,验证了 RPC 梁的破坏过程中确实存在 FPZ 的发展,抗弯强度的尺寸效应遵循基于能量释放得到的尺寸效应律,说明 RPC 梁弯曲断裂强度存在尺寸效应。

6.3　断裂能的尺寸效应

6.3.1　RILEM 标准方法的断裂能

断裂能指裂纹扩展单位面积释放出的能量,表征材料阻止裂纹扩展的能力,一般可由混凝土单轴拉伸曲线软化段的面积求出。轴向拉伸试件的荷载偏心和初应力会影响峰值应力,裂纹扩展的不均匀性也会影响结果的准确性。

1980 年,Petersson 用带裂缝的三点弯曲梁求混凝土的断裂能,证明了其可行性,使得对混凝土断裂能的测试前进了一步。后来国际材料与结构研究实验联合会(International Union of Laboratories and Experts in Construction Materials, Systems and Structures, RILEM)也推荐用"带切口的三点弯曲梁来确定砂浆和混凝土的断裂能"作为标准的测试方法。

RILEM 推荐断裂能计算公式为

$$G_f = \frac{W}{A_{lig}} = \frac{W_0 + W_{mg}}{A_{lig}} = \frac{\int_0^{\delta_{max}} P d\delta + \frac{1}{2} mg\delta_{max}}{(h - a_0)b} \quad (6.13)$$

式中,$W_0 = \int_0^{\delta_{max}} P d\delta$ 为荷载所做的功,可由加载点的荷载-挠度曲线积分求得;$\frac{1}{2} mg\delta_{max}$ 为试件本身重量所做的功,其中 mg 为试件跨间的重量;$(h - a_0)b$ 为试件韧带面积,h、a_0、b 分别为试件的高度、预制裂纹的高度和试件的宽度。

表 6.7 为根据试验数据按上述定义计算得到的各参数值;图 6.25 为相应参数值随试件尺寸的变化关系曲线。

表 6.7　RPC 三点弯曲实验数据

试件编号	钢纤维率/%	p_{max}/kN	δ_{max}/mm	mg/N	G_f/(kJ/m²)	D_u/m⁻¹
A200 均值	0	2.553	0.042	9.212	0.127	0.063
A400 均值	0	4.301	0.056	36.848	0.148	0.037
A560 均值	0	5.196	0.35	93.022	0.174	0.034

续表

试件编号	钢纤维率/%	p_{max}/kN	δ_{max}/mm	mg/N	G_f/(kJ/m²)	D_u/m⁻¹
A740 均值	0	6.569	0.053	147.392	0.177	0.027
A900 均值	0	8.224	0.453	249.17	0.187	0.023
B200 均值	1	4.504	11.221	9.52	11.09	2.522
B400 均值	1	10.137	10.665	38.07	8.97	0.816
B560 均值	1	14.52	11.022	95.90	12.81	0.882
B740 均值	1	17.725	10.26	152.28	11.08	0.625
B900 均值	1	19.316	12.17	256.88	11.18	0.579
C200 均值	2	8.430	11.227	11.809	21.58	2.609
C400 均值	2	15.238	10.841	47.236	18.92	1.269
C560 均值	2	13.60	7.528	99.20	5.03	0.373
C740 均值	2	24.072	11.002	157.18	16.03	0.693
C900 均值	2	18.766	10.300	265.70	10.90	0.589
D200 均值	2	8.010	11.649	12.15	19.82	2.474
D400 均值	3	16.857	10.229	48.61	23.46	1.392
D560 均值	3	23.020	8.080	102.08	17.25	0.753
D740 均值	3	37.907	10.388	162.07	26.27	0.693
D900 均值	3	18.402	11.723	273.42	10.73	0.583
E200 均值	1.5	10.520	9.800	11.600	3.480	0.331
E400 均值	1.5	20.590	5.667	46.500	7.106	0.345
E560 均值	1.5	15.215	11.000	96.500	10.324	0.679
E740 均值	1.5	30.000	8.700	175.000	12.681	0.423
E900 均值	1.5	57.630	9.229	269.000	26.036	0.452
F200 均值	1.5	1.744	13.000	11.600	2.603	1.492
F400 均值	1.5	2.160	12.200	46.500	3.185	1.041
F560 均值	1.5	3.430	20.000	96.500	4.956	1.445
F740 均值	1.5	6.328	12.480	175.000	6.173	1.021
F900 均值	1.5	18.420	13.035	269.000	10.749	0.921

由图 6.25 可以看出,素 RPC 断裂能的尺寸效应现象非常明显;掺入钢纤维后,当钢纤维率为 1%时,断裂能总体上表现出尺寸效应,其他钢纤维率下的尺寸效应不明显,可能是由试验数据的离散性造成的。

6.3.2　Abdalla 的断裂能

Abdalla 等认为断裂过程区发展的边界效应是引起断裂性能指标尺寸效应的主要原因[4]。FPZ 发展到试件的边界时,由于受到边界的影响,其不再能够充分稳定发展。由于在试件边界 FPZ 的这种变化,局部断裂能 g_f 会相应地变小。

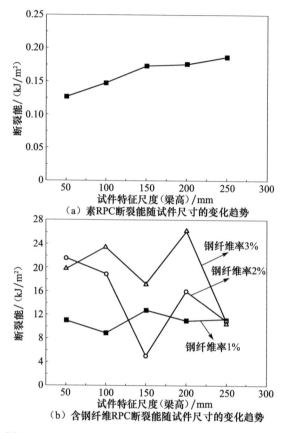

（a）素RPC断裂能随试件尺寸的变化趋势

（b）含钢纤维RPC断裂能随试件尺寸的变化趋势

图 6.25　不同钢纤维率下参数随试件尺寸的变化趋势

当内部区（相对于试件边界区）占整个断裂区域的 90% 及以上时,可以认为局部断裂能在整个断裂区域 $B(W-a)$ 是常数,则式(6.14)成立:

$$G_F = \begin{cases} \dfrac{1}{B(W-a)}\displaystyle\int P\mathrm{d}\delta = \dfrac{1}{B(W-a)}\displaystyle\int_0^{W-a} g_f B\mathrm{d}x \\ g_f \end{cases} \tag{6.14}$$

并且 RILEM 定义的 $G_f = G_F$ 是材料常数,即不存在尺寸效应;如果内部区域小于边界区域（如占整个断裂区域的 $0\sim60\%$）,则局部断裂能 g_f 在整个断裂区域 $B(W-a)$ 不是常数,断裂性能存在尺寸效应[4]。

根据以上分析,认为局部断裂能按照如图 6.26 所示的双线性曲线变化。

图 6.26 中, a 是预制裂纹长度, a_1 是双线性模型中假设的局部断裂能线性下降段长度。那么根据 G_f、G_F 分布的几何关系,可以得到

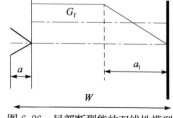

图 6.26　局部断裂能的双线性模型

$$G_f = \begin{cases} G_F\left(1 - \dfrac{1}{2}\,\dfrac{a_1/W}{1-a/W}\right) & (1-a/W > a_1/W) \\[3mm] G_F\,\dfrac{1}{2}\,\dfrac{1-a/W}{a_1/W} & (1-a/W \leqslant a_1/W) \end{cases} \tag{6.15}$$

根据式(6.15),通过不同缝高比的试件来得到真实断裂能,将五个尺寸代入式(6.15),得到结果见表 6.8。

表 6.8　RPC 不同缝高比试件的断裂能

试件尺寸/mm	E 组(缝高比 0.1)	F 组(缝高比 0.6)	$G_F/(\text{kJ/m}^2)$
200×50×50	3.480	2.603	19.175
400×50×100	7.106	3.224	16.577
560×50×150	10.324	4.956	16.227
740×50×200	12.681	6.173	19.586
900×50×250	26.036	10.749	38.266

结果表明,前四个尺寸试件的断裂能总体稳定,但稍有波动,平均值为 17.89kJ/m²,尺寸效应不明显。采用 RILEM 推荐的断裂能计算方法得到的结果存在尺寸效应则是由其计算方法导致的,因为断裂能作为材料的固有参数不存在尺寸效应。

6.3.3　软化曲线计算的断裂能

根据 Hillerberg 的虚拟裂纹理论,直接拉伸试验的峰后曲线可以解释随裂缝张开骨料黏聚力的变化,即软化关系,定义断裂能为软化曲线(见图 6.27)下包围的面积[1,18]:

$$G_f = \int_0^{w_0} \sigma(w)\,\mathrm{d}w \tag{6.16}$$

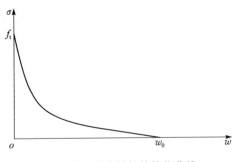

图 6.27　非线性拉伸软化曲线

式中,w_0 是特征裂缝张开位移。得到软化曲线后,就可以通过式(6.16)得到材料的真实断裂能 G_F。

研究表明,采用线性软化本构方程与采用双线性软化本构方程计算的结果有明显的差别,前者比后者计算的峰值荷载高出近 10%,而双线性软化本构方程与三线性软化本构方程的计算结果相差甚微[20]。

采用带预制裂纹梁的三点弯曲试验得到软化曲线,对试验得到的 P-CMOD 曲线峰后段数据进行如下处理。

为了确定 CTOD 的大小,拍摄试验峰后阶段,利用 CTOD、裂缝高度和预先画上的已知长度线段的关系进行分析处理,得到 CTOD 和裂缝高度的数据,见表 6.9。

表 6.9　E560 的 CTOD 与相应的裂缝高度

CTOD(E560)/mm	裂缝高度 h/mm	CTOD(E560)/mm	裂缝高度 h/mm
0.50	15	3.70	104
0.60	26	5.28	121
0.75	34	7.50	137
1.35	60	8.20	140
2.65	90		

参照文献[21],对表 6.9 的数据进行拟合,得到 CTOD 和 h 的自然对数关系曲线。

由于在梁开裂后,不再满足平截面假定,故抗弯强度不能通过经典材料力学公式得到,需要在另外的模型上进行计算。首先进行如下假定[21]:

①受压区的轴向应变与离开中性轴的距离成正比;②钢纤维混凝土构件受压时的应力-应变曲线如图 6.28 所示;③钢纤维混凝土构件上的拉应力由钢纤维提供,在裂缝高度上均匀分布。

假设①说明钢纤维混凝土梁开裂后,尽管开裂面会绕着裂缝尖端转动,不再满足平截面假定,但受压区仍满足平截面假定;假设②为依据受压区混凝土的应力-应变规律提出的一种非线性计算方法。试验表明,混凝土只有在压应力小于最大抗压强度的 30% 以下时,应力-应变关系才接近线弹性的特征,采用假设②给出的非线性应力-应变曲线,可以使分析更接近混凝土材料的真实力学性能;假设③简化了受拉区的拉应力分布形式,认为钢纤维混凝土开裂后,混凝土不再提供拉应力,拉应力由钢纤维提供,并且拉应力是沿裂缝高度均匀分布的。

基于上面三条假设,得到钢纤维混凝土开裂后开裂面上的应力分布状态,如图 6.28 和图 6.29 所示。

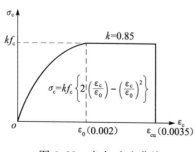

图 6.28　应力-应变曲线

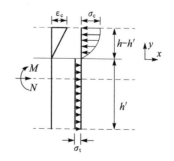

图 6.29　应力-应变分布

　　建立钢纤维混凝土开裂后截面上的轴力、弯矩平衡方程(其中弯矩是对截面中性轴取矩):

$$N = b\int_0^{h-h'} \sigma \mathrm{d}y - b\int_0^{h'} \sigma_t \mathrm{d}y \tag{6.17}$$

$$M = b\int_0^{h-h'} \sigma y \mathrm{d}y + b\int_0^{-h'} \sigma_t y \mathrm{d}y - Nb(0.5h - h') \tag{6.18}$$

式中,N 为轴力;M 为弯矩;σ 为受压区应力;σ_t 为受拉区应力;h' 为裂缝高度;b 为钢纤维混凝土梁的宽度;h 为钢纤维混凝土梁的高度。

　　当混凝土最大压应变 $\varepsilon_c \leqslant \varepsilon_0$ 时,受压区未屈服,根据假设②,式(6.16)和式(6.17)可写为

$$
\begin{aligned}
N &= b\int_0^{h-h'} \sigma \mathrm{d}y - b\int_0^{h'} \sigma_t \mathrm{d}y \\
&= kf_c b\frac{h-h'}{\varepsilon_c} \int_0^{\varepsilon_c}\left[2\left(\frac{\varepsilon}{\varepsilon_0}\right) - \left(\frac{\varepsilon}{\varepsilon_0}\right)^2\right]\left(\frac{\varepsilon}{\varepsilon_0}\right)(h-h')\mathrm{d}\varepsilon - b\int_0^{h'}\sigma_{tf}\mathrm{d}y \\
&= kf_c b(h-h')\left[\frac{\varepsilon_c}{\varepsilon_0} - \frac{1}{3}\left(\frac{\varepsilon_c}{\varepsilon_0}\right)^2\right] - \sigma_{tf}bh
\end{aligned}
$$

$$
\begin{aligned}
M &= b\int_0^{h-h'} \sigma y \mathrm{d}y + b\int_0^{-h'} \sigma_t y \mathrm{d}y - Nb(0.5h-h') \\
&= kf_c b\frac{h-h'}{\varepsilon_c}\int_0^{\varepsilon_c}\left[2\left(\frac{\varepsilon}{\varepsilon_0}\right) - \left(\frac{\varepsilon}{\varepsilon_0}\right)^2\right]\left(\frac{\varepsilon}{\varepsilon_0}\right)(h-h')\mathrm{d}\varepsilon + b\int_0^{h'}\sigma_{tf}y\mathrm{d}y - Nb(0.5h-h') \\
&= kf_c b(h-h')\left[\frac{2}{3}\left(\frac{\varepsilon_c}{\varepsilon_0}\right) - \frac{1}{4}\left(\frac{\varepsilon_c}{\varepsilon_0}\right)^2\right] + \frac{1}{2}\sigma_{tf}bh'^2 - Nb(0.5h-h') \tag{6.19}
\end{aligned}
$$

式中,f_c 为钢纤维混凝土的抗压强度;σ_{tf} 为开裂面上钢纤维混凝土的等效拉应力;ε_0 为钢纤维混凝土屈服压应变 0.002;ε_{cu} 为钢纤维混凝土极限应变 0.0035;ε_c 为钢纤维混凝土受压区最大压应变;$k=0.85$。

　　当混凝土最大压应变 $\varepsilon_0 < \varepsilon_c \leqslant \varepsilon_{cu}$ 时,受压区屈服,受压区的积分可由分段函数表示。

　　根据假设②,式(6.17)和式(6.18)可写成为

$$
\begin{aligned}
N &= b\int_0^{h-h'}\sigma\mathrm{d}y - b\int_0^{h'}\sigma_t\mathrm{d}y \\
&= kf_c b(h-h')\left[1 - \frac{1}{3}\left(\frac{\varepsilon_c}{\varepsilon_0}\right)\right] - \sigma_{tf}bh
\end{aligned}
$$

$$
\begin{aligned}
M &= b\int_0^{h-h'}\sigma y\mathrm{d}y + b\int_0^{-h'}\sigma_t y\mathrm{d}y - Nb(0.5h-h') \\
&= kf_c b(h-h')^2\left[\frac{1}{2} - \frac{1}{12}\left(\frac{\varepsilon_0}{\varepsilon_c}\right)^2\right] + \frac{1}{2}\sigma_{tf}bh'^2 - Nb(0.5h-h')
\end{aligned}
$$

　　假定 $B = \dfrac{\varepsilon_c}{\varepsilon_0}$,根据弯矩平衡可得

$$M = \frac{B}{12}bkf_c(h-h')\left[(B-2)h' + (8-3B)h\right] \tag{6.20}$$

根据轴力平衡，可得

$$N = bkf_c(h-h')(B-B^2/3) - \sigma_{tf}bh' \tag{6.21}$$

如果计算出 $B > 1$，则说明此时受压区屈服，则按下式计算：

$$M = \frac{1}{12B^2}bkf_c(h-h')\left[(1-2B)h' + (6B^2-4B+1)h\right] \tag{6.22}$$

$$N = bkf_c(h-h')\left(1-\frac{1}{3B}\right) - \sigma_{tf}bh' \tag{6.23}$$

对于 RPC 三点弯曲梁试验，弯矩 $M = \dfrac{PL}{4}$，轴力 $N = 0$。

利用 CTOD 和 h 的自然对数关系曲线 $y = 45.08\ln x + 46.24$，得到对应每个荷载时刻的 CTOD 和 h 值；利用 6.2 节的处理方法，得到峰后段相应的开裂后受拉区拉应力，于是就得到了完整的拉伸软化曲线，如图 6.30 所示。

$$g_f(x) = \int_0^{w_x} \sigma(w)\mathrm{d}w \tag{6.24}$$

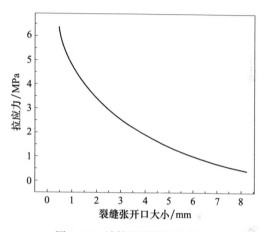

图 6.30　计算得到的软化曲线

按式（6.24）积分后，得到局部断裂能为 $16.55\mathrm{kJ/m^2}$，与 6.3.2 节中的计算值相差不大，和 200mm、400mm、560mm、740mm 长的试件分别相差 13.7％、0.2％、2.0％、15.5％，与 6.3.2 节的计算结果平均值 $17.89\mathrm{kJ/m^2}$ 相差 7.5％，可以认为根据软化曲线的计算结果和 6.3.2 节中的计算结果比较接近，即 RPC 梁的断裂能不存在尺寸效应现象。

6.4　断裂韧性的尺寸效应

采用作者提出的韧性指标 $FT_{2(n-1)}$ 来评定 RPC 梁的韧性，即采用基于 P-CMOD 曲线的计算方法，该指标能够反映出变形集中在断裂面上时钢纤维对阻滞 RPC 基体裂纹扩展而吸收能量的作用，同时能较好地反映出钢纤维对提高 RPC 初裂至峰值阶段以及峰后阶段韧性的贡献[14]。取素 RPC 峰值 CMOD 值 δ 作为 P-CMOD 曲线上的初始参考变形来计算 RPC 的韧性。定义如下：

（1）相同尺寸下，δ 对于 P-CMOD 下的面积定义为 E。

（2）相同尺寸下，对于含钢纤维 RPC，将 CMOD 变形 $n\delta$ 下 P-CMOD 面积与

E 之差定义为 ΔE,见第 5 章。

(3) 给定挠度变形量 $n\delta$ 的 RPC 韧性指标 $T(n)$ 为该 CMOD 变形下钢纤维 RPC 耗能能力 ΔE 和素 RPC 耗能能力 E 之比,即

$$FT_{2(n-1)} = \frac{\Delta E}{E} \tag{6.25}$$

在上面的定义中,n 为计算韧性时所取的素 RPC 峰值 CMOD 的倍数。容易看出,当 $n=1$ 时,$T(1)=0$,表明素 RPC 裂纹尖端起裂后其耗能能力等于零。类似地,可以得到对于理想弹塑性材料的公式:

$$FT_{2(n-1)} = 2n-1 \tag{6.26}$$

理论上,RPC 吸收的总变形能等于外力功(CMOD 曲线下面积)和梁自重做功 $W\delta$ 的总和,但由于试验梁尺寸较实际工程应用尺寸小、重量轻,自重做功仅占外载功的 0.2%~0.7%,故计算时未计入这部分功[6]。

图 6.31 为四种钢纤维含量下五种尺寸试件的 P-CMOD 曲线。表 6.10 为按上述定义计算得到的各参数值;图 6.32 绘出了相应参数值随试件尺寸的变化关系曲线。

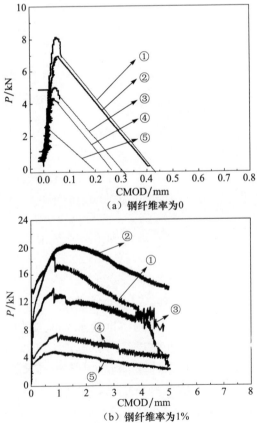

(a) 钢纤维率为0

(b) 钢纤维率为1%

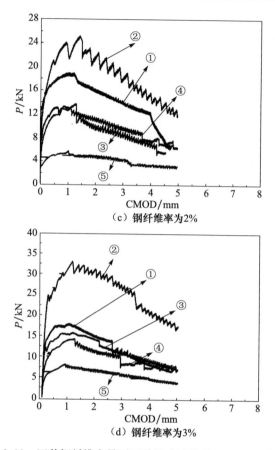

（c）钢纤维率为2%

（d）钢纤维率为3%

图 6.31　四种钢纤维含量下五种尺寸试件的 P-CMOD 曲线

①试件尺寸为 900mm×50mm×250mm；②试件尺寸为 740mm×50mm×250mm；

③试件尺寸 560mm×50mm×150mm；④试件尺寸为 400mm×50mm×100mm；

⑤试件尺寸为 200mm×50mm×50mm

表 6.10　不同尺寸下 RPC 的韧性

编号	素 RPC 峰值对应 CMOD/mm	20δ/mm	50δ/mm	80δ/mm	耗能力 E /(N·m)	FT_{20} /(N·m)	FT_{50} /(N·m)	FT_{80} /(N·m)
A200	0.022	0.446	1.115	1.784	0.045	0	0	0
A400	0.043	0.856	2.140	3.424	0.128	0	0	0
A560	0.049	0.975	2.438	3.900	0.157	0	0	0
A740	0.058	1.150	2.875	4.600	0.295	0	0	0
A900	0.058	1.168	2.920	4.672	0.310	0	0	0
B200	—	0.446	1.115	1.784	—	2.637	3.222	3.287
B400	—	0.856	2.140	3.424	—	4.620	5.208	4.964
B560	—	0.975	2.438	3.900	—	10.462	10.671	10.203
B740	—	1.150	2.875	4.600	—	15.192	16.983	16.345
B900	—	1.168	2.920	4.672	—	15.444	18.070	16.802
C200	—	0.446	1.115	1.784	—	3.047	3.787	3.860

续表

编号	素 RPC 峰值对应 CMOD/mm	20δ/mm	50δ/mm	80δ/mm	耗能力 E /(N·m)	FT_{20} /(N·m)	FT_{50} /(N·m)	FT_{80} /(N·m)
C400	—	0.856	2.140	3.424	—	9.446	10.246	9.758
C560	—	0.975	2.438	3.900	—	10.545	10.104	9.008
C700	—	1.150	2.875	4.600	—	18.578	19.669	17.799
C900	—	1.168	2.920	4.672	—	15.989	15.341	13.518
D200	—	0.446	1.115	1.784	—	4.439	5.665	5.849
D400	—	0.856	2.140	3.424	—	9.813	10.883	10.049
D560	—	0.975	2.438	3.900	—	12.595	13.019	11.601
D700	—	1.150	2.875	4.600	—	24.529	27.345	24.535
D900	—	1.168	2.920	4.672	—	14.999	14.089	11.932
理想弹塑性材料	—	—	—	—	—	38	98	158

注:以上数据为不同尺寸试件的平均值。

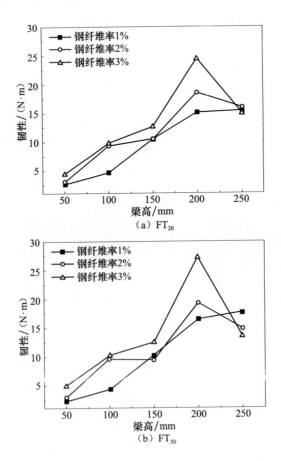

（a）FT_{20}

（b）FT_{50}

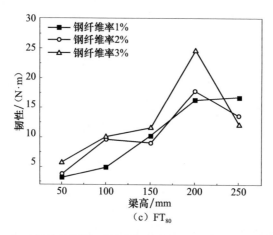

图 6.32　不同钢纤维率试件的韧性指数随试件尺寸的变化趋势

试验数据表明,钢纤维率为 1％时,随着试件尺寸的增大,RPC 的韧性指标 FT_{20}、FT_{50}、FT_{80} 都有提高。但各个尺寸间提高的幅度不同,试件尺寸从 400mm×50mm×100mm 到 560mm × 50mm × 150mm、从 560mm × 50mm × 150mm 到 740mm × 50mm×200mm 时三个韧性指标增幅较大,均超过 50％。试件尺寸从 200mm×50mm×50mm 到 400mm×50mm×100mm、从 740mm×50mm×200mm 到900mm×50mm×250mm 的韧性指标增幅不大,仅为 10％左右。

钢纤维率为 2％和 3％时,除 900 尺寸试件外,RPC 韧性指标整体趋势是随着试件尺寸的增大,FT_{20}、FT_{50}、FT_{80} 都有提高。且钢纤维率越大,试件的韧性指标越大。个别数据呈现不明显甚至相反的变化规律,综上所述,钢纤维率为 1％时,RPC 的各个韧性指标尺寸效应现象较明显,随着试件尺寸的变大,韧性指标变大。钢纤维率为 2％和 3％时,RPC 韧性指数存在一定的尺寸效应。

6.5　本章小结

本章通过不同缝高比、带预制切口 RPC 梁的三点弯曲断裂试验,研究了四种不同钢纤维率、五种不同尺寸 RPC 梁的弯曲断裂性能,获得弯曲荷载作用下的荷载-挠度曲线、初裂荷载、峰值荷载、裂纹口张开位移 CMOD 等参数,分析了不同钢纤维率 RPC 弯曲初裂强度、弯曲极限强度、断裂能、延性指数、弯曲断裂韧性等指标随试件尺寸变化的规律。采用数字散斑技术观测了不同尺寸和钢纤维率 RPC 试件预制裂纹尖端 FPZ 的演化,测定了 FPZ 长度等参数。利用不同缝高比的梁试验结果,基于局部断裂能的双线性模型计算 RPC 真实断裂能。主要得到以下结论:

(1) 素 RPC 三点弯曲梁初裂强度、弯曲极限强度均具有比较明显的尺寸效应现象。对钢纤维 RPC 来讲,尺寸效应不明显,当钢纤维率比较低,如 1%、1.5%、2%时,弯曲断裂强度尺寸效应存在;钢纤维率达 3%时,强度随着试件尺寸的增长呈现为波动趋势,已经不能观察到尺寸效应。钢纤维的存在削弱了弯曲断裂强度的尺寸效应,钢纤维含量越高尺寸效应越不显著。

(2) 采用 RILEM 标准方法计算断裂能,表明 RPC 存在一定的尺寸效应,延性指数的尺寸效应明显。利用第 5 章提出的韧性指标 $FT_{2(n-1)}$,通过 P-CMOD 曲线计算 RPC 三点弯曲梁的韧性,结果显示,弯曲断裂韧性存在较明显的尺寸效应现象。

(3) 采用数字散斑技术观测不同尺寸、不同钢纤维率 RPC 试件预制裂纹尖端 FPZ 的演化,测定了 FPZ 长度等参数,应用 Bažant 尺寸律定量分析 RPC 弯曲断裂强度的尺寸效应,验证 RPC 三点弯曲梁的破坏过程中确实存在 FPZ 的发展,其抗折强度的尺寸效应遵循基于能量释放得到的尺寸效应律。数据表明,RPC 梁抗折强度存在尺寸效应现象,但是钢纤维的存在削弱了强度尺寸效应的变化幅度。

(4) 通过不同缝高比和不同尺寸 RPC 三点弯曲试验,结合局部断裂能的双线性模型计算真实断裂能。结果表明,RPC 断裂能作为材料参数并不存在尺寸效应。同时,采用对弯曲荷载、CMOD 值进行处理的间接方法得到 RPC 的拉伸软化曲线,积分后得到的局部断裂能比较接近,说明断裂能不存在尺寸效应。

参 考 文 献

[1] Bažant Z P, Planas J. Fracture and Size Effect in Concrete and Other Quasibrittle Materials [M]. Florida: CRC Press, 1997.

[2] 黄煜镔,钱觉时. 高强及超高强混凝土的脆性与强度尺寸效应[J]. 工业建筑,2005,35(1):15-17.

[3] 安明喆,张立军. RPC 材料的抗折强度尺寸效应研究[J]. 中国矿业大学学报,2007,36(1):38-41.

[4] Karihaloo B L, Abdalla H M, Xiao Q Z. Size effect in concrete beams[J]. Engineering Fracture Mechanics, 2003, 70(7):979-993.

[5] 冯磊. RPC 弯曲断裂尺寸效应的试验研究[D]. 北京:中国矿业大学(北京),2010.

[6] 叶光莉. RPC200 弯曲断裂性能的尺寸效应研究[D]. 北京:中国矿业大学(北京),2009.

[7] Zech B, Wittmann F H. Part II: Probabilistic approach to describe the behaviour of materials [J]. Nuclear Engineering and Design, 1978, 48(2-3):575-584.

[8] Wittmann F H, Mihashi H, Nomura N. Size effect on fracture energy of concrete[J]. Engineering Fracture Mechanics, 1990, 35(1-3):107-115.

[9] Bažant Z P, Ozbolt J. Nonlocal microplane model for fracture, damage, and size effect in structures[J]. Journal of Engineering Mechanics, 1990, 116(11):2485-2505.

[10]　Xu S,Reinhardt H W. A simplified method for determining double-K fracture parameters for three-point bending tests[J]. International Journal of Fracture,2000,104(2):181-209.

[11]　徐世烺. 混凝土双 K 断裂参数计算理论及规范化测试方法[J]. 三峡大学学报(自然科学版),2002,24(1):1-8.

[12]　邵若莉. 混凝土断裂能和双 K 断裂参数的试验研究[D]. 大连:大连理工大学,2005.

[13]　徐世烺,赵国藩,刘毅,等. 三点弯曲梁法研究混凝土断裂能及其试件尺寸影响[J]. 大连理工大学学报,1991,1:79-86.

[14]　鞠杨,刘红彬,陈健,等. 超高强度活性粉末混凝土的韧性与表征方法[J]. 中国科学(E 辑:技术科学),2009,39(4):793-808.

[15]　郭艳华. 钢纤维混凝土增韧性能研究及韧性特征在地下结构计算中的应用[D]. 成都:西南交通大学,2008.

[16]　王怀文. 自适应数字散斑相关方法与铜箔材料断裂中的尺寸效应研究研究[D]. 天津:天津大学,2004.

[17]　蒲琪,张怀清,代祥俊,等. 数字散斑相关方法测量混凝土裂缝尖端演化过程[J]. 徐州建筑职业技术学院学报,2009,9(3):11-14.

[18]　Hillerborg A,Modéer M,Petersson P E. Analysis of crack formation and crack growth in concrete by means of fracture mechanics and finite elements[J]. Cement and Concrete Research,1976,6(6):773-781.

[19]　鞠杨,贾玉丹,刘红彬,等. 活性粉末混凝土钢纤维增强增韧的细观机理[J]. 中国科学(E 辑:技术科学),2007,37(11):1403-1416.

[20]　郭晓辉,李珠,孙珏. 三点弯曲法确定混凝土的双线性拉伸软化本构方程[J]. 力学与实践,1995,17(4):22-24.

[21]　郭艳华,李志业,陈梁. 钢纤维混凝土带裂状态下抗弯承载力的计算方法[J]. 材料科学与工程学报,2007,25(4):519-523.

第7章 RPC 的动态力学性能

本书第 1 章介绍了国内外学者开展的关于 RPC 动态力学性能研究的成果,这些研究为理解高应变率条件下 RPC 动态力学性能及破坏机制提供了重要参考。但从现有成果来看,在动态力学性能的试验和理论研究方面,对高应变率荷载,尤其是冲击或爆炸产生的应变率为 $10^0 \sim 10^4 \, \mathrm{s}^{-1}$ 的动荷载作用下 RPC 强度、变形、应力-应变响应及其与静载力学性能的差别以及产生这种差别的内在机理缺乏深入研究和理解,因而难以准确地开展高应变率荷载作用下 RPC 结构的安全设计与可靠性分析,这极大地制约了 RPC 在相关工程领域的推广应用。

值得注意的是,由于研究目的、原材料和测试方法的差别以及试验方面的困难,高应变率下 RPC 动态力学性能的研究存在一些明显不足,例如:①试验不够充分,缺乏对各种影响因素及影响规律的系统研究,特别是应变率对材料动态应力-应变响应规律的影响;②试验数据分散,各研究结果之间差异很大,难以形成有规律性的共识;③缺乏对 RPC 动态响应规律及内在物理力学机理的深入分析,计算模型复杂且经验性和局限性较强,工程应用不便。因此,目前的研究与掌握并科学地描述高应变率下 RPC 的动态力学性能及内在机理、满足工程应用的需要仍有相当长的距离。

为此,通过五种钢纤维率 RPC 圆柱体试件的分离式霍普金森压杆冲击压缩试验,重点研究 $10 \times 10^0 \sim 1.1 \times 10^2 \, \mathrm{s}^{-1}$ 应变率时不同冲击速率和钢纤维率下 RPC 的应力波传播特征、破坏模式、强度及耗能能力的变化规律。探讨应变率和钢纤维率对 RPC 动态应力-应变响应及耗能能力的影响,构建考虑应变率和钢纤维率影响的 RPC 动态本构关系模型。

7.1 SHPB 装置及测试技术

SHPB 测试技术最早是由 Hopkinson[1] 于 1914 首先提出的,但仅用来测量冲击荷载下的脉冲波形,后经 Kolsky[2] 的改进,可以测量材料的冲击荷载作用下的应力-应变关系,后来又逐步发展了 SHPB 拉杆、SHPB 扭杆测试技术。经过半个世纪的发展,SHPB 技术已广泛用于测试材料在高应变率条件下的本构响应。

图 7.1 为标准 SHPB 试验装置,试件被夹在入射杆和透射杆之间。

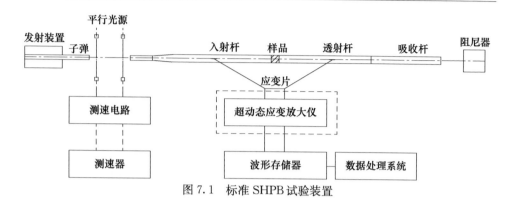

图 7.1　标准 SHPB 试验装置

　　试验时,子弹在高压气腔中以一定速度被推出,撞击入射杆,样品受压变形,通过入射杆记录的入、反射波形和透射杆记录的透射波形间接计算出材料动态压缩条件下的应力-应变关系和瞬时应变率。

　　SHPB 装置主要由加载驱动装置、压杆测试装置、数据采集装置和数据处理系统组成。其中各部分功能具体介绍如下[3]:

　　(1) 加载驱动装置由高压气瓶和气压控制系统组成,如图 7.2 和图 7.3 所示,该装置主要通过调节释放气压值来改变子弹的冲击速度,从而获取不同幅值的应力脉冲。为了获得指定范围的应变率,往往需要不断调节设定气压,并标定得到设定气压、子弹速度与应变率的对应关系,这样在试验时就可以根据对应关系直接设定所需应变率对应的气压,大大提高试验的效率,也可以减少样品的损失。

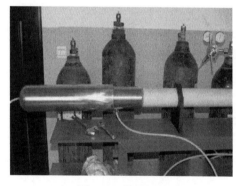

　　　图 7.2　高压气瓶　　　　　　　　　　图 7.3　气压控制系统

　　(2) 压杆测试装置主要由子弹、入射杆、透射杆、缓冲杆和阻尼缓冲器组成,如图 7.4 和图 7.5 所示。子弹的形状和长度直接决定应力脉冲的形状和宽度,试验中可以使用不同形状和长度的子弹来获取不同形状和加载宽度的应力波形;入射杆和透射杆主要用于传递入射和透射应力波,入射杆的长度应远大于子弹长度的两倍,这样才可以保证获得完整的入射波形和反射波形,透射杆的长度应保证其端面反射回来的卸载波不会干扰透射信号的测量;缓冲杆主要用于吸收透射杆的动能,防止透射杆端面反射回来的卸载波干扰,削弱和延缓二次加载波的干扰;缓冲器主要用于吸收缓冲杆的能量,并最终通过外在阻碍或滑道上的摩擦来将能量耗散掉,如果缓冲器不能有效消耗冲击能量,则会造成杆件脱离轨道飞出或跌落,进而约束冲击速度,限制了材料的冲击应变率的进一步提高。压杆通常为钢材或铝材,钢材主要用于测量硬质材料的动态压缩性能,铝材主要用于测量软质材料的动态压缩性能。压杆系统还有大尺寸和小尺寸之分,小尺寸的压杆系统($\phi14.7$mm等)主要用于测量均质材料,如金属类材料;大尺寸的压杆系统($\phi74$mm,$\phi100$mm等)主要用于测量脆性、非均质材料,如岩石、混凝土材料等。除上述组成之外,为了提高试验准确性,还会为压杆系统架设整形器和万向头,这在后面试验技术中将会详细介绍。

图 7.4　压杆测试装置　　　　　　　图 7.5　阻尼缓冲器

　　(3) 数据采集装置主要有测速器、示波器、超动态应变放大器和动态测试分析仪,如图 7.6～图 7.9 所示。测速器用于测量子弹的出膛速度,测速器给出的速度比给出应变率来表征冲击状态更直观,试验中往往依据测速器测量的子弹速度以及入射波的峰值和形状是否一致来决定一组试验是否具有相同的加载条件和结果的可比性;示波器用于记录电阻应变片变化时对电压的影响,并将入射杆和透射杆上应变片电压随时间的变化情况完整地显示出来。超动态应变放大器主要用于放大应变片记录后传出的应变信号,由于钢杆的弹性变形很小,必须使用信号放大器保证有用信号与杂波信号能够有效区分。放大倍数的设定与试验环境有关,如果环境内杂波信号或偶然杂波信号较大,则放大倍数需要相对提高;动态测试分析仪主要用于记录放大后的电压信号并显示出来,在信号记录前需要进行参数设定,如采集频率、采集长度和触发电平等,只有设定合适的参数,才能采集并完美显示试验需要的完整波形。

　　与标准 SHPB 唯一不同的是,本试验装置的入射杆为变截面杆。这是为了在研究大尺寸试件时降低设备成本(减小腔膛内径)以提高加载速度而采取的措施,测试过程与标准 SHPB 试验没有本质区别。

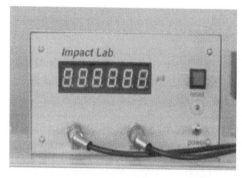

图 7.6 测速器

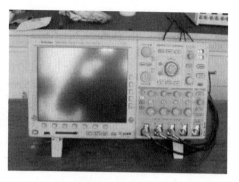

图 7.7 示波器

图 7.8 超动态应变放大器

图 7.9 动态测试分析仪

7.2 SHPB 试验的基本原理

SHPB 试验是建立在两个基本假定基础上的:①杆的一维应力波假定;②应力-应变沿短试件长度均匀分布。

7.2.1 弹性杆中一维应力波的传播

SHPB 试验方法的基本核心是弹性杆一维应力波的传播理论。首先推导弹性杆中一维应力波的基本公式,并分析两弹性杆相互撞击的过程,从理论上阐明 SHPB 试验方法的实质[4]。

图 7.10 给出了杆中微元在一维应力下的变形示意图,微元两端受一维轴向压力荷载 P 的作用,假定杆在加载过程中横截面仍保持为平面,并忽略横向惯性效应。那么根据运动方程,可以得到微元的受力和变形之间的关系:

$$-\frac{\partial P}{\partial x}\Delta x = \rho A \Delta x \frac{\partial^2 \boldsymbol{u}}{\partial t^2} \tag{7.1}$$

式中,A 为杆的横截面积;ρ 为杆的密度;$\boldsymbol{u}$ 为微元在 x 处的位移。

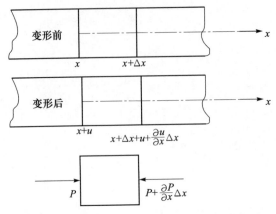

图 7.10　杆中微元在一维应力下的变形示意图

根据应力、应变的定义及胡克定律,可以得到微元内质点轴向应力、应变的表达式及它们之间的关系:

$$\sigma = \frac{P}{A} \tag{7.2}$$

$$\varepsilon = -\frac{\partial \boldsymbol{u}}{\partial x} \tag{7.3}$$

$$\sigma = E\varepsilon \tag{7.4}$$

式中,σ 和 ε 分别为微元内质点的轴向应力和应变;E 为杆的弹性模量。

规定应力、应变以压为正,将式(7.2)～式(7.4)代入式(7.1)中,可得

$$\rho \frac{\partial^2 \boldsymbol{u}}{\partial t^2} = E \frac{\partial^2 \boldsymbol{u}}{\partial x^2} \tag{7.5}$$

定义弹性杆中的一维应力波速度 $c_0 = \sqrt{\dfrac{E}{\rho}}$,即得到经典的波动方程:

$$\frac{\partial^2 \boldsymbol{u}}{\partial t^2} = c_0^2 \frac{\partial^2 \boldsymbol{u}}{\partial x^2} \tag{7.6}$$

式(7.6)一般有通解:

$$u(x,t) = f(c_0 t + x) + F(c_0 t - x) \tag{7.7}$$

式中,f 和 F 分别表示左行波和右行波函数,两者相互独立。

为了简化,只考虑右行的压缩波,于是式(7.7)可以化简为

$$\boldsymbol{u}(x,t) = F(c_0 t - x) \tag{7.8}$$

将式(7.8)关于 x 求偏导数:

$$\frac{\partial \boldsymbol{u}}{\partial x} = -F'(c_0 t - x) \tag{7.9}$$

同理,将式(7.8)关于 t 求偏导数:

$$\frac{\partial \boldsymbol{u}}{\partial t} = c_0 F'(c_0 t - x) \tag{7.10}$$

综合式(7.3)、式(7.4)、式(7.9)和式(7.10),最终可以得到微元内质点的轴向应力和质点速度的关系:

$$\sigma = \rho c_0 \frac{\partial \boldsymbol{u}}{\partial t} = \rho c_0 v \tag{7.11}$$

式中,c_0 是杆中一维应力波的传播速度;v 是杆中质点沿 x 方向的速度。

以上根据波动力学的基本理论推导出了杆中质点的轴向应力和质点沿 x 轴方向速度之间的线性关系,该关系是整个应力波理论的基础。

7.2.2　两弹性杆的相互撞击

两弹性杆的相互撞击过程是传统 SHPB 试验技术理论的基本模型[5]。

图 7.11 为子弹以速度 V_0 从左向右撞击静止的入射杆。子弹的长度为 L,子弹和入射杆的弹性模量、横截面积、密度及其中的波速分别为 E_{st}、A_{st}、P_{st}、c_{st}、E_i、A_i、P_i、c_i。

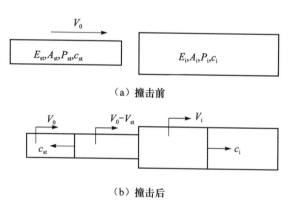

（a）撞击前

（b）撞击后

图 7.11　两弹性杆的相互撞击

撞击前,子弹中的质点速度等于撞击速度,即 $V = V_0$。撞击后,将产生两个压缩波分别传入子弹和入射杆中。设撞击后界面速度为 V_{st},根据界面处的连续性条件,界面处子弹内的质点速度与入射杆内的质点速度相等,即

$$V_0 - V_{st} = V_i \tag{7.12}$$

根据牛顿第三定律,界面处两表面上得受力相等,即

$$\sigma_{st} A_{st} = \sigma_i A_i \tag{7.13}$$

将式(7.11)代入式(7.13)得

$$\rho_{st} c_{st} V_{st} A_{st} = \rho_i c_i V_i A_i \tag{7.14}$$

联立式(7.12)和式(7.13),分别解出子弹和入射杆内质点速度:

$$V_i = \frac{\rho_{st} c_{st} V_0 A_{st}}{\rho_{st} c_{st} A_{st} + \rho_i c_i A_i} \tag{7.15}$$

$$V_{st} = \frac{\rho_i c_i V_0 A_i}{\rho_{st} c_{st} A_{st} + \rho_i c_i A_i} \tag{7.16}$$

相应地,子弹与入射杆内质点的轴向应力分别为

$$\sigma_{st} = \rho_{st} c_{st} \frac{\rho_i c_i V_0 A_i}{\rho_{st} c_{st} A_{st} + \rho_i c_i A_i} \tag{7.17}$$

$$\sigma_i = \rho_i c_i \frac{\rho_{st} c_{st} V_0 A_{st}}{\rho_{st} c_{st} A_{st} + \rho_i c_i A_i} \tag{7.18}$$

如果子弹与入射杆为相同的材料,并且具有相同的横截面积,即

$$\rho_{st} c_{st} A_{st} = \rho_i c_i A_i = \rho c_0 A \tag{7.19}$$

则式(7.15)~式(7.18)进一步简化为

$$V_{st} = V_i = \frac{1}{2} V_0 \tag{7.20}$$

$$\sigma_{st} = \sigma_i = \frac{1}{2} \rho c_0 V_0 \tag{7.21}$$

可见,此时入射杆中产生的右行应力脉冲的幅值与撞击速度的大小成正比。下面分析这一右行应力脉冲持续时间,图 7.12 给出了杆中应力波传播的示意图。

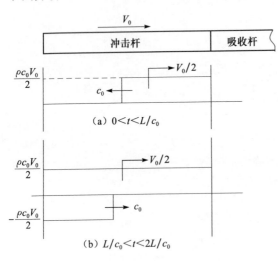

(a) $0<t<L/c_0$

(b) $L/c_0<t<2L/c_0$

图 7.12　子弹中应力波传播示意图

当 $0<t<L/c_0$ 时,子弹中有一左行应力波。当 $t=L/c_0$ 时,这一左行应力波到达子弹的左端面,此时整个子弹以 $V_0/2$ 的速度向右运动。同时,由于子弹自由端面不能承受应力,将产生一个右行的卸载波。当 $L/c_0<t<2L/c_0$ 时,子弹中左行的应力波与右行的卸载波产生叠加。当 $t=2L/c_0$ 时,整个子弹内质点的应力和速度都卸载为 0。此时,子弹与入射杆分离。当两杆波阻抗相同时,入射杆中右行脉冲持续的时间等于波在子弹内来回一次的时间:

$$\tau = \frac{2L}{c_0} \tag{7.22}$$

根据式(7.22)可以得到如下结论:对于波阻抗相同的两杆,撞击后将产生一波

速为 C_0 的右行方波,波的幅值由撞击速度的大小控制,子弹的长度决定杆内应力波的持续时间。

7.2.3　一维应力波理论在 Hopkinson 杆中的应用

Hopkinson 杆试验技术建立在一维弹性应力波理论基础之上。由一维弹性应力波理论即可导出分离式 Hopkinson 拉伸或压缩杆测量动态应力-应变关系的基本方程。设试件与入射杆连接的端面为 1,试件与输出杆连接的端面为 2,如图 7.13 所示。

试验中子弹以一定的速度沿轴向撞击入射杆,引起压缩应力波在杆中传播。假定入射杆和输出杆只发生弹性变形,杆中应力波做一维传播。当应力波到达试样时,一部分波反射回入射杆中,一部分波作用于试样,之后穿过试样进入入射杆中。氮气瓶提供的高压气体在弹膛迅速膨胀,推动子

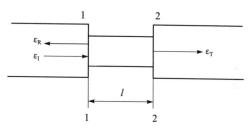

图 7.13　子弹中应力波传播示意图[4]

弹加速运动并以一定的速度撞击入射杆,在入射杆中产生右传的入射波 ε_I;当入射波传至 1—1 界面时,一部分反射回入射杆,产生反射波 ε_R,另一部分通过试件传给透射杆,产生透射波 ε_T。SHPB 试验技术是建立在两个基本假定基础上的:一个是一维假定,另一个是均匀假定。对于延续时间为 τ 的矩形波,当 $r_s/(\tau C_0)<0.1$(C_0 为常规等径冲击的 SHPB 杆的弹性波波速)时,杆的横向振动效应除波头外,可做高阶小量忽略不计。在两界面上的位移分别为 U_1 和 U_2,则有

$$U_1 = \int_0^t C_1(\varepsilon_I - \varepsilon_R)\mathrm{d}t \tag{7.23}$$

$$U_2 = \int_0^t C_2\varepsilon_T\mathrm{d}t \tag{7.24}$$

式中,C_1 和 C_2 分别为入射杆和输出杆的弹性波波速;ε_I、ε_R 和 ε_T 分别为作用在试件上的入射波、反射波和透射波的应变值。

设试件原始长度和横截面积分别为 l_s 和 A_s,则试件中的平均应变为

$$\varepsilon_s = \frac{U_1 - U_2}{l_s} = \frac{1}{l_s}\left[C_1\int_0^t (\varepsilon_I - \varepsilon_R)\mathrm{d}t - C_2\int_0^t \varepsilon_T\mathrm{d}t\right] \tag{7.25}$$

对式(7.25)求导得试件的平均应变率为

$$\dot{\varepsilon}_s = \frac{1}{l_s}\left[C_1(\varepsilon_I - \varepsilon_R) - C_2\varepsilon_T\right] \tag{7.26}$$

设试件端面 1 和端面 2 受力分别为 p_1 和 p_2,则有

$$p_1 = E_1 A_1(\varepsilon_I + \varepsilon_R) \tag{7.27}$$

$$p_2 = E_2 A_2 \varepsilon_{\mathrm{T}} \tag{7.28}$$

式中，A_1 和 A_2 分别为入射杆和输出杆的截面积，试件中的平均应力为

$$\sigma_{\mathrm{s}} = \frac{p_1 + p_2}{2A_{\mathrm{s}}} = \frac{1}{2A_{\mathrm{s}}} \left[E_1 A_1 (\varepsilon_{\mathrm{I}} + \varepsilon_{\mathrm{R}}) + E_2 A_2 \varepsilon_{\mathrm{T}} \right] \tag{7.29}$$

根据试件中应力应变均匀化假定，有 $p_1 = p_2$，即 $E_1 A_1 (\varepsilon_{\mathrm{I}} + \varepsilon_{\mathrm{R}}) = E_2 A_2 \varepsilon_{\mathrm{T}}$，可得

$$\varepsilon_{\mathrm{I}} = \frac{E_2 A_2}{E_1 A_1} \varepsilon_{\mathrm{T}} - \varepsilon_{\mathrm{R}} \tag{7.30}$$

将式(7.30)代入式(7.25)、式(7.26)和式(7.29)得

$$\varepsilon_{\mathrm{s}} = \frac{1}{l_{\mathrm{s}}} \left[C_1 \int_0^t \left(\frac{E_2 A_2}{E_1 A_1} \varepsilon_{\mathrm{T}} - 2\varepsilon_{\mathrm{R}} \right) \mathrm{d}t - C_2 \int_0^t \varepsilon_{\mathrm{T}} \mathrm{d}t \right] \tag{7.31}$$

$$\sigma_{\mathrm{s}} = \frac{A_2}{A_1} E_2 \varepsilon_{\mathrm{T}} \tag{7.32}$$

$$\dot{\varepsilon}_{\mathrm{s}} = \frac{1}{l_{\mathrm{s}}} \left[C_1 \left(\frac{E_2 A_2}{E_1 A_1} \varepsilon_{\mathrm{T}} - 2\varepsilon_{\mathrm{R}} \right) - C_2 \varepsilon_{\mathrm{T}} \right] \tag{7.33}$$

式中，试件受压时取正号，受拉时取负号。

如果入射杆和输出杆的材料相同，式(7.31)~式(7.33)简化为

$$\varepsilon_{\mathrm{s}} = \frac{C_0}{l_{\mathrm{s}}} \left[\int_0^t \left(\frac{A_2}{A_1} \varepsilon_{\mathrm{T}} - 2\varepsilon_{\mathrm{R}} \right) \mathrm{d}t - \int_0^t \varepsilon_{\mathrm{T}} \mathrm{d}t \right] \tag{7.34}$$

$$\sigma_{\mathrm{s}} = \frac{A_2}{A_1} E_0 \varepsilon_{\mathrm{T}} \tag{7.35}$$

$$\dot{\varepsilon}_{\mathrm{s}} = \frac{C_0}{l_{\mathrm{s}}} \left(\frac{A_2 - A_1}{A_1} \varepsilon_{\mathrm{T}} - 2\varepsilon_{\mathrm{R}} \right) \tag{7.36}$$

式中，C_0 为弹性波速；E_0 为弹性模量。

如果入射杆和输出杆的材料相同，横截面积也相同，则式(7.34)~式(7.36)又可简化为

$$\dot{\varepsilon}_{\mathrm{s}} = -\frac{2C_0}{l_{\mathrm{s}}} \varepsilon_{\mathrm{R}} \tag{7.37}$$

$$\varepsilon_{\mathrm{s}} = -\frac{2C_0}{l_{\mathrm{s}}} \int_0^t \varepsilon_{\mathrm{R}} \mathrm{d}t' \tag{7.38}$$

$$\sigma_{\mathrm{s}} = \frac{A_0}{A_{\mathrm{s}}} E_0 \varepsilon_{\mathrm{T}} \tag{7.39}$$

由此可见，透射波能够反映试件中的平均应力变化情况，反射波决定了试件的应变变化。

7.2.4　SHPB 试验中的几个重要问题

由于假定条件在 SHPB 试验中常常难以得到满足，人们对试验的有效性和可靠性不断提出质疑，主要有以下几个方面。

1. 弥散效应

SHPB 试验结果分析是建立在一维应力波理论基础之上的,任意一个应力脉冲都是以 C_0 的速度在压杆中无畸变传播的,但这假设忽略了杆中质点的横向惯性运动,即忽略了杆的横向收缩或膨胀对动能的贡献,因此是一个近似的假定[6]。而实际情况是应力波在杆中的传播是二维轴对称问题,必然在传播过程中产生弥散,这将引起两方面的问题:

(1) 弥散效应将使入射脉冲产生高频振荡,称为 P-C(Pochhammer-Chree)振荡。Pochhammer 和 Chree 给出波在弹性杆中传播的解析解[6,7]:

$$C_p \approx C_0 \left[1 - \pi^2 \nu^2 \left(\frac{r}{\lambda} \right)^2 \right] \tag{7.40}$$

式中,ν 和 r 分别为弹性杆的泊松比和半径;λ 为组成应力脉冲某个谐波的波长。

式(7.40)表明,组成应力脉冲的各谐波是以各自的波速(相速)C_0 传播的,频率高、波长短的波传播得慢,频率低、波长长的波传播得快,因此,任一应力脉冲在杆中传播将发生弥散,随着传播距离的增加,波列变宽、波幅变矮,这就是由杆中质点横向惯性运动引起的弥散效应。

(2) 正因为这种波形振荡的真实存在,试验过程中试件受到的荷载也是波动的。如果振荡比较严重,将会影响试件内应力应变的均匀性,影响试验的精度和可靠性。特别是对于脆性材料,变形小,破坏时间短,这样试件受到的作用荷载主要在脉冲振荡段,这样得到的试验结果将会严重失真,甚至完全错误。为了减少弥散效应对试验的影响,通常要求杆径足够小,满足 $r/\lambda < 0.1$,这样可以将二维效应降低到最低程度。

波的弥散还可以通过改进试验技术而得到实质性的消除,由于弥散所引起的 P-C 振荡显著地依赖于子弹撞击入射杆所产生脉冲的上升时间,延长脉冲的上升时间有助于减少传播过程的弥散效应,同时也可以减少试件的惯性效应。这样处理事实上是设法对入射波形进行物理光滑,消除入射波中频率过高的谐波成分以达到光滑波形的目的。SHPB 试验中的波形光滑技术最早是由 Christensen 等[8]提出的变截面子弹加载方法;Frantz 等[9]采用 tip 材料,即在子弹和入射杆之间加入金属片来延长入射脉冲的上升时间使信号变得较为平滑,这也是目前使用较多的脉冲整形技术的雏形,上述方法都可以大大减小脉冲信号传播过程的畸变。

2. 二维效应

SHPB 是作为一种一维应力测试装置来使用的,这是一种很好的近似,但在真实测试时,这种近似则可能因为各种因素的影响不再成立或带来大的误差。和准静态测试不同,高应变率测试的目的是了解应变率对材料特性的影响,这种影响本身有时就不明显,所以更容易受到外界因素的干扰而导致错误的结论[6]。SHPB测试中样品内的二维效应主要有三个部分:高速变形带来的横向惯性效应;试件一杆作用面摩擦对一维应力状态的破坏;试件一杆端面相互间非平面作用带来的二维效应。先对横向惯性效应进行说明。高速纵向变形下的试件,在横向也会有相当的速度或动能,从能量的角度,这部分动能必须由纵向的外力来提供,这就导致一维分析的结果与真实的情况出现偏差,具体而言就是,试验所得应力大于实际(用于产生纵向变形)的应力。Kolsky[10]发明SHPB时就注意到这个问题并分析了它可能的影响,结论是可以忽略,后来Davies和Hunter的分析结论也是一致的。Davies等[11]还得到一个比较有影响的试件设计准则[式(7.41)],在采用经典的二波法处理数据时,这种设计可以使横向惯性与纵向惯性的影响相互抵消。

$$l_s = \frac{\sqrt{3}}{2} r_s \tag{7.41}$$

式中,l_s为试件长度;r_s为试件半径。

　　Gorham等[12]对横向惯性效应影响这一问题进行了进一步研究,认为Davies提出的试件最佳长径比事实上并不存在,减少横向惯性效应的影响只有靠减少试件的横向尺寸来实现。总体来说,现有结果均认同:在恰当选择试件横向尺寸的前提下,横向惯性效应对测试结果的影响还是可以忽略的。对于端面摩擦效应,有关研究者认为,试件一杆端面间的摩擦力是最有可能破坏试件的一维应力状态、应力应变均匀性及造成测试数据不可靠的因素。从一般性的研究结果看,端面间不同的润滑条件对测试结果的影响的确相当大,然而在实际应用中,由于润滑剂的普遍使用,端面摩擦影响未必非常严重。由于求摩擦力影响的解析解很困难,目前只能用数值计算的方法求解或应用能量守恒原理来估计,进而可以在测试结果中扣除它的影响量。Malinowski等[13]曾给出过一个简便的计算式:

$$\sigma = \sigma_0 \left(1 - \frac{2\mu r}{3l}\right) \tag{7.42}$$

式中,σ_0为实测的试件应力。

　　当$2\mu r/3l \ll 1$时,摩擦效应可忽略不计。在SHPB试验中,试件的长径比$l/r \approx 1$,界面处又给予充分的润滑($\mu = 0.02 \sim 0.06$),因此摩擦效应通常不予考虑。

　　试件中二维效应的第三项就是非平面加载,关于SHPB的一维假定决定了它对试件的作用应该是平面加载,但在实际加载试验过程中,很难保证理想平面加载,这对于陶瓷、混凝土等一些脆性材料影响尤其显著。然而,到目前为止,对这个问题关注的重点,更多是放在利用测点应变重构端应力的可靠性问题上,即所谓动态圣维南原理是否成立及成立条件。关于非平面加载,Nemat-Nasser等[14]在测试陶瓷材料的动态力学性能时曾经有过简要的描述。直观上看,由于凹陷带来的应力集中对一般SHPB测试的影响以及由凹陷带来的对试件横向约束的影响似乎仍有必要给予更充分的分析评估。

除了缺陷造成的杆与试件的非平面接触,由于杆端和试件平面度或平直度不好,以及安放试件时试验系统的准直度不好,因此试件与杆为点、面或部分面接触,像混凝土这种破坏应变只有千分之几的脆性材料,只要存在非平面接触,使试件受力不均匀,就可能导致试验结果差异很大,出现明显的数据离散,甚至使试验无效。由于大尺寸试件在制备、加工上增加了满足试验在平面度及平直度精度要求的难度,另外,大杆移动困难也使得系统准直度调试难度增大,如果不采取有效措施消除,必然会造成试验中杆与试件不可避免地出现非平面接触,使得试件受力不均。为了消除接触不平对试验结果的影响,试验中可以考虑采用万向头。采用万向头技术后,杆沿轴向记录的应变信号均匀性明显得到提高,原因是万向头的微调功能保证了加载过程中杆与试件的平面接触。

3. 均匀假定的有效性

从 SHPB 试验数据处理公式的推导中可以看出,试验过程中试件内部应力应变均匀性能否(或近似)满足,是 SHPB 试验是否有效的关键条件。近 20 年来,对各式各样的工程材料高应变率下的力学性能测试相继展开。其中,脆性材料如陶瓷、岩石和混凝土等和软材料如橡胶和泡沫塑料等,在测试过程中应力不均匀性表现得比较明显,均匀假定的有效性受到极大的关注。对于这些材料,测试时的均匀性存在两类情况:

(1) 对于脆性材料,虽然应力波传播速度较快,但试件被加载至破坏、测试终止时间非常短,应力波在试件中往往还未完全实现均匀化,试验已经结束,因此造成应力不均匀性。

(2) 对于软材料,虽然加载变形历史较长,但有机软材料的应力波传播速度往往较金属材料小一个数量级,在应力波从试件左端面传到右端面过程中,往往试件左端面已有很大变形量,而应力波还未传到右端面,从而造成动态加载过程中试件不同截面变形的不均匀性。

涉及均匀性假定有效性的理论分析或数值计算研究已有许多文献可供参考,Davis 等采用能量方法对试件中惯性效应的分析是早期对应力均匀性问题较为系统的研究,这也是霍普金森压杆技术基础的经典著作之一[11]。Jahsman[15] 利用一维波理论分析了几种简化的压杆试验波传播作用过程,得到在适当选择试件几何尺寸及加载波形的情况下,均匀性假定是有效的。周风华等[16] 利用一维特征线数值方法分析了高聚物冲击压缩试验中的应力不均匀性及与加载波形的关系,并根据分析结果提出针对高聚物的试验数据处理方法。Yang 等[17] 利用一维特征线法分析不同加载波形对均匀性的影响。另外一个可能破坏试件中(纵向)应力应变均匀性的因素就是杆-试件间相互作用的二维效应。本质上讲,杆对试件的瞬态加载涉及复杂的应力波相互作用,试件中的应力与变形不可能立刻达到均匀,而是有一个发展的过程:这一过程是与加载脉冲的形态及杆、试件的力学、几何特性相关的,所以在讨论均匀性问题时,必须考虑加载条件在该过程中所起的作用。为解决均匀性问题,人们提出以下三种解决方案:

(1) 减小试件的长径比。尽可能减小长度,使用薄片装试件,缩短加载脉冲来回反射时间,以快速实现试件应力应变的均匀变化。这样做会使试件的横向惯性效应和试件与杆端部的摩擦效应显著起来。

(2) 增加加载脉冲长度。对于波速较小的材料,必须加长入射脉冲的长度,保证有足够的加载时间使得试件获得足够的反射次数以达到应力应变均匀性。但加载脉冲的长度受子弹长度的限制(脉冲长度等于两倍子弹长度),而子弹长度又受限于入射杆的长度(子弹长度最大取入射杆的半长,也就是脉冲波最大长度为入射杆长度)。

(3) 脉冲整形技术。就是将入射脉冲的陡峭上升波形通过物理滤波的手段处理成缓慢上升的斜坡波形,使得试件在受力过程中应力应变保持动态均匀。这种方法不仅能改善均匀性问题,而且能改善杆的二维弥散问题,是混凝土等脆性材料冲击压缩试验不可或缺的技术。

7.3　RPC 动态冲击与结果分析

7.3.1　试验概况

共测试五种钢纤维含量的 RPC 试件,A 类为不含钢纤维的素 RPC 试件,B 类为钢纤维率 1% 的 RPC 试件,C 类为钢纤维率 1.5% 的 RPC 试件,D 类为钢纤维率 2% 的 RPC 试件,E 类为钢纤维率 3% 的 RPC 试件。试件的直径和厚度分别为 57mm 和 26mm。冲击压缩试验均是在北京理工大学爆炸科学与技术国家重点实验室的 74mm 直锥变截面 SHPB 装置上进行的,其中,子弹及入射杆小端直径 37mm,入射杆加载端和透射杆直径 74mm,子弹长 500mm,入射杆和透射杆长度分别为 3200mm 和 1800mm,入射杆应变片距离样品与入射杆接触端面 1000mm,透射杆应变片距离试件与透射杆接触端面 600mm,入射杆和透射杆均采用钢质材料,子弹为适应高速冲击采用的特质钢材。考虑到个别样品在制备过程不可避免地会出现平行度和平直度达不到要求的情况,试验时在入射杆与样片间架设万向头,以减少冲击时出现非平面接触对试验结果的影响[18]。

万向头的布置,如图 7.14 所示。万向头是一段材质、直径与入射杆完全相同的圆柱,中间以球弧面截开,形成了一个球形铰。试验中随着杆对试件的挤压,万向头会随之微调,可以显著减少非接触反射,提高接触质量。

为了提高试验中压杆的对中质量和效率,试验中进行初始位置的标记,即在初次严格对中后用记号笔标记对中位置,如图 7.15 所示。这样每次试验后只要将移动后的杆调回原始标记的位置,然后将压杆旋转使得标记与初始位置标记对应,就可以保证压杆在很短时间内恢复到初始调平的位置,同时还保证了入射杆与发射口距离的恒定,大大提高试验的效率和精度。

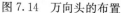

图 7.14　万向头的布置

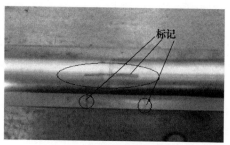

图 7.15　初始位置标记

　　为了减少由波的弥散造成的高频振荡,以及延长应力波上升段的作用时间,试验中还采用波形整形技术,即在入射杆端头加设波形整形器,以提高试验结果的可靠性。由于试验过程中需要根据期望得到的应变率及恒应变率等要求不断改变入射波形,而一定形状的子弹获得的入射波形是固定的,若要改变形状必须改变子弹形状,这就增加了试验的时间、成本和难度,相对于第一种方法来说,采用第二种方法只需要通过调节整形器的材质、厚径比及组合整形器结构就可以获得不同的加载波形,试验中采用整形器的整形方法,整形器架设的方法如图 7.16 所示。

　　对于波形整形器材料的选择,大多数是通过试验来确定的,合理的整形器材料的选择和布设方式一方面能有效延长脉冲的上升时间,保证材料在加载过程中尽快达到应力应变的动态均匀状态,另一方面又可以减小试件中惯性效应的影响。为了比较不同整形器的整形效果,本次试验前分别选用直径为 20mm、厚度为 1.5mm 的单层和双层橡胶,以及直径为 18mm,厚度分别为 2.0mm、2.5mm、3.0mm 的紫铜片作为整形器,通过多次空打试验,最终根据整形效果选取厚度为 2.5mm 的紫铜片作为本次试验最理想的整形器。图 7.17 为不同厚度的整形铜片。

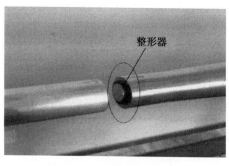

图 7.16　整形器架设位置

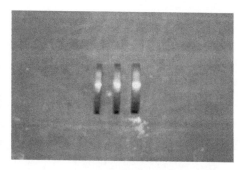

图 7.17　三种不同厚度的铜片整形器

应变测量是动态冲击试验中较为关键的部分,每次试验前都使用万用表对应变片的电路进行检测,确保信号传输的线路通畅,静态标定。试验中通过反复尝试,确定了合理的触发电压以获取准确完整的波形信号。在样品放置于压杆之间前对样品表面进行润滑。

为了消除试验时接触面摩擦造成的二维效应,冲击试验前进行多次空杆撞击试验,目的是测定压杆对中情况和冲击加载环境的稳定性。试验表明,相同速度下多次撞击的入射信号重复性好,且入射信号和透射信号相一致,反射信号几乎为零。说明在相同的冲击速度下,试验结果具有稳定的冲击加载环境,可以保证相同类型的样品进行相同试验时结果的可对比性,同时也说明整个压杆系统的对中非常好,没有出现非平面接触,这更增加了试验结果的可靠性。

考虑到 SHPB 试验应力波在杆中的传播实际是二维轴对称问题,在传播过程中会产生波的弥散,使入射脉冲产生高频振荡,如果振荡严重则会影响试件内部应力应变的均匀性,特别是对混凝土这类极限变形小、破坏时间短的脆性材料,有效作用荷载主要集中在脉冲前部剧烈振荡段,这会造成试验结果的失真,甚至得到完全错误的结果。

7.3.2　结果与分析

1. 应力波传播规律及变化特征

图 7.18～图 7.22 给出了不同应变率的入射波作用下,五种钢纤维率 RPC 试件的透射和反射波形及冲击破坏情况。图 7.23 给出了不同冲击应变率下钢纤维 RPC 试件的应力波形随钢纤维率 ρ_v 变化的规律。图 7.24 显示了不同钢纤维率 RPC 的动态应力-应变响应及其随冲击应变率变化的规律。图 7.25 为各种冲击应变率下钢纤维 RPC 的动态应力-应变曲线及其随钢纤维率 ρ_v 变化的情况[19]。

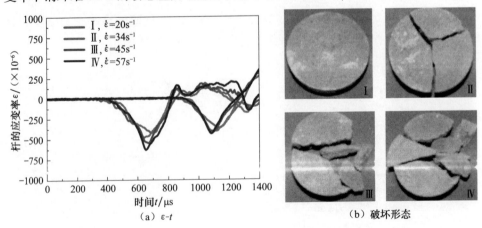

（a）ε-t　　　　　　　　　　（b）破坏形态

图 7.18　不同应变率下素 RPC 试件的应力波传播规律与破坏状况(后附彩图)

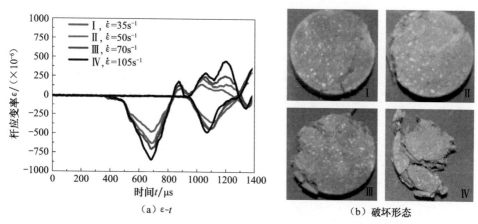

图 7.19　不同应变率下钢纤维率 1.0％RPC 试件的应力波传播规律与破坏状况(后附彩图)

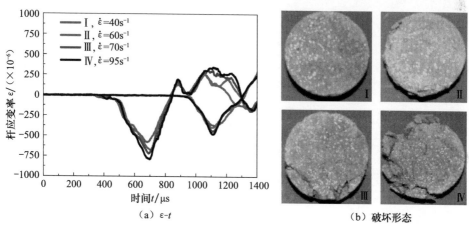

图 7.20　不同应变率下钢纤维率 1.5％RPC 试件的应力波传播规律与破坏状况(后附彩图)

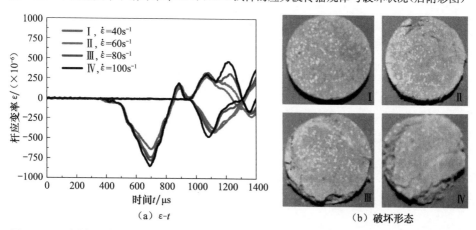

图 7.21　不同应变率下钢纤维率 2.0％RPC 试件的应力波传播规律与破坏状况(后附彩图)

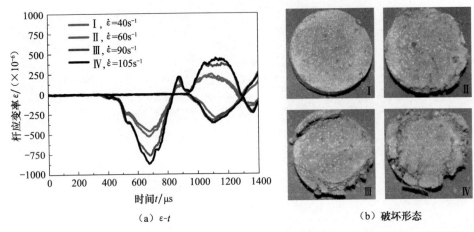

（a）ε-t　　　　　　　　　　　　　（b）破坏形态

图7.22　不同应变率下钢纤维率3.0％RPC试件的应力波传播规律与破坏状况（后附彩图）

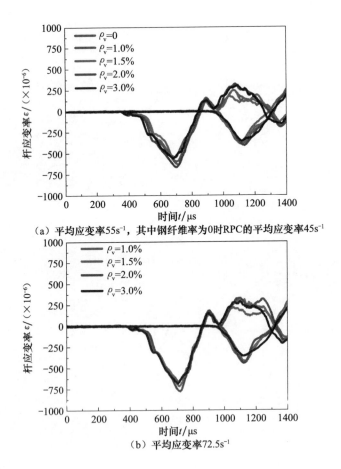

（a）平均应变率55s⁻¹，其中钢纤维率为0时RPC的平均应变率45s⁻¹

（b）平均应变率72.5s⁻¹

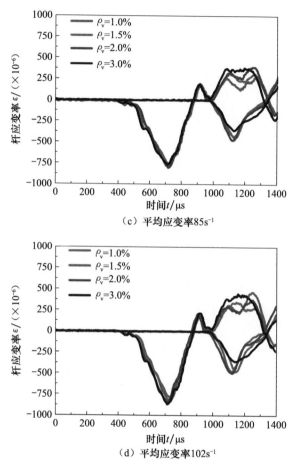

（c）平均应变率85s⁻¹

（d）平均应变率102s⁻¹

图 7.23　不同冲击应变率下钢纤维 RPC 试件应力波形随钢纤维率 ρ_v 变化的情况（后附彩图）

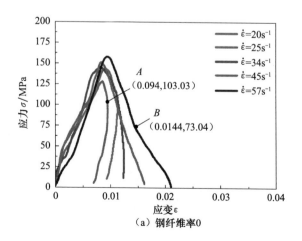

（a）钢纤维率0

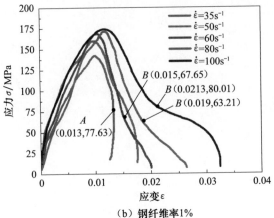

（b）钢纤维率1%

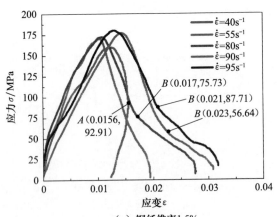

（c）钢纤维率1.5%

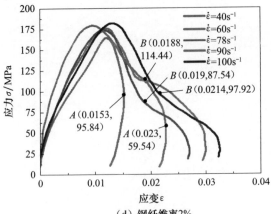

（d）钢纤维率2%

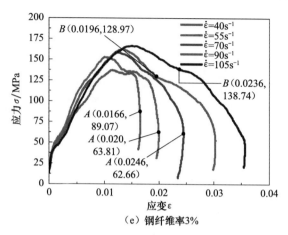

（e）钢纤维率3%

图 7.24　不同钢纤维率的 RPC 应力-应变曲线及其随应变率变化的规律（后附彩图）

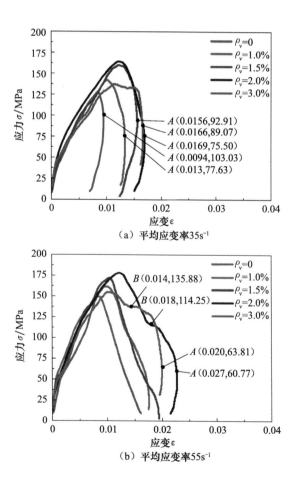

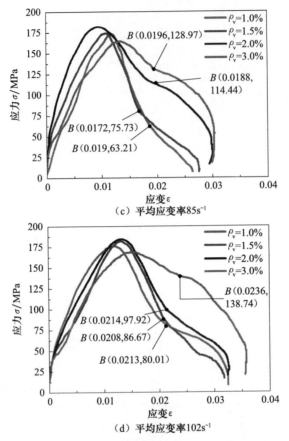

图 7.25　不同冲击应变率下钢纤维 RPC 的动态应力-应变曲线
及其随钢纤维率 ρ_v 变化的情况（后附彩图）

分析上述试验发现：

（1）冲击应力作用下素 RPC 试件的碎裂现象突出，应变率越高，试件碎裂程度越严重。不同应变率下素 RPC 试件的透射波和反射波变化不大，但透射波幅明显高于反射波幅（见图 7.18）。表明冲击荷载作用下素 RPC 的应力响应高于应变响应，材料呈现脆性特征。随应变率增加，素 RPC 的峰值抗压强度和峰值应变略有增加，而峰值应力后的残余应变增加显著[见图 7.24(a)、图 7.25(a)和(b)]。应变率越高，素 RPC 残余变形（微塑性和开裂）越大，消耗的能量越多，试件的碎裂程度越明显。

（2）钢纤维率增加到 1％时，RPC 试件碎裂时的应变率较素 RPC 有明显提高。应变率低于 $70\mathrm{s}^{-1}$，除边缘区域外，RPC 试件基本保持完整（见图 7.19）。随着应变率增大，试件的透射波幅和反射波幅均逐步增加，其中，透射波幅增加不明显，反射波幅增加较显著。当应变率达到并超过 $70\mathrm{s}^{-1}$ 时，反射波幅出现多峰现象；应变率

增至 $105s^{-1}$ 时,反射波幅的第二峰值明显高于透射波的相应幅值。这表明,增加钢纤维后,RPC 碎裂时的峰值抗压强度与峰值变形能力有不同程度的提高,应力峰后的变形能力增加较显著。钢纤维率为 1% 的钢纤维 RPC 试件的动态应力-应变曲线也说明了这一点[见图 7.24(a)～(d)]。

(3) 钢纤维率达到 1.5% 和 2% 时,与素 RPC 和钢纤维率为 1% 的 RPC 试件相比,即使应变率提高至 $100s^{-1}$,试件也仅在边缘区域出现破裂,未发生整体碎裂,表明冲击荷载作用下 RPC 抗碎裂的变形能力进一步提高。此时,试件的透射波幅与反射波幅相当,反射波幅同样存在多峰现象。对钢纤维率为 2% 的试件而言,当应变率增至 $100s^{-1}$ 时,反射波幅的第二峰值也明显高于透射波幅。表明越过峰值应力后,钢纤维 RPC 仍具有较大的变形能力。钢纤维率 1.5% 和 2%RPC 试件的动态应力-应变响应也体现出该性质[见图 7.24(a)～(d)]。

(4) 当钢纤维率增至 3% 时,各种应变率下,RPC 试件除边缘处破裂外,其余部分保持完整,未发生整体碎裂。与其他钢纤维率试件不同的是,钢纤维率 3% 试件的透射波变化不大,反射波变化与应变率有关。当应变率低于 $70s^{-1}$ 时,反射波幅小于透射波,表明此时应变幅值小于应力幅值;当应变率高于 $70s^{-1}$ 时,反射波幅高于透射波幅,表明此时应变幅值大于应力幅值,试件发生较大的变形破坏。

(5) 各种应变率条件下,当钢纤维率超过 2% 后,透射波幅均出现不同程度的降低,而反射波幅则随着纤维率增加而增大(见图 7.23)。表明当钢纤维率超过 2% 后,冲击荷载作用下 RPC 的峰值抗压强度下降,而抗冲击变形能力增加。钢纤维 RPC 试件的动态应力-应变响应曲线也证实了这一点[见图 7.25(a)～(d)]。

为直观地显示钢纤维率和应变率对 RPC200 抗冲击性能的影响,分别绘出峰值抗压强度($\sigma_{d,p}$)、峰值应变($\varepsilon_{d,p}$)以及碎裂后的残余应变(ε_{res})随钢纤维率(ρ_v)和应变率变化的规律,如图 7.26 所示。其中,峰值应变表示 RPC 峰值抗压强度所对应的应变值,残余应变表示压应力下降到 20% 峰值应力时所对应的应变值。图中黑点表示每个 RPC 试件的实测值,曲面为实测峰值强度、峰值应变和极限应变值的拟合曲面。

图 7.26 结果表明:

(1) 应变率显著地影响 RPC 的抗冲击强度与变形能力。相同钢纤维率下,应变率增加时,RPC 的峰值抗压强度、峰值应变以及残余应变均有不同程度的提高,其中残余应变提高的幅度最大。

(2) 钢纤维率 ρ_v 对 RPC 峰值抗压强度和峰值变形能力具有不同的影响。相同应变率下,钢纤维率不超过 1.75% 时,RPC 的峰值抗压强度随钢纤维率增加而增加;钢纤维率超过 1.75% 后,RPC 峰值抗压强度开始逐步下降。钢纤维率为 1.75% 左右时,RPC 动态峰值抗压强度达到最大,但与峰值抗压强度变化规律不同的是,相同应变率下,峰值应变随钢纤维率增加而持续增大。

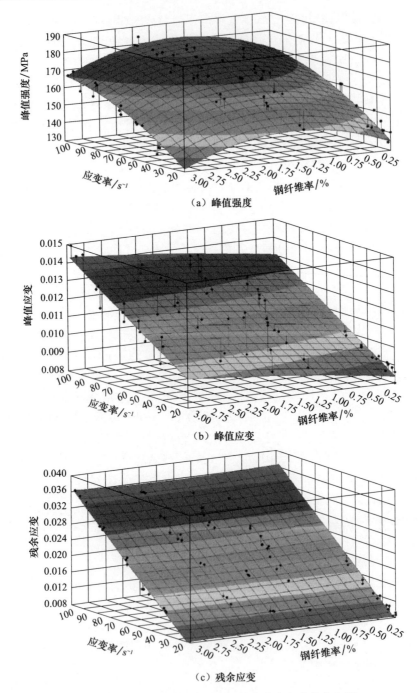

（a）峰值强度

（b）峰值应变

（c）残余应变

图 7.26　RPC 的峰值抗压强度、峰值应变和残余应变随
钢纤维率和冲击应变率变化的规律（后附彩图）

（3）各种应变率下钢纤维率对 RPC 碎裂后的残余应变影响不大。由于残余变形衡量的是作用应力下降到 20% 峰值应力时 RPC 的残余变形能力，因而该结果表明，各种应变率条件下，提高钢纤维率对于改善 RPC 冲击碎裂后的残余变形能力作用不大，但应变率对残余变形的影响较大。

需要指出的是，上述结果是在控制冲击速度或应变率使得 RPC 试件碎裂而不发生齑粉状破坏的前提下获得的，当应变率超出 110s^{-1} 时，RPC 抗冲击强度与变形能力是否具有相同的规律还有待验证。

考虑到 RPC 峰值变形与残余变形随钢纤维率呈现不同的变化规律，为了客观地评价钢纤维对 RPC 的增韧（耗能水平）作用，基于实测的动态应力-应变曲线计算 RPC 从冲击开始至峰值变形阶段所消耗的能量（E_{peak}）、峰值变形至残余变形阶段所消耗的能量（E_{res}）以及从冲击开始至残余变形阶段消耗的总能量（E_{disp}），每部分能量为从起始时刻到结束时刻动态应力-应变曲线所包围的面积。图 7.27 给出了每部分能量随钢纤维率和冲击应变率变化的规律。

图 7.27 结果表明：

（1）各种应变率条件下，RPC 从冲击开始至残余变形时总耗能能力随着钢纤维率增加而逐步提高[见图 7.27(c)]，但当钢纤维率超过 2% 后，总耗能能力则开始逐步下降，反映出钢纤维率对改善 RPC 抗冲击变形能力与韧性的不同作用和贡献。

（2）不同变形阶段钢纤维对 RPC 耗能能力所起的作用不同。峰值变形前，随着钢纤维率的增加，RPC 消耗的能量显著增加[见图 7.27(a)]，但钢纤维率超过 2% 后耗能逐步开始下降；峰值变形后，随钢纤维率增大，RPC 消耗的能量略有增加，但增幅非常小[见图 7.27(b)]。这表明，钢纤维率不超过 2% 时，钢纤维对提高峰值变形前耗能能力的作用大于对提高峰值变形后耗能能力的作用，钢纤维率超过 2% 后其作用微乎其微。应变率越高，这种现象越明显。

（3）冲击应变率对 RPC 总耗能能力以及各阶段耗能能力均有显著影响，应变率越高，RPC 各阶段的耗能能力越大，动态冲击时的韧性越好。

为便于比较和应用，基于试验结果，给出冲击压缩时 RPC 的峰值抗压强度、峰值变形量、残余变形量以及残余变形前总耗能、峰值变形前耗能和峰后变形阶段耗能随冲击应变率和钢纤维率变化的经验关系：

$$\sigma_{\text{d,p}} = 1.31 \times 10^2 + 0.38\dot{\varepsilon} + 1.86 \times 10^3 \rho_{\text{v}} - 6.42 \times 10^4 \rho_{\text{v}}^2 \tag{7.43}$$

$$\varepsilon_{\text{d,p}} = 7.32 + 5.32\dot{\varepsilon} + 5.80\rho_{\text{v}} - 0.57\rho_{\text{v}}^2 \tag{7.44}$$

$$\varepsilon_{\text{res}} = 6.81 + 3.32\dot{\varepsilon} - 9.02\rho_{\text{v}} + 2.76\rho_{\text{v}}^2 \tag{7.45}$$

$$E_{\text{disp}} = 1.11 + 1.47\dot{\varepsilon} + 4.71 \times 10^3 \rho_{\text{v}} - 1.09 \times 10^5 \rho_{\text{v}}^2 \tag{7.46}$$

$$E_{\text{peak}} = 14.90 + 0.48\dot{\varepsilon} + 3.38 \times 10^3 \rho_{\text{v}} - 7.81 \times 10^4 \rho_{\text{v}}^2 \tag{7.47}$$

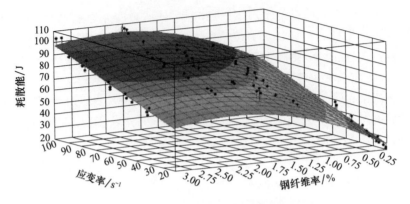

（a）冲击开始至峰值变形前所消耗的能量E_{peak}

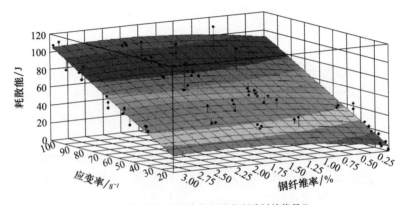

（b）峰值变形至残余变形阶段所消耗的能量E_{res}

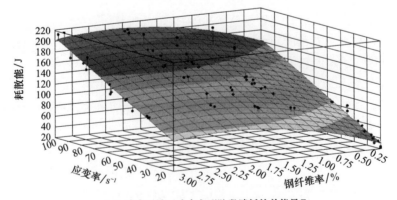

（c）冲击开始至残余变形阶段消耗的总能量E_{disp}

图 7.27　RPC各阶段消耗的能量随钢纤维率和冲击应变率变化的规律（后附彩图）

$$E_{\text{res}} = -13.79 + 0.99\dot{\varepsilon} + 1.33 \times 10^3 \rho_v - 3.05 \times 10^4 \rho_v^2 \tag{7.48}$$

式中,$0 \leqslant \rho_v \leqslant 3.0\%$;$10 \leqslant \dot{\varepsilon} \leqslant 1.1 \times 10^2 \text{s}^{-1}$。

上述经验公式表明,当钢纤维率为给定范围的确定值时,动态冲击下 RPC 的峰值抗压强度、峰值变形、残余变形、总耗能、峰值变形前的耗能、峰后变形阶段耗能等物理量近似与应变率呈线性关系;而当应变率为给定范围的确定值时,上述物理量则与钢纤维率近似为二次非线性关系。

2. 应力-应变响应特征与模型

应力-应变关系是评价 RPC 动态力学性能的主要指标之一,也是进行结构动力响应分析与数值计算的基础。合理的应力-应变关系模型依赖于对其响应特征的认知和描述。对照试件的破坏形态与应力-应变响应发现,RPC 的应力-应变响应特征与冲击应变率和钢纤维率密切相关。

(1) 当冲击应变率较小、试件未发生明显碎裂破坏时($\dot{\varepsilon} \leqslant 40\text{s}^{-1}$),RPC 应力-应变曲线上升段凸向应力轴,下降段外凸向应变轴。下降段有明显的弹性回缩,弹性回缩的起始变形(见图 7.24,图 7.25 中 A 点)与钢纤维率有关。钢纤维率越低,弹性回缩时的起始变形越小[见图 7.25(a)]。例如,素 RPC 的弹性回缩起始变形明显小于钢纤维 RPC 的弹性回缩起始变形。该特征表明,冲击应力作用下 RPC 基体首先发生微开裂和黏性流动,由于冲击应变率较小以及钢纤维的止裂作用,微裂纹很难有效扩展,RPC 变形主要为冲击应力作用下基体微开裂的逐步增多和黏性流动的加剧。钢纤维率越高,这种作用机制越明显。当应力波卸载时,部分不可恢复的微开裂和黏性流动形成残余塑性变形;而另一部分变形恢复,形成弹性回缩。钢纤维率越高,内部微开裂和黏性流动发展得越充分,弹性回缩发生得越晚。

(2) 当冲击应变率较大、试件发生显著碎裂破坏时($60 < \dot{\varepsilon} \leqslant 110\text{s}^{-1}$),RPC 应力-应变曲线上升段仍凸向应力轴,但下降段内凸向应变轴,且出现反弯点(见图 7.24、图 7.25 中 B 点)。相同应变率下,钢纤维率越高,出现反弯点时的应力值越大。此时弹性回缩不明显,主要发生在应力下降到 20%~25% 峰值应力以下[见图 7.25(c)~(d),考虑到弹性回缩发生较晚,且回缩量较小,故未在图中标记]。该特征表明,当应变率较大时,随应力波幅增加,RPC 基体微开裂增多,并逐步扩展连通,形成肉眼可见的碎裂裂纹,RPC 变形主要体现为应力波作用下基体微裂纹的扩展、连通和钢纤维的逐步拔出。由于钢纤维对微裂纹扩展的抑制作用,基体微裂纹相互贯通所需的应力随钢纤维率增加而增大。微裂纹的相互连通和钢纤维的逐步拔出导致不可恢复的残余变形增加,RPC 基体刚度逐步下降,应力-应变曲线下降段出现反弯点,很小部分变形出现弹性回缩。

(3) 当冲击应变率介于(1)和(2)之间时($40 < \dot{\varepsilon} \leqslant 60\text{s}^{-1}$),试件未出现明显的碎

裂裂纹,RPC 应力-应变曲线上升段凸向应力轴,下降段趋近于直线,既没有像第(1)种模式出现明显的弹性回缩,也没有像第(2)种模式出现明显的反弯变形[见图 7.24(a)～(c)、图 7.25(b)],表明 RPC 内部变形介于(1)和(2)两种变形机制之间。

(4)需要指出的是,上述三种应力应变模式主要出现在钢纤维率 $\rho_{\mathrm{v}} \leqslant 2\%$ 时,当钢纤维率超过 2% 后,应力-应变曲线下降段表现出变异性[见图 7.24(e)和图 7.25]。例如,第(3)种情况中,钢纤维率 2% 和 3% 的曲线下降段出现了一定程度的反弯变形和弹性回缩[见图 7.25(b)],但反弯变形阶段很短,曲线很快转为外凸向应变轴,变形特征类似于第(1)种模式。弹性回缩出现较晚,弹性回缩起始变形大于第(1)种模式,接近于第(2)种模式。表明下降段曲线虽然偏离直线,但仍介于(1)和(2)两种变形模式之间。再如,第(2)种情况中,钢纤维率 2% 和 3% 曲线的下降段也出现了第(1)种模式的外凸向应变轴的特征[见图 7.25(c)～(d)]。

应力-应变曲线下降段出现上述变异现象的原因,可能是钢纤维用量较多时,钢纤维难以发挥对微裂纹的止裂作用,但对于微裂纹形成后的扩展和相互贯通具有明显的抑制作用。钢纤维含量较多时容易聚团,基体会出现应力不均匀和应力集中,导致 RPC 基体较早地出现微裂纹,RPC 的峰值抗压强度下降,应力-应变曲线较早地进入下降段。随着外部应力的持续作用,试件变形增大,由于钢纤维较多,基体微裂纹的扩展和相互连通受到有效抑制,同时,钢纤维拔出也需要较高的应力和消耗较多的能量,因而应力-应变曲线下降段的反弯变形较短,应力水平较高。此时若应力波卸载,RPC 会出现明显的弹性回缩,应力-应变曲线转变为外凸向应变轴的变形模式。这种内部变形机制可以解释为什么钢纤维率超过 2% 后RPC 应力-应变曲线下降段出现上述变异现象。

根据应力-应变曲线的上述特征,以应变率和钢纤维率为界,将 RPC 的动态应力-应变响应近似地划分为 A、B、C、D 四类基本模式,如图 7.28 所示。其中,折线 $OMPNR$ 代表 A 类响应模式,$OM'PR'$ 表示 B 类响应模式,$OM''PN'R''$ 代表 C 类响应模式,$OM'''PN''N'''R'''$ 代表 D 类响应模式。横坐标 $\varepsilon/\varepsilon_{\mathrm{d,p}}$ 代表冲击应力作用下 RPC 的实际应变 ε 与峰值应变 $\varepsilon_{\mathrm{d,p}}$ 之比,称为广义应变;纵坐标表示实际应力 σ 与峰值强度 $\sigma_{\mathrm{d,p}}$ 之比,称为广义应力。为了消除试验离散性对应力应变结果的影响,更好地反映 RPC 动态应力-应变关系的本质属性,采用这种标准化的广义应力和广义应变来构建 RPC 应力-应变响应的基本模型。考虑到简化应力-应变模型和方便应用的需要,采用分段线性模型来刻画 RPC 应力-应变关系的四种基本模式,模型的标准化方程如下:

(1)A 类模式 $OMPNR(\rho_{\mathrm{v}} \leqslant 2\%, \dot{\varepsilon} \leqslant 40\mathrm{s}^{-1})$ 为四折线线性模型:

上升段为双折线,原点为 $O(0,0)$,拐点为 $M\left(\dfrac{\varepsilon_{\mathrm{m}}}{\varepsilon_{\mathrm{d,p}}}, \dfrac{\sigma_{\mathrm{m}}}{\sigma_{\mathrm{d,p}}}\right)$,峰值点为 $P(1,1)$。线段 OM 和 MP 的直线方程分别为

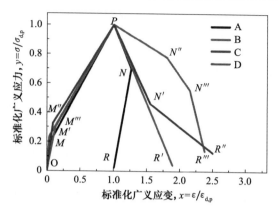

图 7.28　RPC 应力-应变关系的四类基本模型(后附彩图)

$$
\begin{cases}
OM: & \dfrac{\sigma}{\sigma_{d,p}} = a_1 + k_1^a\left(\dfrac{\varepsilon}{\varepsilon_{d,p}}\right) \\[3mm]
MP: & \dfrac{\sigma}{\sigma_{d,p}} = a_2 + k_2^a\left(\dfrac{\varepsilon}{\varepsilon_{d,p}}\right)
\end{cases}
\quad (a_1 = 0; k_1^a > k_2^a > 0) \qquad (7.49a)
$$

下降段为双折线,峰值点为 $P(1,1)$,拐点为 $N\left(\dfrac{\varepsilon_n}{\varepsilon_{d,p}}, \dfrac{\sigma_n}{\sigma_{d,p}}\right)$,终点为 R $\left(\dfrac{\varepsilon_r}{\varepsilon_{d,p}}, \dfrac{\sigma_r}{\sigma_{d,p}}\right)$,其中残余应力 $\sigma_r \leqslant 0.25\sigma_{d,p}$。线段 PN 和 NR 的直线方程分别为

$$
\begin{cases}
PN: & \dfrac{\sigma}{\sigma_{d,p}} = a_3 + k_3^a\left(\dfrac{\varepsilon}{\varepsilon_{d,p}}\right) \\[3mm]
NR: & \dfrac{\sigma}{\sigma_{d,p}} = a_4 + k_4^a\left(\dfrac{\varepsilon}{\varepsilon_{d,p}}\right)
\end{cases}
\quad (k_3^a < 0, k_4^a > 0) \qquad (7.49b)
$$

(2) B 类模式 $OM'PR'(\rho_v \leqslant 2\%, 40 < \dot{\varepsilon} \leqslant 60\text{s}^{-1})$ 为三折线线性模型:

上升段为双折线,原点为 $O(0,0)$,峰值点为 $P(1,1)$,拐点为 $M'\left(\dfrac{\varepsilon_{m'}}{\varepsilon_{d,p}}, \dfrac{\sigma_{m'}}{\sigma_{d,p}}\right)$,线段 OM' 和 $M'P$ 的直线方程分别为

$$
\begin{cases}
OM': & \dfrac{\sigma}{\sigma_{d,p}} = b_1 + k_1^b\left(\dfrac{\varepsilon}{\varepsilon_{d,p}}\right) \\[3mm]
M'P: & \dfrac{\sigma}{\sigma_{d,p}} = b_2 + k_2^b\left(\dfrac{\varepsilon}{\varepsilon_{d,p}}\right)
\end{cases}
\quad (b_1 = 0, k_1^b > k_2^b > 0) \qquad (7.50a)
$$

下降段为单直线,峰值点为 $P(1,1)$,终点为 $R'\left(\dfrac{\varepsilon_{r'}}{\varepsilon_{d,p}}, \dfrac{\sigma_{r'}}{\sigma_{d,p}}\right)$,残余应力 $\sigma_{r'} \leqslant 0.25\sigma_{d,p}$。线段 PR' 的直线方程分别为

$$
PR': \quad \dfrac{\sigma}{\sigma_{d,p}} = b_3 + k_3^b\left(\dfrac{\varepsilon}{\varepsilon_{d,p}}\right) \quad (k_3^b < 0) \qquad (7.50b)
$$

(3) C 类模式 $OM'PN'R''(\rho_v \leqslant 2\%, 60 < \dot{\varepsilon} \leqslant 110\text{s}^{-1})$ 为四折线线性模型:

上升段为双折线,原点为 $O(0,0)$,拐点为 $M''\left(\dfrac{\varepsilon_{m''}}{\varepsilon_{d,p}},\dfrac{\sigma_{m''}}{\sigma_{d,p}}\right)$,峰值点为 $P(1,1)$,线段 OM'' 和 $M''P$ 的直线方程分别为

$$\begin{cases} OM'': & \dfrac{\sigma}{\sigma_{d,p}}=c_1+k_1^c\left(\dfrac{\varepsilon}{\varepsilon_{d,p}}\right) \\ MP: & \dfrac{\sigma}{\sigma_{d,p}}=c_2+k_2^c\left(\dfrac{\varepsilon}{\varepsilon_{d,p}}\right) \end{cases} \quad (c_1=0,k_1^c>k_2^c>0) \quad (7.51a)$$

下降段为双折线,峰值点为 $P(1,1)$,反弯点为 $N'\left(\dfrac{\varepsilon_{n'}}{\varepsilon_{d,p}},\dfrac{\sigma_{n'}}{\sigma_{d,p}}\right)$,终点为 R'' $\left(\dfrac{\varepsilon_{r''}}{\varepsilon_{d,p}},\dfrac{\sigma_{r''}}{\sigma_{d,p}}\right)$,残余应力 $\sigma_{r''}\leqslant0.25\sigma_{d,p}$。线段 PN' 和 $N'R''$ 的直线方程分别为

$$\begin{cases} PN': & \dfrac{\sigma}{\sigma_{d,p}}=c_3+k_3^c\left(\dfrac{\varepsilon}{\varepsilon_{d,p}}\right) \\ NR'': & \dfrac{\sigma}{\sigma_{d,p}}=c_4+k_4^c\left(\dfrac{\varepsilon}{\varepsilon_{d,p}}\right) \end{cases} \quad (k_3^c<k_4^c<0) \quad (7.51b)$$

(4) D 类模式 $OM'''PN''N'''R'''(\rho_v>2\%,40\leqslant\dot{\varepsilon}\leqslant110\mathrm{s}^{-1})$ 为五折线线性模型:

上升段为双折线,原点为 $O(0,0)$,拐点为 $M'''\left(\dfrac{\varepsilon_{m'''}}{\varepsilon_{d,p}},\dfrac{\sigma_{m'''}}{\sigma_{d,p}}\right)$,峰值点为 $P(1,1)$,线段 OM''' 和 $M'''P$ 的直线方程分别为

$$\begin{cases} OM''': & \dfrac{\sigma}{\sigma_{d,p}}=d_1+k_1^d\left(\dfrac{\varepsilon}{\varepsilon_{d,p}}\right) \\ M'''P: & \dfrac{\sigma}{\sigma_{d,p}}=d_2+k_2^d\left(\dfrac{\varepsilon}{\varepsilon_{d,p}}\right) \end{cases} \quad (d_1=0,k_1^d>k_2^d>0) \quad (7.52a)$$

下降段为三折线,峰值点为 $P(1,1)$,第一拐点为 $N''\left(\dfrac{\varepsilon_{n''}}{\varepsilon_{d,p}},\dfrac{\sigma_{n''}}{\sigma_{d,p}}\right)$,第二拐点为 $N'''\left(\dfrac{\varepsilon_{n'''}}{\varepsilon_{d,p}},\dfrac{\sigma_{n'''}}{\sigma_{d,p}}\right)$,终点为 $R'''\left(\dfrac{\varepsilon_{r'''}}{\varepsilon_{d,p}},\dfrac{\sigma_{r'''}}{\sigma_{d,p}}\right)$,残余应力 $\sigma_{r''}\leqslant0.25\sigma_{d,p}$。线段 PN''、$N''N'''$ 和 $N'''R'''$ 的直线方程分别为

$$\begin{cases} PN'': & \dfrac{\sigma}{\sigma_{d,p}}=d_3+k_3^d\left(\dfrac{\varepsilon}{\varepsilon_{d,p}}\right) \\ N''N''': & \dfrac{\sigma}{\sigma_{d,p}}=d_4+k_4^d\left(\dfrac{\varepsilon}{\varepsilon_{d,p}}\right) \quad (0>k_3^d>k_4^d>k_5^d) \\ N'''R''': & \dfrac{\sigma}{\sigma_{d,p}}=d_5+k_5^d\left(\dfrac{\varepsilon}{\varepsilon_{d,p}}\right) \end{cases} \quad (7.52b)$$

回归分析显示,四类基本模型中各阶段线性方程与实测数据的相关性均在 90% 以上。各类分段线性模型中的参数与钢纤维率和应变率有关,可以通过试验测得。

需要指出的是,每类模型都有待定的参数。其中,A 和 C 类模型各有 7 个待定

参数,B 类模型有 5 个待定参数,D 类模型有 9 个待定参数。在试验条件和材料组成不变的前提下,每类模型的参数与 RPC 的钢纤维率和冲击应变率有关。由于 A、B、C、D 均为分段线性模型,且上升段和下降段的凸凹方向已知,即已知直线斜率的正负号,因此,不难根据各类模型的冲击试验数据确定上述参数。

7.4　本 章 小 结

本章通过 SHPB 冲击试验研究了 RPC 的动态冲击性能,主要得到以下结论:

(1) 应力波作用下素 RPC 的碎裂现象突出,冲击应变率越高,RPC 消耗的能量越多,碎裂程度越严重。素 RPC 的波动应力响应高于应变响应,脆性特征显著。掺入适量钢纤维后,RPC 碎裂时的应变率和变形能力较素 RPC 有明显提高。RPC 试件的透射波和反射波特征随钢纤维率和应变率的变化而变化。钢纤维率 $\rho_v \leqslant$ 2% 时,随应变率增加,透射波幅和反射波幅均逐步增加,其中反射波幅增加显著,且存在多峰现象;当钢纤维率超过 2% 后,透射波趋于平稳并逐步缓慢下降,反射波幅则随着钢纤维率和应变率的增加而增大。

(2) 应变率显著地影响 RPC 的抗冲击强度与变形能力。相同钢纤维率下,应变率增加时,RPC 的峰值抗压强度、峰值应变以及残余应变均有不同程度的提高,其中残余应变提高的幅度最大。相同应变率条件下,提高钢纤维率对于改善 RPC 冲击碎裂后的残余变形能力作用不大。冲击应变率对残余变形的影响较大。

(3) 钢纤维率对 RPC 峰值抗压强度和峰值变形能力具有不同的影响。相同应变率条件下,钢纤维率不超过 1.75% 时,RPC 的峰值抗压强度随钢纤维率增加而增加;钢纤维率超过 1.75% 后,峰值抗压强度开始逐步下降。钢纤维率 1.75% 左右时,RPC 动态峰值抗压强度达到最大。但与峰值抗压强度变化规律不同的是,相同应变率下,峰值应变随钢纤维率增加而持续增大。

(4) 相同应变率下,RPC 从冲击开始至残余变形时总耗能能力随着钢纤维率增加而逐步提高,但当钢纤维率超过 2% 后总耗能能力则开始逐步下降。不同变形阶段钢纤维对 RPC 耗能能力所起的作用不同。峰值变形前,随着钢纤维率的增加,RPC 消耗的能量显著增加,但钢纤维率超过 2% 后耗能开始逐步下降;峰值变形后,随钢纤维率增大,RPC 消耗的能量略有增加,但增幅非常小。表明钢纤维率不超过 2% 时,钢纤维对提高峰值变形前耗能能力的作用大于对提高峰值变形后耗能能力的作用。应变率越高,这种现象越明显。冲击应变率对 RPC 总耗能能力以及各阶段耗能能力均有显著影响,应变率越高,RPC 各阶段的耗能能力越大,动态冲击时的韧性越好。

(5) 给出了 RPC 的峰值抗压强度、峰值变形、残余变形,以及残余变形前总耗能、峰值变形前耗能和峰后变形阶段耗能随冲击应变率和钢纤维率变化的经验模型。结果显示,钢纤维率为给定范围的确定值时,上述各物理量与应变率近似为线性关系;而当应变率为给定范围的确定值时,上述物理量与钢纤维率近似为二次非线性关系。

(6) RPC 动态应力-应变的响应模式与应变率和钢纤维率密切相关,采用无量纲应力和应变作为广义应力与广义应变,以应变率和钢纤维率为界,可以将 RPC 动态应力-应变响应模式简化为四类分段线性模型。

参 考 文 献

[1]   Hopkinson B. A method of measuring the pressure produced in the detonation of high explosives or by the impact of bullets[J]. Selektsiya I Semenovodstvo,1914,89(612):411-413.

[2]   Kolsky H. An investigation of the mechanical properties of materials at very high rates of loading[J]. Proceedings of the Physical Society Section B,1949,62(11):676-700.

[3]   王勇华. 活性粉末混凝土冲击压缩性能研究[D]. 北京:北京交通大学,2008.

[4]   马晓青. 冲击动力学[M]. 北京:北京理工大学出版社,1992.

[5]   张庆明,刘彦,黄风雷. 材料的动力学行为[M]. 北京:国防工业出版社,2006.

[6]   Davies R. Stress waves in solids[J]. British Journal of Applied Physics,1956,7(6):203-209.

[7]   Kolsky H. Stress Waves in Solids[M]. Oxford:Oxford University Press,1953.

[8]   Christensen R,Swanson S,Brown W. Split-Hopkinson-bar tests on rock under confining pressure[J]. Experimental Mechanics,1972,12(11):508-513.

[9]   Frantz C E,Follansbee P S,Wright W J. New experimental techniques with the split Hopkinson pressure bar[C]//Presented at the 8th International Conference on High Energy Rate Fabrication,San Antonio,1984:17-21.

[10]   Kolsky H. An investigation of the mechanical properties of materials at very rates of loading[J]. Proceedings of the Physical Society,1949,62:676-700.

[11]   Davies E D H,Hunter S C. Dynamic compression testing of solids by method of split Hopkinson pressure bar[J]. Journal of the Mechanics and Physics of Solids,1963,11(3):155-179.

[12]   Gorham D A,Wu X J. An empirical method for correcting dispersion in pressure bar measurements of impact stress[J]. Measurement Science and Technology,1996,7(9):1227-1232.

[13]   Malinowski J Z,Klepaczko J R. A unified analytic and numerical approach to specimen behaviour in the split-Hopkinson pressure bar[J]. International Journal of Mechanical Sciences,1986,28(6):381-391.

[14]   Nemat-Nasser S,Isaacs J B,Starrett J E. Hopkinson techniques for dynamic recovery ex-

periments[J]. Proceedings of the Royal Society of London Series A: Mathematical and Physical Sciences,1991,435(1894):371-391.

[15]　Jahsman W E. Reexamination of the Kolsky technique for measuring dynamic material behavior[J]. Journal of Applied Mechanics,1971,38(1):75-82.

[16]　周风华,王礼立,胡时胜. 高聚物 SHPB 试验中试件早期应力不均匀性的影响[J]. 实验力学,1992,7(1):23-29.

[17]　Yang L M,Shim V P W. An analysis of stress uniformity in split Hopkinson bar test specimens[J]. International Journal of Impact Engineering,2005,31(2):129-150.

[18]　盛国华. 活性粉末混凝土(RPC)冲击性能的试验研究[D]. 北京:中国矿业大学(北京),2009.

[19]　鞠杨,盛国华,刘红彬,等. 高应变率下 RPC 动态力学性能的试验研究[J]. 中国科学(E辑:技术科学),2010,40(12):1437-1451.

第 8 章　RPC 的热物理性质

　　前面几章分别探讨了 RPC 的力学强度、断裂性能、尺寸效应及动态冲击性能等,这些研究为深入认识这种超高强和超高性能混凝土的常温性能奠定了基础,同时也为 RPC 在工程中的施工、设计、维修加固以及灾害防治等提供了重要的参考。然而,随着 RPC 应用领域的逐步扩大,高温下或经历高温作用后 RPC 及其结构或构件的物理力学性质与生存能力引起了人们的重视,其中一个重要原因是,研究发现高强和高性能混凝土普遍存在随温度升高强度衰减和爆裂破坏的现象[1~35],严重危害高温环境中混凝土结构的安全性和耐久性,如何避免或减轻高温爆裂危害成为高强和高性能混凝土应用研究的一项重要内容。作为一种新型的超高强度HPC,如果不掌握高温下或高温作用后 RPC 的热物理力学性质与破坏机理,将难以保证RPC结构的安全性,降低 RPC 使用效能,并阻碍其推广应用。为此,近年来人们开展了 RPC 高温性能研究,发现了不同于普通高强和高性能混凝土的性质[36~39]。然而,由于 RPC 研发和应用的历史不长,加之高温加载试验难度较大,因此,目前 RPC 高温性能研究并不多见,缺乏 RPC 高温物理力学性质与爆裂机理的深入探索。

　　普通高强和高性能混凝土的研究认为,高温爆裂与混凝土的强度、湿度、升温速率、湿迁移能力、热传导性、试件尺寸、养护方式和原材料性质等诸多因素有关。目前高温爆裂机理主要有孔压爆裂、热应力爆裂和热裂纹爆裂三种解释。其中,孔压机理认为高强和高性能混凝土微观结构密实,孔隙小且相互不贯通。升温时混凝土内部水蒸气难以逸出,产生孔压力和梯度。当内部孔压力增加使基体应力达到混凝土抗拉强度时发生爆裂[1,6,10~12,14,16,21,22,24,33,35]。热应力机理认为混凝土具有热惰性,升温时内部热量传导不匀产生温度梯度,混凝土内部产生热应力,诱发热损伤,当热应力随温度升高达到损伤后混凝土的抗拉强度时引发爆裂[2,20,28,29,31]。热裂纹机理认为,温度升高时混凝土内部水泥浆体的水化产物分解加快,硬化水泥石和粗骨料颗粒周围产生严重裂纹,导致混凝土损伤而发生爆裂破坏[15,19,27,30,32,34]。不难看出,尽管上述机理对爆裂内在动力的认识和解释不同,但均表明升温后基体温度场和应力场不均匀是最终混凝土爆裂的原因。基于这种认识,近年来部分研究者采用试验和数值模拟方法探查升温过程中高强和高性能混凝土的温度、应力场变化及其与爆裂破坏之间的联系,提出了考虑混凝土水化、热、力耦合效应的计算模型以及孔压力、湿迁移和质量传输的试验观测方法[1,2,5,13,19,40~48],为定量解析高强和高性能混凝土的爆裂机理创造了条件。

研究发现,升温过程中混凝土水泥浆体与骨料热膨胀不匹配产生热应力,导致基体开裂或损伤(如产生微裂纹或孔隙),改变了孔压力分布和湿迁移通道,直接影响爆裂的临界条件和作用范围,混凝土的热物理性质对湿度、温度、应力场的分布与演化以及损伤、爆裂具有重要影响。科学准确的混凝土热物理参数对于模拟和定量分析高强和高性能混凝土高温损伤爆裂至关重要。为此文献[49]~[74]研究了不同类型的高强和高性能混凝土的导热系数、热膨胀系数、比热容等热物理性质及其影响因素,发现骨料种类、含湿量、外掺料和温度等因素对混凝土的热物理性质具有重要影响。

与普通高强和高性能混凝土相比,RPC 剔除了粗骨料并掺入硅灰等活性物质,通过高温加压养护等措施使 RPC 水泥凝胶体水化反应更充分,微细观结构更密实。文献[75]和作者试验均表明,RPC 多数孔隙直径小于 $100\mu m$,不同孔径孔隙的累积孔隙率小于 9%。影响热物理性质的主要因素,材料组成成分、成型工艺以及微细观结构,在这些方面 RPC 均与普通高强和高性能混凝土存在显著差异。这种差异如何影响 RPC 高温下的物理化学反应、体积密度变化、热传导、热扩散、热膨胀、孔隙率与孔压力分布、湿迁移等性质或规律? 这些热物理性质的变化与RPC 高温爆裂之间存在怎样的关联? 目前国内外关于这些基础问题的研究报道得非常少,对 RPC 的高温热物理性质与爆裂机理的认识及如何改善其耐高温性能的研究远落后于工程应用的需要。

针对上述情况,通过高温试验研究 RPC 的基本热物理性质。制备了钢纤维率为 0、1%、2% 和 3% 的四种 RPC 材料,测试不同温度和钢纤维率下 RPC 的体积密度、热传导、比热容、热扩散和热膨胀等热物理性质及其变化规律,建立热物理性质参数随温度和钢纤维率变化的定量关系。尝试从传热学和材料物理等基本理论出发,定量地分析温度和钢纤维对 RPC 热物理性质的影响与作用机制。

8.1　热物性试验

8.1.1　样品制备

按照第 2 章 RPC 样品的制备工艺,将拌合物注入 230mm×114mm×65mm长方体和 100mm×100mm×100mm 立方体钢制模具中,置于振动台上振动成型。室温养护 24h 后拆模,高温快速养护箱中养护 72h。长方体试件用于 RPC 热传导、热扩散和比热容试验。从立方体取芯做成 $\phi50mm×20mm$ 和 $\phi10mm×50mm$ 的圆柱体试件用于 RPC 热重分析和热膨胀试验。

8.1.2　试验原理与方法

共测试 $\rho_v=0$、1%、2% 和 3% 四种 RPC 试件的热物理性质参数,其中 $\rho_v=0$ 表

示无钢纤维的情况,简称素 RPC;其他则简称为钢纤维 RPC。作者早期研究发现[39],以 5℃/min 速率由室温升至环境温度 300℃左右时(立方体试件内部中心温度 250℃左右时),RPC 发生爆裂。考虑到试件中心温度的测试方法和设备安全,本次试验将最高温度设为 250℃,即每个试件分别测试 28℃、100℃、150℃、200℃和 250℃五个不同温度的热传导、热扩散、比热容和热膨胀等热物理性质参数,升温速率 5℃/min。为获得稳定结果,降低离散性,每种钢纤维率、每种工况至少重复三个试件。其中,恒温热重和热膨胀试验各 24 个试件,分别用于测量恒温下 RPC 的质量损失和热膨胀变形;等速率升温热重和热物性试验各 12 个试件,分别用于测量等速升温速率下 RPC 的质量损失以及热传导、热扩散和比热容等热物性参数。

1. 热重试验

热重试验是指在程序控制温度的条件下测定 RPC 因高温产生的质量变化,通常包括恒温和等速升温两类。利用这两种方法研究升温过程中 RPC 的质量损失与变化规律。其中,恒温热重试验:试件尺寸 ϕ50mm × 20mm,以 5℃/min 速率升温至 100℃,恒温 1h,空气气氛条件下测试并绘制 RPC 热失重-时间曲线;等速升温热失重试验:试件尺寸 ϕ50mm×20mm,以恒定 5℃/min 速率升温至 300℃,空气气氛条件下测试并绘制 RPC 的热失重-温度曲线。采用 TGA-16-20 热重分析仪记录两类升温过程中 RPC 的质量变化(见图 8.1)。

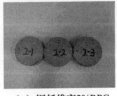

（a）素RPC　　　　　（b）钢纤维率1%RPC

（c）钢纤维率2%RPC　　　（d）钢纤维率3%RPC

图 8.1　TGA-16-20 热重分析仪及待测试件

2. 热传导、热扩散和比热容试验

导热系数、热扩散系数和比热容是衡量材料高温物理力学性质的三个重要指

标，也是分析材料高温爆裂机理和进行相关工程设计及计算的重要参数和依据。采用 TPP-2000 耐火材料热物性仪测量 RPC 的导热系数、热扩散系数和比热容等热物理参数（见图 8.2）。

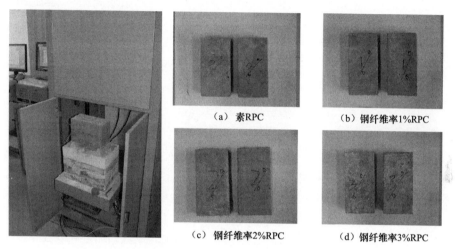

（a）素 RPC　　　　（b）钢纤维率 1%RPC

（c）钢纤维率 2%RPC　　　　（d）钢纤维率 3%RPC

图 8.2　TPP-2000 耐火材料热物性测试仪及待测试件

1）导热系数 λ

材料导热能力是由导热系数（coefficient of thermal conductivity）来表征的。所谓导热系数，是指物体在单位时间内、单位温度梯度下沿热流方向通过单位面积传递的热量，它反映了物体由高温区向低温区传递热量的能力。采用《耐火材料导热系数试验方法（热线法）》（GB/T 5990—2006），即热线法[76,77]测量 RPC 导热系数，即测量距埋设在两个长方体试块间热线源规定距离和规定位置处的温度变化。将热电偶置于和热线规定距离的位置，从加热开始热电偶记录温升随时间的变化，温升与时间的函数就是被测 RPC 样品的导热系数。导热系数计算公式如下[77]：

$$\lambda = \frac{VI}{4\pi L} \frac{-E_i\left(\frac{-\gamma^2}{4\alpha t}\right)}{\Delta\theta(t)} \tag{8.1}$$

式中，λ 为导热系数，W/(m·K)；I 为电流，A；V 为电压，V；L 为热线长度，m；$\Delta\theta(t)$ 为 t 时间内的温差，K；γ 为热线与测量热电偶之间的距离，m；α 为热扩散系数，m^2/s；t 为在接通和切断热线回路间的时间，s；$-E_i\left(\frac{-\gamma^2}{4\alpha t}\right)$ 为 $\int_x^u \frac{-e^u du}{u}$ 的指数积分，确定了 $\frac{\Delta\theta(2t)}{\Delta\theta(t)}$ 后，$-E_i\left(\frac{-\gamma^2}{4\alpha t}\right)$ 可由规范[77]查表获得。

2) 热扩散系数 α

物体受热升温是一个非稳态导热过程,输入的热量沿热流方向不断地被物体吸收而使沿途各点温度逐步升高,此过程持续到物体内部各点温度均匀为止。热扩散能力反映了上述过程中物体通过储存热量和传导热量使其温度均匀化的能力,由热扩散系数(coefficient of thermal diffusivity)表征。所谓热扩散系数是指固体(或气体)单位体积热容(volumetric heat capacity)中传递的热量,用公式表示为

$$\alpha = \frac{\lambda}{\rho C_p} \tag{8.2}$$

式中,α 为热扩散系数,m^2/s;λ 为导热系数,$W/(m \cdot K)$;ρ 为体积密度,kg/m^3;C_p 为定压比热容,$J/(kg \cdot K)$。

式(8.2)中,ρC_p 表示单位体积的物体升高单位温度所需要的热量,ρC_p 越小,物体温度升高 1℃所吸收储存的热量越小,更多热量可以继续向物体内部传递,使物体各点的温度更快地升高。

利用激光闪射法[78,79]测定 RPC 的热扩散系数。将两块 RPC 长方体试样置于加热炉中加热,当试样上、下表面温度达到平衡时,接通热线回路使试块上、下表面产生温差,热端将能量以一维热传导方式向冷端(上表面)传播,记录装置连续测量和试件上表面中心部位的温升过程,得到温度 T 随时间 t 的变化关系。根据试样上表面温度升高到最大值 T_{max} 一半所需要的时间 $1/2t$(半升温时间),由 Fourier 热传导方程计算得到 RPC 热扩散系数 α:

$$\alpha = k_{cd} k_m \frac{1.38L^2}{\pi^2 t_{1/2}} \tag{8.3}$$

式中,L 为试样厚度,m;$t_{1/2}$ 为半升温时间,s;k_{cd} 和 k_m 为修正系数。

3) 比热容 C

比热容(specific heat capacity)是指单位质量物体在一定条件下改变单位温度(1K 或 1℃)时吸收或释放的热量,单位 $J/(kg \cdot K)$。等压条件下的比热容称为定压比热容,用 C_p 表示;等容条件下的热容称为定容比热容,用符号 C_V 表示。本试验利用 TPP-2000 耐火材料热物性仪,通过输入 RPC 的实测体积密度 ρ,测算输出不同钢纤维率 RPC 的定容比热容 C_V。

需要说明的是,对任意钢纤维率 RPC 而言,一次热物性试验中,其导热系数、热扩散系数和定容比热容是试件在每个测量温度点下恒温 6h,热物性仪自整定后,在该点测量三次并取平均值得到的。对不同钢纤维率 RPC 试件重复上述过程得到 RPC 导热系数、热扩散系数和比热容参数随温度和钢纤维率变化的关系。8.2 节给出了导热系数、热扩散系数和定容比热容的实测结果。由于热重试件(ϕ50mm×20mm)尺寸较小,恒温 1h 试件内部受热达到均匀,故 RPC 的体积密度是试件在每个温度点恒温 1h 测算得到的。

3. 热膨胀试验

物体的热膨胀性质是指受热时物体几何特性随温度而变化的性质,由热膨胀系数来表征。热膨胀系数主要有体膨胀系数和线膨胀系数两种。体膨胀系数是指在恒定压力时单位温差下物体体积变化与其初始参考温度的体积之比,即[80]

$$\alpha_V = \frac{1}{V_0}\frac{dV}{dT} \tag{8.4}$$

式中,α_V 为体膨胀系数,K^{-1};V_0 为参考温度下物体的初始体积,m^3;dV 为物体体积的变化量,m^3;dT 为与参考温度的温差,K;dV/dT 实际上表示随温度变化物体体积的改变率。

如果仅考虑物体沿长度方向的热膨胀,则物体热膨胀性质可由线膨胀系数来表征。类似地,线膨胀系数(linear thermal expansion coefficient)表示单位温差时物体长度的变化与其在参考温度时长度的比值,即

$$\alpha_l = \frac{1}{L_0}\frac{\Delta L}{\Delta T} \tag{8.5}$$

式中,α_l 为线膨胀系数,K^{-1};L_0 为物体在参考温度下的初始长度,m;ΔL 为温度变化时物体长度的改变量,m;ΔT 为与参考温度的温差,K。

考虑到 RPC 材料组分均匀,无大骨料,且钢纤维随机乱向分布,物理力学性能具有各向同性特征,因此利用 RPZ-13-10/20P 全自动热膨胀仪测量不同钢纤维率 RPC 沿单方向的线膨胀系数 α_l。

8.2　结果与分析

图 8.3 和图 8.4 分别为恒温和等速升温条件下四种不同钢纤维率 RPC 的热失重曲线。图 8.5 绘出了温度升高时与室温值相比不同钢纤维率 RPC 的体积密度、导热系数、热扩散系数、比热容和线膨胀系数随温度变化的趋势。图 8.6 给出了不同温度条件下与素 RPC 相比,钢纤维 RPC 上述热物理性质参数随钢纤维率的变化规律。表 8.1 列出了上述各热物理参数的试验值[81]。

结果表明:

(1) 温度≤150℃时,无论恒温还是等速升温,RPC 质量损失都很小,各种钢纤维率 RPC 的质量损失不超过 0.45%。其中,温度低于 100℃时,各种钢纤维率 RPC 质量损失最大仅 0.15%,不同钢纤维率 RPC 的质量损失相当,质量损失与钢纤维率关系不大。当温度超过 150℃后,RPC 质量损失随温度升高逐步增大。其中,恒温条件下,钢纤维率越高,RPC 质量损失越大,当温度升高至 250℃时钢纤维率 3% 的 RPC 的质量损失超过 1%(见图 8.3);与此相反,等速升温条件下,钢纤率

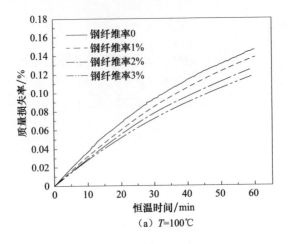

（a）T=100℃

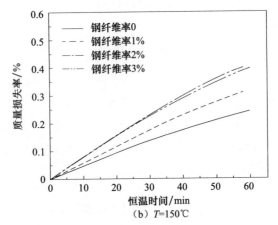

（b）T=150℃

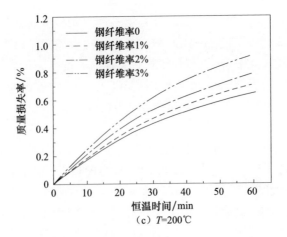

（c）T=200℃

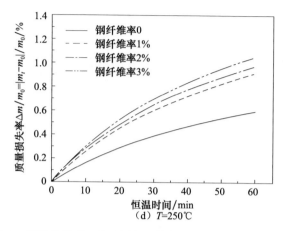

（d）T=250℃

图 8.3　恒温条件下四种不同钢纤维率 RPC 的热失重-时间曲线

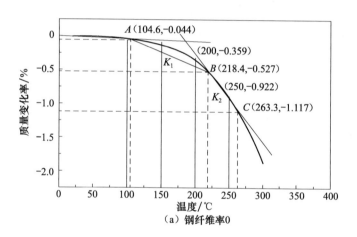

（a）钢纤维率0

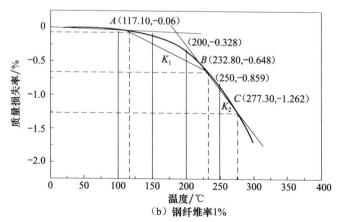

（b）钢纤维率1%

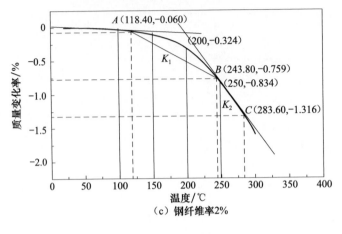

（c）钢纤维率2%

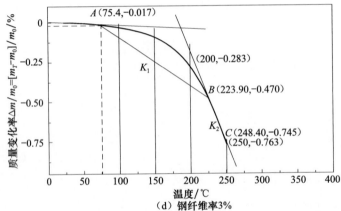

（d）钢纤维率3%

图 8.4　等速升温条件下四种不同钢纤维率 RPC 的热失重-温度曲线

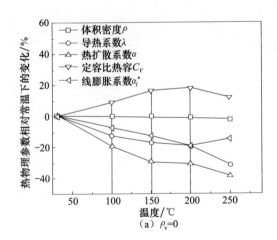

（a）$\rho_v=0$

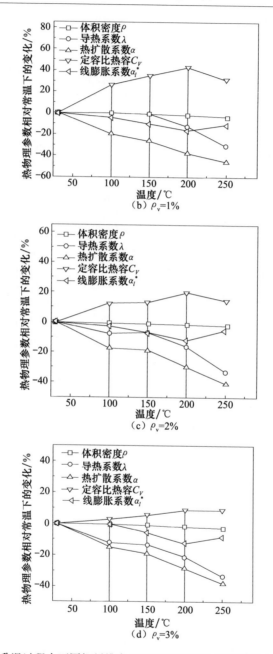

图 8.5　升温过程中不同钢纤维率 RPC 的热物理参数随温度变化的规律

*计算线膨胀系数时,室温 28℃时的温差非常小,设备量测误差偏大,故取 50℃实测值来计算 RPC 室温的线膨胀系数,图中线膨胀系数的起始温度为 50℃,而其他参数的起始温度为 28℃

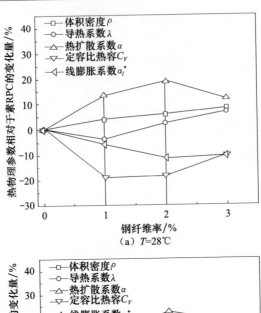

（a）$T=28\,℃$

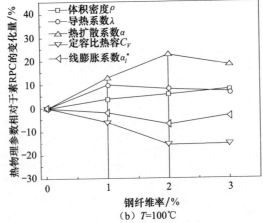

（b）$T=100\,℃$

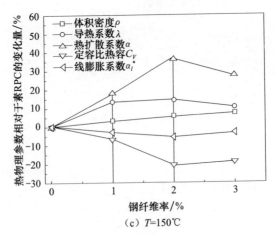

（c）$T=150\,℃$

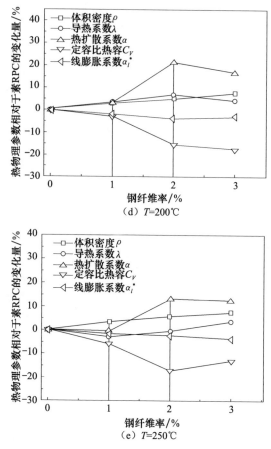

图 8.6　不同温度下 RPC 的热物理参数随钢纤维率变化的规律

*计算线膨胀系数时,室温 28℃时的温差非常小,设备量测误差偏大,故取 50℃实测值来计算
RPC 室温的线膨胀系数,图中线膨胀系数的起始温度为 50℃,而其他参数的起始温度为 28℃

越高,RPC 质量损失越小,但不同钢纤维率质量损失的差别并不大。与恒温条件
相比,等速温升至 250℃时不同钢纤维率 RPC 质量损失最大仅为 0.92%(素
RPC),低于恒温时 RPC 的最大质量损失(钢纤维率 3%的 RPC)。不同温升条件
下钢纤维率对 RPC 质量损失具有不同的影响。等速升温下 RPC 质量损失的另一
个突出特点是,钢纤维率不超过 2%时 RPC 平均质量损失率 K_i[温度每升高 1℃
时质量损失的平均值(图 8.4 中直线斜率 K_1 和 K_2)]随钢纤维率增加而增大;但
当钢纤维率达到 3%时 RPC 的平均质量损失率 K_i 下降,计算显示该值低于素
RPC 的平均质量损失率。

　　　　　　　活性粉末混凝土的制备与物理力学性能

表 8.1　不同温度和钢纤维掺量下 RPC 的热物理参数的试验值

钢纤维率 ρ_v/%	温度 T/℃	体积密度 ρ/(g/cm³)	变化幅度/%	导热系数 λ/[W/(m·K)]	变化幅度/%	热扩散系数 a/(mm²/s)	变化幅度/%	定容比热容 C_v/[J/(g·K)]	变化幅度/%	线膨胀系数 α/(×10⁻⁶ /℃)	变化幅度/%	热膨胀量 ΔL/(×10⁻² mm)	热膨胀率 $\varepsilon=\Delta L/L_0$/%
0	28	2.29	—	2.132	—	1.694	—	0.558	—	12.801	—	1.402	0.026
	100	2.29	0.000	1.871	-12.246	1.368	-19.250	0.607	8.765	11.826	-7.617	4.239	0.084
	150	2.28	-0.437	1.780	-16.519	1.203	-28.963	0.651	16.733	11.199	-12.515	6.803	0.136
	200	2.27	-0.873	1.719	-19.385	1.174	-30.714	0.659	18.147	10.339	-19.233	8.854	0.177
	250	2.24	-2.183	1.462	-31.433	1.051	-37.955	0.627	12.351	10.953	-14.436	12.11	0.242
1	28	2.38	—	2.051	—	1.919	—	0.450	—	12.092	—	1.333	0.027
	100	2.37	-0.420	2.056	0.217	1.546	-19.419	0.571	26.914	11.565	-4.358	4.172	0.084
	150	2.36	-0.840	2.026	-1.246	1.423	-25.874	0.610	35.556	10.891	-9.932	6.657	0.134
	200	2.34	-1.681	1.787	-12.893	1.211	-36.915	0.642	42.716	10.160	-15.978	8.755	0.175
	250	2.32	-2.521	1.423	-30.623	1.051	-45.229	0.592	31.605	10.785	-10.809	12.00	0.240
2	28	2.43	—	2.188	—	2.021	—	0.456	—	11.297	—	1.255	0.025
	100	2.42	-0.412	2.024	-7.466	1.676	-17.082	0.511	12.195	11.011	-2.532	4.002	0.079
	150	2.41	-0.823	2.042	-6.653	1.642	-18.759	0.517	13.415	10.526	-6.825	6.483	0.128
	200	2.39	-1.646	1.841	-15.851	1.424	-29.540	0.547	20.073	9.936	-12.047	8.627	0.171
	250	2.37	-2.469	1.453	-33.586	1.196	-40.821	0.520	14.146	10.709	-5.205	12.00	0.238
3	28	2.48	—	2.277	—	1.903	—	0.500	—	11.484	—	1.274	0.026
	100	2.47	-0.403	2.003	-12.019	1.624	-14.670	0.513	2.600	11.456	-0.244	4.159	0.083
	150	2.46	-0.806	1.970	-13.483	1.538	-19.163	0.529	5.778	10.854	-5.486	6.677	0.133
	200	2.44	-1.613	1.800	-20.949	1.373	-27.851	0.546	9.111	10.028	-12.679	8.697	0.173
	250	2.41	-2.823	1.520	-33.245	1.184	-37.765	0.547	9.333	10.559	-8.055	1.1.82	0.235

注：表中各工况下的物理参数数值为同种工况下 3～6 试件的实测数据的平均值。"变化幅度"指相比室温各件各热物理条件参数的改变量大小。热膨胀量 ΔL 是指相比室温 28℃时的试件初始长度 L_0 的变化。计算线膨胀系数时，室温 28℃时的温差非常小，设备量测误差较大，故取 50℃实测值来计算 RPC 室温线膨胀系数，表中线膨胀系数的起始温度为 50℃，而其他参数的起始温度为 28℃。

　　上述结果表明,随温度升高 RPC 质量损失逐步增大,但绝对损失量并不大,与室温相比,温度不超过 250℃时质量损失最大为 1％左右。值得注意的是,图 8.4 显示,当等速温升超过 270℃后 RPC 质量损失–温度曲线迅速下降,平均质量损失率 K_i 快速增加,绝对质量损失可能超过 1.5％。RPC 质量损失和损失率与温升方式和钢纤维率有关。

　　(2) 相同钢纤维率下 RPC 的体积密度、导热系数、热扩散系数、定容比热容和线膨胀系数等物理性质参数随温度升高表现出不同的变化规律。与室温值相比,除定容比热容外,各种钢纤维率 RPC 的体积密度、导热系数、热扩散系数和线膨胀系数均呈现随温度升高而降低的趋势,定容比热容则随温度升高而呈现增大的趋势。其中,RPC 体积密度变化的幅度最小,最大降幅不超过 3.0％。与室温相比,钢纤维率 ≥ 1％时,RPC 导热系数 λ^ρ 随温度升高而逐步减小,特别是当温度 > 150℃后,随降幅迅速增加。钢纤维率越高,低温升下 λ^ρ 降幅越大。素 RPC 导热系数 λ^0 随温度升高也持续降低,温度 > 200℃后降幅快速增加。

　　与其他热物理性质参数相比,热扩散系数受温度影响最大。与室温相比,各种钢纤维率 RPC 的热扩散系数随温度升高下降的幅度和速率均较大。温度 > 150℃时,α 降幅迅速增加;$T=250℃$时,α 降幅达到 40％。

　　与室温相比,各种钢纤维率 RPC 的线膨胀系数随温度升高持续降低,但当温度超过 200℃时 α_l 出现回升,并随钢纤维率增大而逐步接近室温值。

　　温升对 RPC 比热容影响较大,各种钢纤维率 RPC 定容比热容随温度升高而增大,但温度超过 200℃后出现回落。钢纤维率 1％时上述特征尤其明显,温度 200℃时 C_V 增幅超过 40％,而钢纤维率 3％时定容比热容变化较小。

　　(3) 相同温度条件下,钢纤维率对 RPC 的体积密度、导热系数和线膨胀系数的影响不如对热扩散系数和定容比热容的影响大。与素 RPC 相比,添加钢纤维后 RPC 的体积密度随定容纤维率增加而增大,增速 $\Delta\rho/\Delta\rho_v$ 恒定,增幅不大,最大不超过 8％。

　　导热系数呈现围绕素 RPC 导热系数值波动的特征,100℃ ≤ T ≤ 200℃时,钢纤维率 1％时导热系数 λ^ρ 升至最大,此后随钢纤维率增加 λ^ρ 逐步回落至该温度下素 RPC 的导热系数 λ^0。$T=250℃$和室温时,与素 RPC 相比,钢纤维率 1％的导热系数下降,此后随钢纤维率增加 λ^ρ 逐步回升至该温度下素 RPC 的导热系数 λ^0。上述两种情况下 RPC 导热系数平均波动 7％左右。

　　与素 RPC 相比,掺入钢纤维后各种温度下 RPC 线膨胀系数普遍降低,钢纤维率越高,线膨胀系数降幅越大。室温(计算线膨胀系数时取室温为 50℃)下线膨胀系数降幅最大,随温度升高,线膨胀系数与素 RPC 线膨胀系数的差别逐步缩小。温度超过 150℃后线膨胀系数随钢纤维率增加变化很小。

　　与上述热物理参数的变化规律不同,掺入钢纤维后各种温度下 RPC 热扩散系数明显增大。与素 RPC 相比,热扩散系数增幅随钢纤维率提高而增大,但钢纤维率超过 2％后增幅开始下降。

比热容受钢纤维率影响较大,与素 RPC 相比,各温度下钢纤维 RPC 的定压比热容随钢纤维率增加而大幅降低,其中,室温下钢纤维率 1％时定压比热容下降得最大,此后随钢纤维率增加定压比热容略有回升。其他温升条件下,定压比热容均随钢纤维率增加而逐步降低,当钢纤维率超过 2％时定压比热容降幅减小。

为更直观地反映温度和钢纤维率对 RPC 热物理性质的耦合影响,图 8.7 绘出了 RPC 的体积密度、导热系数、热扩散系数、定压比热容和线膨胀系数随钢纤维率和温度的变化规律,图中黑点为实测数据,曲面为实测的各个热物理性质参数的拟合曲面。

对数据进行回归分析得到 RPC 的体积密度、导热系数、热扩散系数、定压比热容和线膨胀系数随温度和钢纤维率变化的关系式:

$$\rho = 2.30 + 1.80T - 1.62T^2 + 0.05\rho_v \tag{8.6}$$

$$\lambda = 2.22 - 6.52T + 5.08T^2 - 1.54T^3 + 8.02\rho_v - 1.45\rho_v^2 \tag{8.7}$$

$$\alpha = 1.82 - 4.31T + 3.51T^2 + 0.23\rho_v - 4.98\rho_v^2 \tag{8.8}$$

$$C_V = 0.54 + 3.98T + 5.35T^2 - 2.15T^3 - 8.09\rho_v + 1.56\rho_v^2 \tag{8.9}$$

$$\alpha_l = 11.43 + 3.55T - 4.01T^2 + 1.02T^3 - 0.58\rho_v + 0.13\rho_v^2 \tag{8.10}$$

式中,$0 \leqslant \rho_v \leqslant 3.0\%$,$30℃ \leqslant T \leqslant 250℃$,各公式相关系数分别为 97％、94％、96％、86％和 91％。

该结果表明,在上述条件下,当钢纤维率为某一确定值时,RPC 热物理参数与温度呈非线性关系;当温度为某一确定值时,RPC 的体积密度与钢纤维率为线性关系,其他热物理参数与钢纤维率呈二次非线性关系。

为了分析 RPC 与 NC、HSC 和 HPC 热物理性质的差别,表 8.2 列出了普通混凝土和高强、高性能混凝土热物理性质的部分试验结果。需要指出的是,由于高温试验目的不同和试验条件的限制,仅给出了部分参数的测算结果。

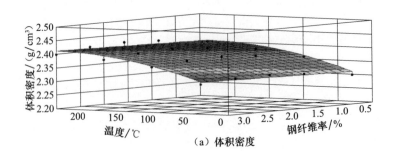

(a) 体积密度

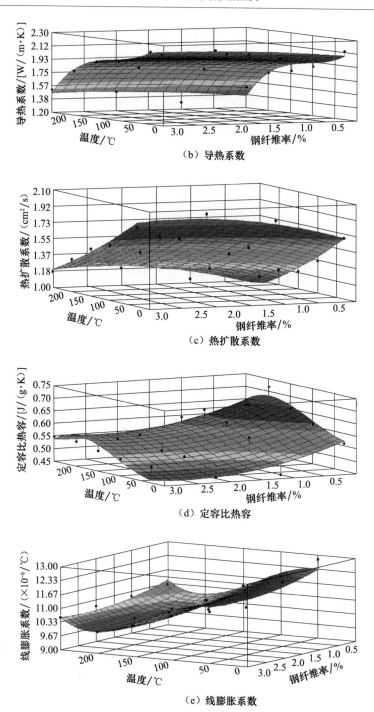

图 8.7　RPC 热物理性质参数随温度和钢纤维率变化的规律(后附彩图)

表 8.2　RPC 与 NC、HSC 和 HPC 热物理性质参数的对比

混凝土类别	钢纤维率 ρ_v/%	温度 T/℃	质量损失率 $\Delta m/m_0$/%	导热系数 λ/[W/(m·K)]	热扩散系数 α/(mm²/s)	定容比热容 C_V/[J/(g·K)]	线膨胀系数 α_l/(×10⁻⁶/℃)
NC(C37.9MPa)[68]	0	20	—	2.19	0.88	1.10	—
		500		1.28	0.45	1.35	
		700		1.14	0.40	1.36	
		900		1.03	0.42	1.20	
NC(C40MPa)[53]	0	20	—	3.00	—	—	
		110		2.26			
		210		2.21			
		310		2.06			
NC①[54]　C25.8MPa	0	60	—	—	—	—	8.4
C37.3MPa							9.0
C46.4MPa							9.8
NC[55]　C38.6MPa	0	25	—	1.62	—	—	—
C47.6MPa		40		—			11.17
HSC[55]　C72.0MPa	0	40	—	—	—	—	12.68
C77.1MPa							12.43
HSC(C86.8MPa)[50,55]	0	25	—	1.68	—	—	—
		50		1.56			
		80		1.49			
HSC②(C80MPa)[79]	0	28	—	1.39	—	0.851	—
		100		1.34		0.890	
		150		1.30		0.914	
		200		1.27		0.939	
		250		1.23		0.964	
HSC③(C80MPa)[65]	0	28	0.14	1.97	1.070	0.800	—
		100	0.50	1.89	0.859	0.957	
		150	0.75	1.84	0.749	1.065	
		200	1.0	1.78	0.659	1.174	
		250	1.25	1.73	0.585	1.283	

续表

混凝土类别		钢纤维率 ρ_v/%	温度 T/℃	质量损失率 $\Delta m/m_0$/%	导热系数 λ/[W/(m·K)]	热扩散系数 α/(mm²/s)	定容比热容 C_V/[J/(g·K)]	线膨胀系数 α_l/(×10⁻⁶/℃)
HSFC③(C90MPa)[65]		4.5	28	0.11	2.40	1.360	0.769	—
			100	0.4	2.16	0.982	0.957	
			150	0.6	1.99	0.796	1.087	
			200	0.8	1.82	0.650	1.217	
			250	1.0	1.72	0.553	1.348	
HSLWC[73]	C60.2MPa	0	21		0.9	0.51	0.974	—
	C75.0MPa				1.07	0.58	0.994	
HPC[55]	C35.3MPa	0	40					11.62
	C36.9MPa							13.29
HPC(C72MPa)[70]		0	50		2.20	1.25	0.77	
			100		2.10	1.13	0.79	
			150		2.00	1.02	0.86	
			200		1.90	0.90	0.94	
SCRC(C40MPa)[52]		0	850					18.6
SCRC④[58]	C54.2MPa 石灰岩	0	25±1		3.50	1.90	1.84	—
	C53.2MPa 硅灰		25±1		2.61	1.47	1.77	
RPC⑤[59]		0	80		—	—	—	11.76±0.04 12.33±0.04 9.93±0.07
RPC		0	28		2.132	1.694	0.558	12.801
RPC			100	0.039	1.871	1.368	0.607	11.826
RPC			150	0.122	1.780	1.203	0.651	11.199
RPC			200	0.359	1.719	1.174	0.659	10.339
RPC			250	0.922	1.462	1.051	0.627	10.953

注:表中 HSFC 表示高强纤维混凝土,HSLWC 表示高强轻质混凝土,SCRC 表示自密实混凝土。符号 C37.9MPa 表示混凝土单轴抗压强度为 37.9MPa,其余类同。
①原文为加气混凝土;②对应温度点的数据是根据文献[82]实测结果及公式计算得到的;③对应温度点的数据是根据文献[65]的实测结果及公式计算得到的。其中,原文献给出了热容量数据,即体积密度与比热容的乘积。表中比热容是作者根据原文献实测数据和混凝土平均体积密度 2.3g/cm³ 计算出的结果;④ 表中参数为混凝土含湿量为零时的实测值;⑤ 表中线膨胀系数从大到小分别对应 0.4K/min、0.7K/min 和 1.1K/min 三种升温速率。

根据表 8.2 的试验数据,图 8.8 绘出了 RPC 和其他类别混凝土的热物理性质参数随温度变化的趋势。尽管数据有限,但从表 8.2 和图 8.8 数据的对比仍然可以发现 RPC 的热物理性质具有以下显著特征:

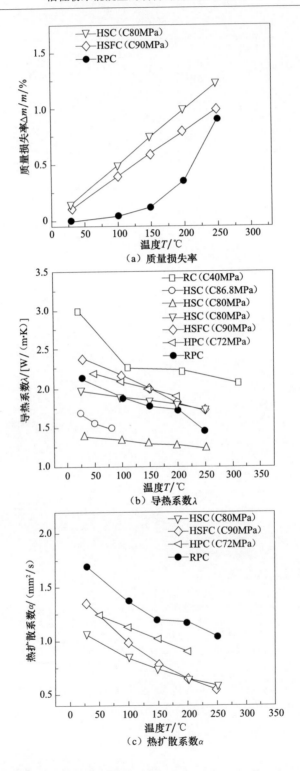

（a）质量损失率

（b）导热系数λ

（c）热扩散系数α

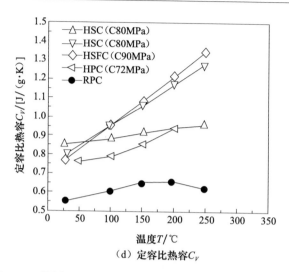

图 8.8　不同类型混凝土的热物理性质随温度变化规律的对比

（1）相同温升条件下，素 RPC($\rho_v=0\%$) 的质量损失率低于所列的 C70 等级以上的普通高强和高性能混凝土的质量损失率，尤其是温升不超过 200℃时该特征十分明显，如图 8.8(a)所示。与普通高强和高性能混凝土不同，素 RPC 的质量损失率随温度升高呈非线性增加。

（2）类似于其他类型混凝土，素 RPC 的导热系数随温度升高而逐步降低。温升超过 100℃后，相同温度条件下，素 RPC 的导热系数低于所列的大多数 C70 等级以上的高强和高性能混凝土的相应值（除文献[50]、[55]、[82]数据外），也低于 C40 等级普通混凝土的导热系数，如图 8.8(b)所示。

（3）相同温升条件下，素 RPC 的热扩散系数高于所列的 C70 等级以上的普通高强和高性能混凝土的热扩散系数，如图 8.8(c)所示。素 RPC 的热扩散系数随温度升高而下降的速率与普通高强和高性能混凝土的基本相当。

（4）相同温升条件下，素 RPC 的定容比热容明显低于所列的 C70 等级以上的普通高强和高性能混凝土的定容比热容。与普通高强和高性能混凝土的定容比热容随温度升高而持续增加的规律不同，当温升超过 200℃时，素 RPC 的定容比热容开始下降，掺入钢纤维的 RPC 也具有相同的特性，如图 8.8(d)和图 8.5 所示。

（5）相同温升条件下，RPC 的线膨胀系数与所列普通高强和高性能混凝土的基本相当，远低于自密实混凝土的热膨胀系数，见表 8.2。

8.3 热物性的微观物理机制

8.3.1 无机非金属固体的传热机理

上述试验和分析表明,RPC 在传热过程中表现出不同于普通高强和高性能混凝土的热物理性质,究其原因,是由 RPC 独特的材料组成、微观结构和热传导机制所致的。

根据传热学理论[83~86],固体主要有自由电子迁移和晶格振动两种相互独立的热传导机制。纯金属和合金材料主要依靠晶格原子核外自由电子的运动来传热,自由电子如同气体分子一样可以在晶格之间移动,使热能从高温处传到低温处。无机非金属固体材料则主要通过较高温度处的晶格振动产生弹性波(格波)带动相邻晶格振动来传导热能。

无机非金属固体传热过程中,当温度不高时,格波振动的频率较低,振动质点之间的相位差不大,此类格波称为声频支格波。由于晶格振动的能量是量子化的,因此一般将声频支格波的量子称为声子。热传导过程就是声子之间的相互作用过程,可以看成非简谐弹性波在连续介质中的传播,这种热传导一般称为声子导热。当温度很高时,格波振动的频率很高,通常会进入可见光和红外光区,振动质点的相位差很大,临近质点运动几乎相反,此类格波称为光频支格波。热能通过热射线辐射传递,传播过程与光在介质中的传播相似,即有散射、衍射、吸收、反射和折射等,此类热传导通常称为光子导热。无机非金属材料传热过程中,不同温度条件下这两类格波的作用和影响不同,对于透明性差、光子吸收系数大或散射显著的材料,只有温度超过 773K 后光子导热的作用才开始显现。无机非金属固体中声子导热系数 λ_p 和光子辐射的导热系数 λ_{st} 可以分别表示如下[83]:

$$\lambda_p = \frac{1}{3} C \upsilon_p \bar{l}_p \tag{8.11}$$

式中,C 为材料的比热容;υ_p 为声子的速度;$\bar{l}_p$ 为声子的平均自由程。

$$\lambda_{st} = \frac{16}{3} \sigma n^2 T^3 \bar{l}_{st} \tag{8.12}$$

式中,σ 为 Stefan-Boltzmann 常数;n 为光的折射率;T 为温度;$\bar{l}_{st}$ 为光子的平均自由程。

由式(8.11)和式(8.12)可以看出,给定温度下无机非金属材料的传热能力(热导率或导热系数)与声子或光子的平均自由程密切相关。

8.3.2 导热系数变化的热物理机制

根据上述理论,RPC 导热系数随温度升高而降低有以下三方面原因:

（1）由于受热温度低于 573K，RPC 传热主要为声子导热，导热系数可由式（8.11）给出。随温度升高，声子振动的能量增大，格波之间的相互作用增强，碰撞概率增加，因而平均自由程减小，导热系数降低。

（2）RPC 属非均质复合材料，内部存在大量微观尺度的孔隙和缺陷。压汞试验表明，随温度升高，RPC 内部孔隙的体积和总表面积增大，平均孔径减小（见表 8.3）。由于孔隙数量增多，且多为非连通孔隙，导热系数高的固体介质体积减小，而孔隙中空气的导热系数远低于固体介质的导热系数，故 RPC 的总表观导热系数降低。

（3）掺入钢纤维和内部微孔隙使 RPC 基体中不连续的晶界和弱面增多，造成大量声子散射，格波振动的热阻力增大，平均自由程 $\overline{l_p}$ 减小，也降低了 RPC 的热传导性能。

普通高强和高性能混凝土掺入一定量的大尺寸石质粗骨料时[图 8.8(b)中数据[53,65,70]]，由于粗骨料的导热系数为 2.1～2.9W/(m·K)，高出水泥砂浆的导热系数 0.72W/(m·K)[85] 1.5～4 倍，根据复合多相体热传导理论[83,84]，其表观导热系数大于以水泥、石英砂和硅灰水化成的 RPC 的导热系数，如图 8.8(b)所示。

表 8.3　不同温度条件下素 RPC 内部微观孔隙的几何参数

温度/℃	孔隙率/%	孔隙总体积/(cm³/g)	孔隙总表面积/(cm²/g)	平均孔径/nm
28	2.93	0.0135	1.676	32.2
100	2.07	0.0093	1.089	34.2
200	4.14	0.0192	2.463	31.2
300	7.96	0.0401	5.724	28.0

注：上述数据是利用美国 AutoPore Ⅳ 9500 型压汞仪测出的，最大汞压力 228MPa，量测范围 5.5nm～360μm。

高温下钢纤维 RPC 的导热系数随钢纤维率的变化是温度和钢纤维对声子导热阻力的影响以及钢纤维对改善基体传热性能贡献的综合结果，不同温度下钢纤维所起的作用不同。

室温条件下，钢纤维率较低时（$\rho_v \leqslant 1\%$），与素 RPC 相比，乱向随机分布的钢纤维增加了基体中不连续的夹杂和晶界的数量，各种频率的声子相互干扰增强，声子的平均自由程减小，导热阻力增大，钢纤维 RPC 的导热系数下降。随着钢纤维率加大（$\rho_v > 1\%$），由于钢纤维本身具有良好的导热性能，随机分布的钢纤维可能相互搭接（特别是 $\rho_v = 3\%$ 时），传热路径增多，钢纤维对传热的增强作用大于晶界增多对传热的阻碍作用，因而导热系数又逐步回升[见图 8.6(a)]。

当温度升高时（$T > 50℃$），素 RPC 声子的平均自由程减小，导热阻力增大。同时,温升作用又使基体中的孔隙体积和孔隙界面增多,导热阻力进一步增加。当温度不太高($100℃ \leqslant T < 250℃$),且钢纤维率较低($\rho_v \leqslant 1\%$)时,由于相同温升下素 RPC 的导热系数较低,适量的钢纤维对于改善 RPC 基体传热性能的作用较明显,因而 $\rho_v = 1\%$ 时 RPC 的导热系数增幅较大。随着钢纤维率增加($\rho_v > 1\%$),夹杂和晶界的数量增加,格波振动的热阻力增大,钢纤维对声子导热的阻碍作用大于钢纤维的传热作用,钢纤维 RPC 的导热系数开始下降,特别是钢纤维率超过 2% 时,导热系数下降的幅度明显增加[见图 8.6(b)~(d)]。当温度达到 250℃ 或以上时,素 RPC 声子的平均自由程进一步减小,基体中的微观孔隙增多,素 RPC 传热性能降低得较多,钢纤维对改善基体传热性能的贡献不足以抵消高温对基体传热性能的负面影响,只有当钢纤维率达到 3% 时,数量较多的钢纤维对传热的增强作用才能大于温升以及晶界增多对传热的阻碍作用,钢纤维 RPC 的导热系数出现了先降低后回升的趋势[见图 8.6(e)]。

8.3.3　比热容变化的物理机制

试验表明,RPC 的定容比热容随温度升高而增大,高温下定容比热容随钢纤维率增加而降低。采用晶格动力学和量子理论[87~89]中 Debye 模型来定量分析 RPC 比热容特性的微观机制。

Debye 模型是对 Einstein 比热容模型的发展。Debye 理论提出[87~89],固体原子的热振动并非单一频率,而是具有一个广谱的频率分布,将晶体视为弹性介质,晶格振动相当于弹性波的传播。考虑固体晶格系统包含 N 个元胞,每个元胞中有 n 个原子,则系统有 $3nN$ 个自由度。晶格振动可表示为 $3nN$ 个独立格波的简谐振动,每个谐振子的能量是量子化的,系统振动的总能量 $E(T)$ 可表示为

$$E(T) = \sum_{j=1}^{3nN} \frac{\hbar\omega_j(\overline{q})}{e^{\hbar\omega_j(\overline{q})/(\kappa_B T)} - 1} \tag{8.13}$$

式中,$\hbar\omega_j(\overline{q})$ 为波矢 $\overline{q}$、频率 ω_j 的格波声子;κ_B 为玻尔兹曼常量;T 为温度。

假设系统中任意波矢 $\overline{q}$ 具有一个纵波和两个独立的横波,对所有的 $3nN$ 个模式求和,由定容比热容的定义得

$$C_V = \frac{\partial E}{\partial T}\Big|_V = \int_0^{\omega_d} \left(\frac{\hbar\omega}{\kappa_B T}\right)^2 \frac{e^{\hbar\omega/\kappa_B T} g(\omega)}{(e^{\hbar\omega/\kappa_B T} - 1)^2} d\omega \tag{8.14}$$

式中,ω_d 为 Debye 特征频率;$g(\omega)$ 为 Debye 格波频率分布函数,满足 $\int_0^{\omega_d} g(\omega)d\omega = 3nN$。

代入 $g(\omega)$ 的表达式,由定容比热容定义式(8.14)得

$$C_V = \frac{\partial E}{\partial T}\Big|_V = \int_0^{\omega_d} \frac{9N}{\omega_d^3} \kappa_B \frac{\left(\frac{\hbar\omega}{\kappa_B T}\right)^2 e^{\hbar\omega/\kappa_B T}}{(e^{\hbar\omega/\kappa_B T} - 1)^2} \omega^2 d\omega \tag{8.15}$$

定义 Debye 温度 $\vartheta_\mathrm{d} = \dfrac{\hbar\omega_\mathrm{d}}{\kappa_\mathrm{B}}$，令 $\xi = \dfrac{\hbar\omega}{\kappa_\mathrm{B}T}$，则式 (8.15) 简化为

$$C_V = \frac{\partial E}{\partial T}\bigg|_V = 9N\kappa_\mathrm{B}\left(\frac{T}{\vartheta_\mathrm{d}}\right)^3 \int_0^{\vartheta_\mathrm{d}/T} \frac{\xi^4 \mathrm{e}^\xi}{(\mathrm{e}^\xi - 1)^2}\mathrm{d}\xi = 3N\kappa_\mathrm{B}f\left(\frac{\vartheta_\mathrm{d}}{T}\right) \qquad (8.16)$$

式中，$f\left(\dfrac{\vartheta_\mathrm{d}}{T}\right) = 3\left(\dfrac{T}{\vartheta_\mathrm{d}}\right)^3 \displaystyle\int_0^{\vartheta_\mathrm{d}/T} \dfrac{\xi^4 \mathrm{e}^\xi}{(\mathrm{e}^\xi - 1)^2}\mathrm{d}\xi$，称为 Debye 比热容函数。

利用固体介质的弹性模量可得到其平均弹性波速 $\bar{c}$，再利用式 (8.17) 得到 Debye 温度：

$$\vartheta_\mathrm{d} = \frac{\hbar\omega}{\kappa_\mathrm{B}} = \frac{\hbar}{\kappa_\mathrm{B}}\bar{c}\left(\frac{6\pi^2 N}{V}\right)^{\frac{1}{3}} \qquad (8.17)$$

式中，V 为固体的体积；N 表示元胞总数。

温度很高时，即 $T \gg \vartheta_\mathrm{d}$ 时，系统所有声子振动模式被激发，由 ξ 定义知：$\xi \ll 1$，$\mathrm{e}^\xi \approx 1+\xi$，温度很高时，$f\left(\dfrac{\vartheta_\mathrm{d}}{T}\right)$ 可改写为

$$f\left(\frac{\vartheta_\mathrm{d}}{T}\right) \approx 3\left(\frac{T}{\vartheta_\mathrm{d}}\right)^3 \int_0^{\vartheta_\mathrm{d}/T} \xi^2 \mathrm{d}\xi = 1$$

代入式 (8.16) 中得 $C_V = 3N\kappa_\mathrm{B}$，表明温度很高时，$C_V$ 与 T 无关，为材料常数。

由式 (8.17) 知，固体 Debye 温度与介质的平均弹性波速成正比。以金刚石为例，其弹性波速约为 $11000\mathrm{m/s}$[90]，Debye 温度约 $2230\mathrm{K}$[87,89]。素 RPC 的平均弹性波速近似为 $5000\mathrm{m/s}$[91]，约为金刚石平均弹性波速的 $1/2$。由 Debye 理论可知，RPC 的理论 Debye 温度约为金刚石的 $1/2$，即 $1013\mathrm{K}$ 左右。考虑到素 RPC 的实际材料组成和微孔隙会降低其 Debye 温度，参考多数晶体的 Debye 温度介于 $200 \sim 500\mathrm{K}$，近似取折减系数 0.5，则素 RPC 的 Debye 温度可粗略地近似为 $500\mathrm{K}$。由于试验温度 T 为 $300 \sim 523\mathrm{K}$，有 $\dfrac{3}{5} \leqslant \dfrac{T}{\vartheta_\mathrm{d}} \leqslant 1.05$，即 $\dfrac{1}{1.05} \leqslant \xi \leqslant \dfrac{5}{3}$，不满足 $\xi \ll 1$，表明温升条件并未激发 RPC 的所有声子振动模式，C_V 并非材料常数，而与温度有关。

若温度较低，由 Debye 比热容函数可知：

$$f\left(\frac{\vartheta_\mathrm{d}}{T}\right) = 3\left(\frac{T}{\vartheta_\mathrm{d}}\right)^3 \int_0^{\vartheta_\mathrm{d}/T} \frac{\xi^4 \mathrm{e}^\xi}{(\mathrm{e}^\xi - 1)^2}\mathrm{d}\xi \qquad (8.18)$$

对式 (8.18) 进行 Taylor 级数展开，考虑到 ξ 的取值范围，略去高阶项后得到

$$f\left(\frac{\vartheta_\mathrm{d}}{T}\right) = f(\xi) \approx f(\xi)\big|_{\xi=\xi_0} + f'(\xi)\big|_{\xi=\xi_0}(\xi-\xi_0) + \frac{f''(\xi)\big|_{\xi=\xi_0}}{2!}(\xi-\xi_0)^2$$

$$+ \frac{f'''(\xi)\big|_{\xi=\xi_0}}{3!}(\xi-\xi_0)^3 \qquad (8.19)$$

式中，

$$f(\xi)=\frac{3}{\xi^3}\int_0^\xi \frac{\xi^4 e^\xi}{(e^\xi-1)^2}d\xi,\ f'(\xi)=-\frac{9}{\xi^4}\int_0^\xi \frac{\xi^4 e^\xi}{(e^\xi-1)^2}d\xi+\frac{3\xi e^\xi}{(e^\xi-1)^2}$$

$$f''(\xi)=\frac{36}{\xi^5}\int_0^\xi \frac{\xi^4 e^\xi}{(e^\xi-1)^2}d\xi+\frac{3\xi e^\xi-6e^\xi}{(e^\xi-1)^2}-\frac{6\xi e^{2\xi}}{(e^\xi-1)^3}$$

$$f'''(\xi)=-\frac{180}{\xi^6}\int_0^\xi \frac{\xi^4 e^\xi}{(e^\xi-1)^2}d\xi+\frac{36e^\xi}{\xi(e^\xi-1)^2}+\frac{3\xi e^\xi-3e^\xi}{(e^\xi-1)^2}$$

$$-\frac{18\xi e^{2\xi}-6e^{2\xi}}{(e^\xi-1)^3}+\frac{18\xi e^{3\xi}}{(e^\xi-1)^4}$$

取 $\xi_0=1$，则比热容函数可近似表达为

$$f\left(\frac{\vartheta_d}{T}\right)=f(\xi)\approx0.952-0.093(\xi-1)-0.041(\xi-1)^2+0.007(\xi-1)^3$$

$$=0.952-0.093\left(\frac{\vartheta_d}{T}-1\right)-0.041\left(\frac{\vartheta_d}{T}-1\right)^2+0.007\left(\frac{\vartheta_d}{T}-1\right)^3$$

$$=0.997+0.01\frac{\vartheta_d}{T}-0.062\left(\frac{\vartheta_d}{T}\right)^2+0.007\left(\frac{\vartheta_d}{T}\right)^3 \tag{8.20}$$

将比热容函数代入式(8.16)得

$$C_V=3N\kappa_B f\left(\frac{\vartheta_d}{T}\right)=3N\kappa_B\left[0.997+0.01\frac{\vartheta_d}{T}-0.062\left(\frac{\vartheta_d}{T}\right)^2+0.007\left(\frac{\vartheta_d}{T}\right)^3\right]$$

$$\tag{8.21}$$

　　式(8.20)表明,比热容函数随温度升高而增大,但增长速率逐步减缓,最终趋近于一个稳定值,如图8.9所示。对素 RPC 而言,温度 $T\in[T_L,T_U]$,N、κ_B 和 ϑ_d 是与温度无关的材料常数,故由式(8.21)可知,素 RPC 的 C_V 随温度升高而增大,理论模型预测结果与试验观测到的比热容变化规律一致。对比式(8.21)和图8.9还可以发现,比热容的理论计算公式与依据试验数据回归得到的经验公式十分相似。

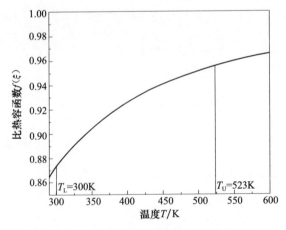

图 8.9　Debye 比热容函数随温度的变化规律

掺入不同数量钢纤维后,RPC 的弹性模量随钢纤维率增加而增大[92],弹性波速提高,Debye 温度也随钢纤维率增加而增大[见式(8.17)]。图 8.10 绘出了比热容函数[见式(8.20)]随 Debye 温度变化的规律,结果显示,不同试验温度下的比热容函数均随增大而减小。由比热容理论公式(8.21)可知,RPC 的定容比热容会随钢纤维率增加而降低,该结果与试验观测到的规律相一致。

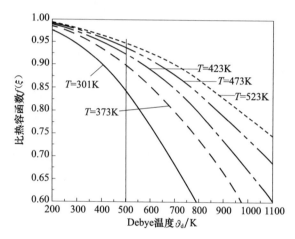

图 8.10　不同温升条件下比热容函数与 Debye 温度的关系

8.3.4　热扩散系数变化的物理机制

试验结果显示,RPC 的热扩散系数随温度升高而下降,随钢纤维率增加而增大。产生这种变化的物理机制主要为,热扩散系数反映的是固体导热过程中储存热量、传导热量使其温度均匀化的能力。当温度升高时($T<250℃$),试验结果(见表 8.1 和图 8.5)和比热容理论均显示,RPC 的体积热容增大,表明温度升高 1℃时 RPC 储存的热量增加,传递的热量减小,物体各点温升速度减慢。根据式(8.2),由于随温度升高导热系数减小,体积热容增大,因此热扩散系数降低。

掺入一定数量钢纤维后,由于高温时 RPC 定容比热容随钢纤维率增加而降低,体积热容降低;同时,钢纤维自身良好的传热性能以及随机乱向分布使得基体的热量得以迅速扩散,RPC 的热扩散能力得到提高,故热扩散系数随钢纤维增加而增大。然而,高温下当钢纤维率超过 2%时,由于 RPC 导热系数下降幅度较大,超过了比热容增加的幅度(见图 8.5 和表 8.1),因此热扩散系数出现下降趋势。

8.3.5　热膨胀系数变化的物理机制

试验发现,RPC 的线膨胀系数随温度升高而降低,温度超过 200℃后,线膨胀系数回升。掺入钢纤维后高温下 RPC 的线膨胀系数普遍降低,钢纤维率越高,线膨胀系数降幅越大。室温下线膨胀系数降幅最大,随温度升高,线膨胀系数与素RPC线膨胀系数的差别逐步缩小。依据传热学和固体物理理论[83,87,89],作者认为,固体受热膨胀主要是晶格原子围绕平衡位置振动的振幅随温度升高而增大的结果。随着温度升高,固体晶格点阵的能量增加,围绕平衡位置的非简谐振动振幅加大,原子间距增加,固体发生膨胀。一般来讲,多数无机非金属固体材料的热膨胀系数随着温度升高而增大[83]。RPC属于多相复合材料,温度升高时其内部微孔隙的体积和数量增多(见表8.3),晶格原子间距的增加部分被结构内部的微孔隙所容纳,表观膨胀减小。与室温相比,一定温升条件下,温度越高,内部孔隙体积和数量越多,表观膨胀量越小,故RPC的热膨胀系数随温度升高而降低。但温度超过200℃后,由于温度较高,固体振动能量大,原子偏离平衡位置的振幅较大,内部微观孔隙增多所消融的膨胀量有限,因而表观体积膨胀随温度升高而增加,热膨胀系数开始回升。

掺入钢纤维后,升温时钢纤维的热膨胀变形与基体相的热膨胀变形不同。根据复合多相体热膨胀微观Turner理论[83],假设钢纤维与基体相不均匀热膨胀产生的拉应力不足以使基体产生微开裂,且钢纤维与基体界面的剪应力可忽略不计,则钢纤维RPC的表观线膨胀系数可由式(8.22)计算:

$$\alpha_l^\rho = \frac{\dfrac{\alpha_l^0 \rho_{V,b} K_b}{\rho_b} + \dfrac{\alpha_f \rho_{V,f} K_f}{\rho_f}}{\dfrac{\rho_{V,b} K_b}{\rho} + \dfrac{\rho_{V,f} K_f}{\rho_f}} \tag{8.22}$$

式中,α_l^0、α_f分别表示RPC基体(素RPC)和钢纤维的线膨胀系数;$\rho_{V,b}$、$\rho_{V,f}$分别为基体和钢纤维的体积百分数;K_b和K_f表示RPC基体和钢纤维的体积模量,$K_i = \dfrac{E_i}{3(1-2\nu_i)}$,其中,$E_i$表示相的弹性模量;$\nu_i$表示相的泊松比;$\rho_b$、$\rho_f$分别代表基体和钢纤维的密度。

考虑到$\rho_{V,b} + \rho_{V,f} = 1.0$,式(8.22)改写为

$$\alpha_l^\rho = \frac{\dfrac{\alpha_l^0 \rho_{V,b} K_b}{\rho_b} + \dfrac{\alpha_f \rho_{V,f} K_f}{\rho_f}}{\dfrac{\rho_{V,b} K_b}{\rho_b} + \dfrac{\rho_{V,f} K_f}{\rho_f}} = \frac{\dfrac{\alpha_l^0 (1-\rho_{V,f}) K_b}{\rho_b} + \dfrac{\alpha_f \rho_{V,f} K_f}{\rho_f}}{\dfrac{(1-\rho_{V,f}) K_b}{\rho_b} + \dfrac{\rho_{V,f} K_f}{\rho_f}} \tag{8.23}$$

代入$\rho_{V,f} = \rho_v$后化简得

$$\alpha_l^\rho = \frac{\dfrac{\alpha_l^0 (1-\rho_{V,f}) K_b}{\rho_b} + \dfrac{\alpha_f \rho_{V,f} K_f}{\rho_f}}{\dfrac{(1-\rho_{V,f}) K_b}{\rho_b} + \dfrac{\rho_{V,f} K_f}{\rho_f}} = \frac{\left(\dfrac{\alpha_f K_f}{\rho_f} - \dfrac{\alpha_l^0 K_b}{\rho_b}\right)\rho_v + \dfrac{\alpha_l^0 K_b}{\rho_b}}{\left(\dfrac{K_f}{\rho_f} - \dfrac{K_b}{\rho_b}\right)\rho_v + \dfrac{K_b}{\rho_b}} \tag{8.24}$$

令$a = \dfrac{K_f}{\rho_f} - \dfrac{\alpha_l^0 K_b}{\rho_b}$,$b = \dfrac{\alpha_l^0 K_b}{\rho_b}$,$c = \dfrac{K_f}{\rho_f} - \dfrac{K_b}{\rho_b}$,$d = \dfrac{K_b}{\rho_b}$,有

$$\alpha_l^\rho=\frac{a\rho_v+b}{c\rho_v+d} \quad (0\leqslant\rho_v\leqslant3\%) \tag{8.25}$$

由于各材料参数均大于零,不难证明,当条件 $f=bc-ad>0$,$\alpha_l^\rho(\rho_v)$ 为递减函数,即表观线膨胀系数随钢纤维率增加而递减;反之,当 $f=bc-ad<0$ 时,表观线膨胀系数随钢纤维率增加而递增。

由条件 f 有

$$f=bc-ad=\alpha_l^0\frac{K_b}{\rho_b}\left(\frac{K_f}{\rho_f}-\frac{K_b}{\rho_b}\right)-\left(\alpha_f\frac{K_f}{\rho_f}-\alpha_l^0\frac{K_b}{\rho_b}\right)\frac{K_b}{\rho_b}$$
$$=(\alpha_l^0-\alpha_f)\frac{K_bK_f}{\rho_b\rho_f} \tag{8.26}$$

因为 $\frac{K_bK_f}{\rho_b\rho_f}>0$,故有

$$\begin{cases}f>0, & \alpha_l^0>\alpha_f \\ f<0, & \alpha_l^0<\alpha_f \\ f=0, & \alpha_l^0=\alpha_f\end{cases} \tag{8.27}$$

条件 f 表明,若基体相的线膨胀系数大于所添加纤维的线膨胀系数,则复合体的表观线膨胀系数会随着钢纤维率增加而降低,添加纤维对基体热膨胀起抑制作用;若基体相的线膨胀系数小于所添加纤维的线膨胀系数,则复合体的表观线膨胀系数将随着纤维率增加而增加,添加纤维对基体热膨胀起强化作用。当基体相的线膨胀系数等于添加纤维的热膨胀系数时,基体与纤维协调变形,添加纤维不影响基体的热膨胀性能,复合体的线膨胀系数等于基体相的线膨胀系数。图 8.11 绘出了三种条件下 RPC 复合体的表观线膨胀系数随纤维率变化的规律。

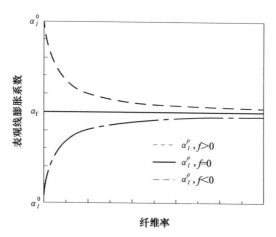

图 8.11　不同条件 f 下 RPC 的表观线膨胀系数随纤维率变化的规律

所用钢纤维由高碳结构钢制作而成,线膨胀系数 $10\times10^{-6}/℃\leqslant\alpha_f\leqslant12\times$

$10^{-6}/℃^{[92,93]}$，低于 RPC 基体的线膨胀系数（见表 8.1），因而钢纤维 RPC 的表观线膨胀系数均随纤维率增加而下降。当温度升高时，由于 RPC 基体的线膨胀系数随温度升高而降低，因而钢纤维 RPC 的表观线膨胀系数也随着温度升高而下降。理论模型［见式(8.26)和式(8.27)］较好地解释了试验观测到的现象。

8.4　本章小结

由以上试验和分析得到以下主要结论：

(1) 随温度升高 RPC 的质量损失增大，但绝对损失量并不高，温度≤250℃时质量损失低于 1‰。恒温条件下，RPC 的质量损失随恒温时间延长而增大，温度≥150℃时钢纤维含量越高，恒温下的质量损失越大。等速升温条件下，钢纤维率越高 RPC 质量损失越小，但不同钢纤维率 RPC 的质量损失差别不大。RPC 的质量损失与温升方式和钢纤维率有关。

(2) 与室温值相比，RPC 的体积密度、导热系数、热扩散系数和线膨胀系数随温度升高而降低，比热容随温度升高而增大。其中，当温度＞150℃时，RPC 的导热系数和热扩散系数的降幅增大；温度＞200℃后，RPC 的线膨胀系数由降低转为上升，并随钢纤维率增加而逐步接近其室温值，比热容则由增大转为下降。该结果表明，温度升高时 RPC 的热传导性能、热扩散能力下降，储存热量的能力提高，受热膨胀变形减小。200℃是 RPC 比热容和线膨胀系数随温度变化的转折点。

(3) 相同温度条件下，钢纤维对 RPC 的体积密度、导热系数和线膨胀系数的影响不如对热扩散系数和比热容的影响大。导热系数随钢纤维率增加呈现围绕素 RPC 导热系数上下波动的特征。线膨胀系数和比热容随钢纤维率增加而降低，其中比热容的降幅显著，但钢纤维率超过 2% 后比热容的降幅减小。随温度升高钢纤维 RPC 的线膨胀系数与素 RPC 的线膨胀系数的差别逐步缩小。不同的是，热扩散系数随钢纤维率提高而增大，当钢纤维率超过 2% 时增幅下降。该结果表明，钢纤维对 RPC 热传导能力的影响与温度有关，不同温度条件其作用不同。增加钢纤维用量降低了 RPC 储存热量的能力，提高了其热扩散能力，同时也降低了 RPC 的表观热膨胀变形。2% 钢纤维率是 RPC 比热容和线膨胀系数随钢纤维率变化的转折点。

(4) 与部分试验数据的对比显示，相比普通高强和高性能混凝土，相同温度条件下，RPC 的质量损失率、导热系数和比热容较低，热扩散系数较高，线膨胀系数基本相当。这表明 RPC 传导和储存热量的能力不高，但热扩散性能较好，传热过程中材料各点的温升速率较高。

(5) 给出了 RPC 的体积密度、导热系数、热扩散系数、比热容和线膨胀系数随温度和钢纤维率变化的经验关系式。利用传热学和固体物理方法分析了 RPC 的微观传热机理和热传导性质随温度和钢纤维率变化的物理机制；推导了 RPC 的比热容函数，利用该模型分析了 RPC 比热容随温度和钢纤维率变化的趋势，理论预测与试验观测相一致。基于多相体热膨胀理论推导了 RPC 热膨胀系数的理论表达式，定量地分析了钢纤维对 RPC 基体热膨胀的不同影响，并给出了判别条件，理论模型可以较好地解释所观测到的 RPC 热膨胀现象。

参 考 文 献

[1] Mindeguia J C, Pimienta P, Noumowé A, et al. Temperature, pore pressure and mass variation of concrete subjected to high temperature-experimental and numerical discussion on spalling risk[J]. Cement and Concrete Research, 2010, 40(3): 477-487.

[2] De Morais M V G, Pliya P, Noumowé A, et al. Contribution to the explanation of the spalling of small specimen without any mechanical restraint exposed to high temperature[J]. Nuclear Engineering and Design, 2010, 240(10): 2655-2663.

[3] Ghandehari M, Behnood A, Khanzadi M. Residual mechanical properties of high-strength concretes after exposure to elevated temperatures[J]. Journal of Materials in Civil Engineering, 2009, 22(1): 59-64.

[4] He Z J, Song Y P. Triaxial strength and failure criterion of plain high-strength and high. performance concrete before and after high temperatures[J]. Cement and Concrete Research, 2010, 40(1): 171-178.

[5] Majorana C E, Salomoni V A, Mazzucco G, et al. An approach for modelling concrete spalling in finite strains[J]. Mathematics and Computers in Simulation, 2010, 80(8): 1694-1712.

[6] Fu Y F, Li L C. Study on mechanism of thermal spalling in concrete exposed to elevated temperatures[J]. Materials and Structures, 2010, 44(1): 361-376.

[7] Han C G, Han M C, Heo Y S. Improvement of residual compressive strength and spalling resistance of high-strength RC columns subjected to fire[J]. Construction and Building Materials, 2009, 23(1): 107-116.

[8] Biolzi L, Cattaneo S, Rosati G. Evaluating residual properties of thermally damaged concrete [J]. Cement and Concrete Composites, 2008, 30(10): 907-916.

[9] Liu X, Ye G, De Schutter G, Yuan Y, et al. On the mechanism of polypropylene fibres in preventing fire spalling in self-compacting and high-performance cement paste[J]. Cement and Concrete Research, 2008, 38(4): 487-499.

[10] Phan L T. Pore pressure and explosive spalling in concrete[J]. Materials and Structures, 2008, 41(10): 1623-1632.

[11] Behnood A, Ziari H. Effects of silica fume addition and water to cement ratio on the properties of high-strength concrete after exposure to high temperatures[J]. Cement and Concrete Composites, 2008, 30(2): 106-112.

[12]　柳献,袁勇,叶光. 高性能混凝土高温爆裂的机理探讨[J]. 土木工程学报,2008,41(6):61-68.

[13]　Van Der Heijden G, van Bijnen R, Pel L, et al. Moisture transport in heated concrete, as studied by NMR, and its consequences for fire spalling[J]. Cement and Concrete Research, 2007,37(6):894-901.

[14]　钱春香,游有鲲,李敏. 高温作用对高强混凝土渗透性能的影响[J]. 东南大学学报(自然科学版),2006,36(2):283-287.

[15]　Tenchev R, Purnell P. An application of a damage constitutive model to concrete at high temperature and prediction of spalling[J]. International Journal of Solids and Structures, 2005,42(26):6550-6565.

[16]　钱春香,游有鲲. 抑制高强混凝土受火爆裂的措施[J]. 硅酸盐学报,2005,33(7):846-853.

[17]　Poon C S, Shui Z H, Lam L. Compressive behavior of fiber reinforced high. performance concrete subjected to elevated temperatures[J]. Cement and Concrete Research, 2004, 34(12):2215-2222.

[18]　Li M, Qian C X, Sun W. Mechanical properties of high-strength concrete after fire[J]. Cement and Concrete Research,2004,34(6):1001-1005.

[19]　Gawin D, Pesavento F, Schrefler B A. Modelling of hygro-thermal behaviour and damage of concrete at temperature with thermo-chemical and mechanical material degradation[J]. Computer Methods in Applied Mechanics and Engineering,2003,192:1731-1771.

[20]　Ali F. Is high strength concrete more susceptible to explosive spalling than normal strength concrete in fire? [J]. Fire and Materials,2002,26(3):127-130.

[21]　Hertz K D. Limits of spalling of fire. exposed concrete[J]. Fire Safety Journal,2003,38(2):103-116.

[22]　Kalifa P, Chene G, Galle C. High-temperature behaviour of HPC with polypropylene fibres:From spalling to microstructure[J]. Cement and Concrete Research,2001,31(10):1487-1499.

[23]　Phan L T, Lawson J R, Davis F L. Effects of elevated temperature exposure on heating characteristics, spalling, and residual properties of high performance concrete[J]. Materials and Structures,2001,34(2):83-91.

[24]　Kalifa P, Menneteau F D, Quenard D. Spalling and pore pressure in HPC at high temperatures[J]. Cement and Concrete Research,2000,30(12):1915-1927.

[25]　孙伟,罗欣,Chan S Y N. 高性能混凝土的高温性能研究[J]. 建筑材料学报,2000,3(1):27-32.

[26]　Ulm F J, Coussy O, Bažant Z P. The "Chunnel" fire. I:Chemoplastic softening in rapidly heated concrete[J]. Journal of Engineering Mechanics,1999,125(3):272-282.

[27]　Nemati K M, Monteiro P J, Cook N G. A new method for studying stress. induced microcracks in concrete[J]. Journal of Materials in Civil Engineering,1998,10(3):128-134.

[28]　Bažant Z P. Analysis of pore pressure, thermal stress and fracture in rapidly heated con-

crete[C]//Proceedings of International Workshop on Fire Performance of High-Strength Concrete, Gaithersburg, 1997: 155-164.

[29] Anderberg Y. Spalling phenomena of HPC and OC[C]//Proceedings of the International Workshop on Fire Performance of High-Strength Concrete, Gaithersburg, 1997: 69-73.

[30] Lin W M, Lin T D, Powers Couche L J. Microstructures of fire-damaged concrete[J]. ACI Materials Journal, 1996, 93(3): 199-205.

[31] Connolly R J. The Spalling of Concrete in Fires[D]. Birmingham: Aston University, 1995.

[32] Kristensen L, Hansen T C. Cracks in concrete core due to fire or thermal heating shock [J]. ACI Materials Journal, 1994, 91(5): 453-459.

[33] Sanjayan G, Stocks L J. Spalling of high-strength silica fume concrete in fire[J]. ACI Materials Journal, 1993, 90(2): 170-173.

[34] Dougill J W. Modes of failure of concrete panels exposed to high temperatures[J]. Magazine of Concrete Research, 1972, 24(79): 71-76.

[35] Shorter G W, Harmathy T Z. Discussion on the fire resistance of prestressed concrete beams[J]. Proceedings of the Institution of Civil Engineers, 1961, 20(2): 313-315.

[36] Tai Y S, Pan H H, Kung Y N. Residual strength and deformation of steel fibre reinforced reactive powder concrete after elevated temperature[J]. Journal of the Chinese Institute of Civil & Hydraulic Engineering, 2010, 22(1): 43-54.

[37] Liu Ch T, Huang J S. Fire performance of highly flowable reactive powder concrete[J]. Construction and Building Materials, 2009, 23(5): 2072-2079.

[38] 杨少伟, 刘丽美, 王勇威, 等. 高温后钢纤维活性粉末混凝土 SHPB 试验研究[J]. 四川大学学报, 2010, 42(1): 25-29.

[39] 刘红彬, 李康乐, 鞠杨, 等. 钢纤维活性粉末混凝土的高温爆裂试验研究[J]. 混凝土, 2010, 8: 6-8.

[40] Ali F, Nadjai A, Choi S. Numerical and experimental investigation of the behavior of high strength concrete columns in fire[J]. Engineering Structure, 2010, 32(5): 1236-1243.

[41] Feist C, Matthias A, Günter H. Numerical simulation of the load-carrying behavior of RC tunnel structures exposed to fire[J]. Finite Elements in Analysis and Design, 2009, 45(12): 958-965.

[42] Amina M N, Kima J S, Leeb Y, et al. Simulation of the thermal stress in mass concrete using a thermal stress measuring device[J]. Cement and Concrete Research, 2009, 39(3): 154-164.

[43] Di Luzioa G, Cusati G. Hygro-thermo-chemical modeling of high performance concrete. I: Theory[J]. Cement and Concrete Composites, 2009, 31(5): 301-308.

[44] Di Luzioa G, Cusati G. Hygro-thermo-chemical modeling of high-performance concrete. II: Numerical implementation, calibration, and validation[J]. Cement and Concrete Composites, 2009, 31(5): 309-324.

[45] Kamen A, Denariéa E, Sadoukia H, et al. Thermo-mechanical response of UHPFRC at ear-

ly age-experimental study and numerical simulation[J]. Cement and Concrete Research, 2008,38(6):822-831.

[46] Fu Y F,Wong Y L,Poon C S,et al. Numerical tests of thermal cracking induced by temperature gradient in cement-based composites under thermal loads[J]. Cement and Concrete Composites,2007,29(2):103-116.

[47] Li X K,Li R T,Schrefler B A. A coupled chemo-thermo-hygro-mechanical model of concrete at high temperature and failure analysis[J]. International Journal for Numerical and Analytical Methods in Geomechanics,2006,30(7):635-681.

[48] Chung J H,Consolazioa G R,Mcvay M C. Finite element stress analysis of a reinforced high-strength concrete column in severe fires[J]. Composite Structures, 2006, 84 (21): 1338-1352.

[49] Sengula O,Azizi S,Karaosmanoglu F,et al. Effect of expanded perlite on the mechanical properties and thermal conductivity of lightweight concrete[J]. Energy Buildings,2011,43 (2-3):671-676.

[50] 肖建庄,宋志文,张枫. 混凝土导热系数试验与分析[J]. 建筑材料学报,2010,13(1):17-21.

[51] Smith J T,Tighe S L. Recycled concrete aggregate coefficient of thermal expansion:Characterization,variability, and impacts on pavement performance[J]. Transportation Research Record,2009,2113,53-61.

[52] Uygunoğlu T,Topçu I B. Thermal expansion of self-consolidating normal and lightweight aggregate concrete at elevated temperature[J]. Constructure Building and Material,2009, 23(9):3063-3069.

[53] Noumowe A,Siddique R,Ranc G. Thermo-mechanical characteristics of concrete at elevated temperatures up to 310℃[J]. Nuclear Engineering and Design,2009,23(9):470-476.

[54] 钱春香,朱晨峰. 掺合料及引气剂对水泥混凝土热膨胀系数的影响[J]. 建筑材料学报, 2009,12(3):310-314.

[55] 张枫. 混凝土热工参数实验研究[D]. 上海:同济大学,2009.

[56] 王巍. 超高韧性水泥基复合材料热膨胀性能及导热性能的研究[D]. 大连:大连理工大学, 2009.

[57] Shahiq K M,Prasad J,Suman B M. Thermal properties of high volume fly ash concrete [J]. Indian Journal Concrete,2008,82(5):35-40.

[58] Mňahončáková E,Pavlíková M,Grzeszczyk S,et al. Hydric,thermal and mechanical properties of self-compacting concrete containing different fillers[J]. Construction & Building Materials,2008,22(7):1594-1600.

[59] Childs P,Wong A C L,Gowripalan N,et al. Measurement of the coefficient of thermal expansion of ultra-high strength cementitious composites using fibre optic sensors[J]. Cement and Concrete Research,2007,37(5):789-795.

[60] 姚武,郑欣. 配合比参数对混凝土热膨胀系数的影响[J]. 同济大学学报(自然科学版), 2007,35(1):77-87.

[61] Bijan A Z, Lars B, Ulf W. Using the TPS method for determining the thermal properties of concrete and wood at elevated temperature[J]. Fire and Materials, 2006, 30(5): 359-369.

[62] Won M. Improvements of testing procedures for concrete coefficient of thermal expansion [J]. Transportation Research Record, 2005, 1919, 23-28.

[63] Joseph L, Donath M. New measurement of thermal properties of superpave asphalt concrete[J]. Journal of Materials in Civil Engineering, 2005, 17(1): 72-79.

[64] ERMCO. The European guidelines for self-compacting concrete specification, production and use[S]. The European Ready-mix Concrete Organization, 2005: 10-68.

[65] Rodur V K R, Sultan M A. Effect of temperature on thermal properties of high-strength concrete[J]. Journal of Materials in Civil Engineering, 2003, 15(2): 101-107.

[66] Dos Santos W N. Effect of moisture and porosity on the thermal properties of a conventional refractory concrete[J]. Journal of The European Ceramic Society, 2003, 23(5): 745-755.

[67] Li Q B, Yuan L B, Ansari F. Model for measurement of thermal expansion coefficient of concrete by fiber optic sensor[J]. International Journal Solids and Structure, 2002, 39(11): 2927-2937.

[68] Shin K Y, Kim S B, Kim J H, et al. Thermo-physical properties and transient heat transfer of concrete at elevated temperatures[J]. Nuclear Engineering and Design, 2002, 212(3): 233-241.

[69] van Geem M G, Gajda J, Dombrowski K. Thermal properties of commercially available high-strength concretes[J]. Cement and Concrete Aggregate, 1997, 19(1): 38-54.

[70] Vodák F, Černý R, Drchalová J, et al. Thermo-physical properties of concrete for nuclear-safety related structures[J]. Cement and Concrete Research, 1997, 27(3): 415-426.

[71] Neville A M. Properties of Concrete[M]. New York: John Wiley & Sons, 1995.

[72] Shah P, Ahmad S H. High performance concretes and applications[R]. 90 Tottenham Court Road, London W1P 9HE, 1994: 141-374.

[73] Hoff G C. High strength lightweight concrete for arctic applications-Part2, ACI Symp Performance of Lightweight Concrete[C]//International Concrete Abstracts Portal, Dallas, Texas, 1991.

[74] Marshall A L. The thermal properties of concrete[J]. Building Sciences, 1972, 7(3): 167-174.

[75] Richard P, Cheyrezy M. Composition of reactive powder concretes[J]. Cement and Concrete Research, 1995, 25(7): 1501-1511.

[76] 于帆,张欣欣,高光宁. 热线法测量半透明固体材料的导热系数[J]. 计量学报,1998,19(2):112-118.

[77] 中华人民共和国国家质量监督检验检疫总局,中国国家标准化管理委员会. 耐火材料导热系数试验方法(热线法) GB/T 5990—2006[S]. 北京:中国标准出版社,2006.

[78] 王东,孙晓红,赵维平,等. 激光闪射法测试耐火材料导热系数的原理与方法[J]. 计量与测试技术,2009,36(3):38-39.

[79]　Parker W J, Jenkins R J, Butler C P. Flash method of determining thermal diffusivity, heat capacity and thermal conductivity[J]. Journal of Applied Physics, 1961, 32(9): 1679-1684.

[80]　Turcotte D L, Schubert G. Geodynamics[M]. 2nd Ed. Cambridge: Cambridge University Press, 2002: 171-174.

[81]　鞠杨, 刘红彬, 刘金慧, 等. 活性粉末混凝土热物理性质的研究[J]. 中国科学(E辑: 技术科学), 2011, 41(12): 1584-1605.

[82]　陆洲导. 钢筋混凝土梁对火灾反应的分析[D]. 上海: 同济大学, 1989.

[83]　贾德昌, 宋桂明. 无机非金属材料性能[M]. 北京: 科学出版社, 2008.

[84]　Incropera F P, Dewitt D P, Lavine A S, et al. Fundamentals of Heat and Mass Transfer [M]. 5th ed. New York: John Wiley & Sons, 2002.

[85]　赵镇南. 传热学[M]. 北京: 高等教育出版社, 2002.

[86]　Touloukian Y S, Powell R W, Ho C Y, et al. Thermophysical Properties of Matter. v1: Thermal Conductivity: Metallic Elements and Alloys[M]. New York: IFI/Plenum, 1970.

[87]　胡安, 章维益. 固体物理学[M]. 北京: 高等教育出版社, 2008.

[88]　Shankar R. Principles of Quantum Mechanics[M]. 2nd Ed. New York: Springer, 1994.

[89]　Ashcroft N W, Mermin N D. Solid State Physics[M]. New York: Holt, Rinehart and Winston, 1976.

[90]　孙剑, 白亦真, 杨天鹏, 等. 自持金刚石厚膜上沉积 N 掺杂 ZnO 薄膜的生长及电学特性 [J]. 吉林大学学报(理学版), 2007, 45(5): 822-826.

[91]　盛国华. 活性粉末混凝土(RPC)冲击性能的试验研究[D]. 北京: 中国矿业大学(北京), 2009.

[92]　鞠杨, 刘红彬, 陈健, 等. 超高强度活性粉末混凝土的韧性与表征方法[J]. 中国科学(E辑: 技术科学), 2009, 39(4): 793-808.

[93]　ASTM. Standard test method for linear thermal expansion of solid materials by thermomechanical analysis E 831[S]. Annual Book of ASTM Standards, ASTM, 2000.

第9章 RPC 的内部温度场、蒸汽压分布及爆裂

第 8 章中高强和高性能混凝土在高温作用下的爆裂及其机理做了论述,HSC 爆裂机理的几种观点中,热应力机理认为混凝土具有热惰性,升温时内部热量传导不均产生温度梯度,混凝土内部产生热应力,诱发热损伤,当热应力随温度升高达到损伤后混凝土的抗拉强度时引发爆裂[1~3]。因此,研究混凝土内部的温度场分布及其演化特征对计算热应力,进而揭示混凝土材料的爆裂破坏机理具有重要意义。

在蒸汽压机理方面,有学者认为由于 HPC 结构密实,在升温过程中,致密的内部结构和不贯通的毛细孔阻止了混凝土内部水蒸气的迁移和逸出,产生蒸汽压,当蒸汽压达到并超过混凝土自身的抗拉强度时,混凝土发生爆裂[4~8]。而混凝土内部结构中的孔隙率、孔径分布及其连通性等孔隙特征,对高温作用下混凝土内部蒸汽的渗透、积聚、扩散和迁移等具有关键作用,了解和把握高温作用下混凝土材料的孔隙结构分布及演化特征,无疑为定量分析混凝土材料的性能劣化和爆裂提供更多的本质性依据。为此,文献[9]~[12]开展了温度作用下高强和高性能混凝土微观结构的演化、湿迁移和渗透性能等方面的研究工作,发现孔径分布、渗透性与混凝土的高温爆裂密切相关。

以往研究对象多为普通 HSC,对 RPC 而言,由于采用掺加硅灰等活性物质和热养护工艺,提高材料的密实度,降低孔隙率,有效改善 RPC 的微观结构,使其表现出不同于其他高强和高性能混凝土的孔隙特征[13,14],在高温(火灾)作用下,RPC 内外温度场、孔隙率将随温度变化呈现出怎样的演化规律? RPC 内部孔压如何分布? 是否存在蒸汽压? 这些特征变化是否对 RPC 爆裂产生影响? 目前,极其缺乏针对以上相关问题的基础性研究。因此,通过研究温度作用下 RPC 内部温度场、孔隙结构特征和孔压的变化特征,对于分析 RPC 的爆裂机理、提高 RPC 耐高温性能和研制新型耐高温的 RPC 材料具有重要意义。

针对上述情况,通过自主设计的防爆高温炉,采用在 RPC 内部不同部位和深度布置热电偶的方法,观测 RPC 的爆裂并测试其内部温度场的变化,分析 RPC 温度场随时间和空间的变化规律,建立爆裂临界温度和时间、空间的计算模型。

此外,为揭示 RPC 高温作用下的孔隙结构及蒸汽压分布,采用压汞法(mercury intrusion porosimetry,MIP)研究从室温到 350℃七个温度水平下素 RPC 的孔隙特征,得到 RPC 的孔隙率、孔体积、平均孔径、最可几孔径等孔隙参数随温度的变化规律,建立孔隙率、孔体积等参数随温度变化的关系方程,计算分析不同温度下

的孔径分布特征及其随温度的变化规律。通过自主设计的蒸汽压测试装置,研究高温下 RPC 内部的蒸汽压分布规律,为进一步解释 RPC 的高温爆裂机理提供重要参考。

9.1　RPC 的高温爆裂

9.1.1　试件制备

在第 2 章介绍的配比和材料的基础上,制备钢纤维率分别为 0、1%、2%三种类型的试件,试件尺寸为 100mm×100mm×100mm 立方体。

通过数码摄像机和热电偶等观测并记录温度和钢纤维率对 RPC 爆裂的影响。在部分试件的试件中心埋置一根 ϕ2mm 的铠装热电偶,记录试件内部的温度变化,每种钢纤维率下测试三个试件。

在测试 RPC 内部温度场时采用未添加钢纤维的 RPC,即素 RPC。通过温度传感器采集试件内部温度,传感器选用耐高温的铠装热电偶。在 RPC 内部不同深度埋置 5 根 ϕ2mm 的铠装热电偶完成温度场的测试,共测试距表面 15mm、35mm 和 50mm 三种不同深度的 RPC 试件,每种深度测试三个试件[15]。

9.1.2　试验装置

采用两套自行设计的加热装置。高温爆裂分别采用 SX$_2$-12-10A 型高温炉(见图 9.1)和 SGM 2890E 智能箱式电阻炉(见图 9.2)。结果表明,自行设计的高温炉能够很好地测试 RPC 试件加热过程中的温度场分布和观测爆裂现象,同时保证试验过程的安全。试验过程中采用巡检仪记录温度数据,通过数码摄像机拍摄爆裂过程。RPC 高温下的爆裂行为和内部温度场测试在中国矿业大学(北京)煤炭资源与安全开采国家重点实验室完成。

SX$_2$-12-10A 型高温炉的设计要求和主要参数如下。

(1) 加热功率:12kW。

(2) 最高温度:1000℃,温度稳定性:±1℃。

(3) 升温速率:0.10℃/min 自由设定。

(4) 炉膛材料:耐火砖材料。

(5) 炉门安装了一块耐受 1000℃的石英玻璃观察窗,观察窗的大小为 100mm×200mm,石英玻璃厚度 20mm。

(6) 采用冷光源提供照明。

SGM 2890E 智能箱式电阻炉的设计要求和主要参数如下。

(1) 加热功率:12kW。

(2) 长期最高温度：950℃，温度稳定性：±1℃。

(3) 升温速率：0.30℃/min 自由设定。

(4) 炉膛材料：陶瓷纤维材料。

(5) 炉膛内衬：采用不锈钢材质，厚度 5mm。

(6) 在炉体左侧靠近炉门处设计进气口和进气管道，进气口通过丝扣和不锈钢导热管连接到另外一台热源炉，在加热过程中由该热源炉提供一定温度的热空气；进气管道为 φ20mm 的不锈钢管，在炉壁内呈 S 形均匀缠绕。在炉体右后侧设置一抽气口，与外面的水冷装置连接使用。

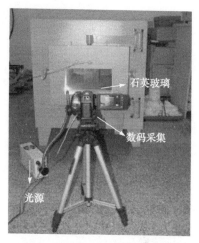

图 9.1 SX₂-12-10A 型高温炉

(7) 在炉体外侧设计一个独立的不锈钢循环水冷却装置，连接前述抽气口及配合真空泵在高温状态下正常工作。

(8) 炉门处安装一块耐受 1000℃的石英玻璃观察窗，观察窗大小为 100mm×250mm，石英玻璃厚度 20mm，在观察窗外面加装一个防护安全门。

(9) 采用冷光源提供照明。

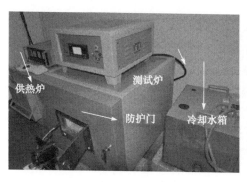

图 9.2 SGM 2890E 智能箱式电阻炉

9.1.3 爆裂结果

分别采用 SX₂-12-10A 型高温炉和 SGM 2890E 智能箱式电阻炉两种设备观测 RPC 的爆裂现象，下面对测试过程和结果分别进行介绍。

先期采用 SX₂-12-10A 型高温炉测试不同钢纤维率 RPC 试件的爆裂现象。

试验时设定的目标温度为 500℃，速率为 3℃/min，通过预埋在试件内部和放置在试件表面的热电偶以及巡检仪量测并实时记录温度数据,巡检仪采样间隔为1s,分别测试了钢纤维率为 0、1% 和 2% 的三种 RPC 试件的高温爆裂行为,每组测试三个试件。

　　将热电偶布置在试件中心,即距离立方体各边界 5cm。为准确定位热电偶的位置且保证热电偶插入拌合物后不松动,通过在模具上事先粘贴木条的方法将热电偶布置在试模中。首先选取截面宽度为 1cm 的木条,根据插入热电偶的位置在木条上开具 $\phi2mm$ 的圆孔,将热电偶通过这些圆孔布置在模具内,然后注入 RPC 拌合物,常温养护结束后即可去除木条再进行蒸汽养护。图 9.3 给出了制备模具和待测试件的过程。

（a）预先布置热电偶的模具　　　　　　　　　（b）浇筑完毕的试件

（c）成型的试件

图 9.3　模具和待测试件

　　试验过程中通过石英玻璃的观察窗可以看到,在炉温 390℃ 前(试件内部温度224℃)没有发生爆裂现象,继续升高温度,发现有细小碎片陆续从表面溅出(一般是从试件边角部开始),伴有“噼啪”的清脆响声,在 400℃ 左右,高温炉内发生第一次爆裂,声音很大,从试件角部发生大块崩裂,接下来碎片连续四处飞溅,有的溅到炉门处(试件至炉门的距离为 30cm),试验中观察到部分试件的位置随着爆裂发生了移动,移动距离有 2.3cm。之后随温度升高,炉内持续发生爆裂,期间会发出巨大响声,持续时间约 20min,碎块不时溅射到观察窗上,炉膛内烟雾弥漫。500℃时停止加温,等炉内温度降至室温后打开炉门,素 RPC 和钢纤维率为 1% 的试件全部爆碎,呈碎块状,而 2% 的试件均能保持部分完整的形态。同时观察到炉内由耐火砖做成的炉壁被飞溅的试块打出许多凹坑,最大的宽 5mm、深 2mm,可见爆裂时产生巨大的能量。通过巡检仪记录的数据来看,爆裂时试件表面温度集中在 325~355℃,试件中心的温度为 224~264℃。表 9.1 和表 9.2 分别给出了爆裂时不同钢纤维率 RPC 试件的表面温度和中心温度,图 9.4 和图 9.5 为爆裂时 RPC 试件表面和内部温度随钢纤维率变化的关系[16]。

表 9.1　爆裂时不同钢纤维率 RPC 试件的表面温度

钢纤维率/%	0	1	2
表面温度/℃	290	325	350
	345	342	341
	335	342	355
温度平均值/℃	323	336	349

表 9.2　爆裂时不同钢纤维率 RPC 试件的中心温度

钢纤维率/%	0	1	2
中心温度/℃	224	250	246
	251	264	245
	244	255	249
温度平均值/℃	240	256	247

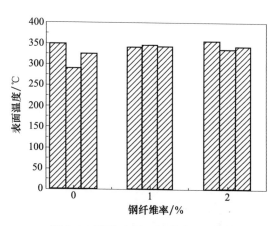

图 9.4　爆裂时 RPC 试件表面温度

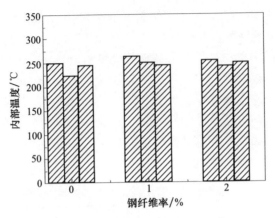

图 9.5　爆裂时 RPC 试件内部温度

从表 9.1 和表 9.2 以及图 9.4 和图 9.5 可以看出,RPC 材料的爆裂温度随钢纤维率的增加变化不大。钢纤维率从 0 增加到 2%,RPC 爆裂时试件内部温度分别增加了 5.6% 和 3.9%,试件表面温度分别增加了 6.5% 和 6.9%(均为三个试件的平均值),表明钢纤维的掺入未能有效提高材料的爆裂温度。

图 9.6 为试件内部温度随时间变化的曲线。可以看出,由于钢纤维具有良好的热传导性能,它们在试件内部乱向分布,在热传导过程中可以起到桥接作用,钢纤维率为 2% 的 RPC 试件升温速率普遍高于钢纤维率 0 和 1% 的试件。

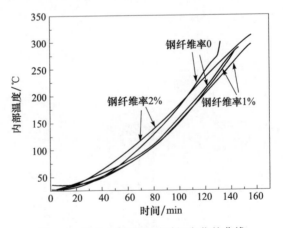

图 9.6　试件内部温度随时间变化的曲线

图 9.7 给出了三种钢纤维率下 RPC 试件的破坏形态。

从试件的破坏形态来看,素 RPC 和钢纤维率 1% 的 RPC 试件均发生了粉碎性爆裂,试件最终剩余为大小不一的碎块。而钢纤维率 2% 的试件,爆裂破坏程度显著降低,试件均能保持 50% 以上的部分未发生爆裂。剩余试件仅在外表面出现裂

（a）钢纤维率0

（b）钢纤维率1%

（c）钢纤维率2%

图 9.7　RPC 试件在高温后的破坏形态

纹,没出现贯穿内部的裂纹,表明随着钢纤维率的增加,钢纤维的增韧作用得到了很好发挥,有效抑制了裂纹的扩展和试件的开裂,从而使试件保持部分完整的形态。

　　受 RPC 高温爆裂破坏的影响,SX$_2$-12-10A 型高温炉在多次使用后内部炉壁出现开裂,且试件发生剧烈爆裂时,炉腔内烟雾阻挡了摄像机对爆裂现象的采集。为此,通过 SGM 2890E 智能箱式电阻炉观测和测试了 RPC 爆裂,加热速率4.8℃/min,目标温度为 500℃。通过该电阻炉对 RPC 的爆裂过程进行观测分析。

　　根据爆裂的程度,将 RPC 的爆裂规律分为以下四个阶段:发生期、发展期、严重期和衰退期。表 9.3 给出了不同时期的爆裂特征[17]。

表 9.3　RPC 的爆裂时期和爆裂特征

爆裂时期	爆裂(开始)温度/℃	持续时间/min	爆裂特征描述	样品形态
发生期	一般在加热 70min 开始发生爆裂 330~356	1.4~3.3	先是发出一声清脆的声响,静止 10.20s 左右会发出第二声,之后清脆的"噼啪"声逐渐增多,但中间会有几秒甚至十几秒的间隔。这时可以观测到试件表面剥落,且一般从角部发生;炉口处有极少量烟雾冒出,散发出刺激性气味,但程度较轻	角部表面剥落
发展期	351~370	2.1~3.4	会发出较大声响,该响声有时清脆,有时沉闷,之后较大声响间断发出,该时刻的声响高于发生期;"噼啪"声开始连续但响声较小,有时略显急促,但持续时间较短,几秒到十几秒;炉口处断续冒出细小烟雾和水汽,刺激性气味较浓重。试件角部、棱边等部位多处发生剥落	多处表面剥落
严重期	368~400	4.5~7.2	声响大小夹杂,常发出大的剧烈爆裂声;"噼啪"声由细小逐渐增强,急促连续,有时非常密集;炉口处逸出大量刺激性烟雾,并可见到大量水汽凝结到炉口。大的爆裂声响发生时,会造成试件整体破坏,呈不同块状,试件在炉内位置也会发生变化。崩落的试件即使变成小颗粒也继续发生爆裂,在炉底"跳动"。从部分内部布置热电偶的试件来看,电偶温度发生突变,表明热电偶开始逐渐露出	爆裂成块状

续表

爆裂时期	爆裂(开始)温度/℃	持续时间/min	爆裂特征描述	样品形态
衰退期	398	8.4~10	在该阶段初期,大的爆裂声已成断续状,发生的次数明显降低,间隔时间增长;"噼啪"声偶尔连续;炉口处会有少量烟雾逸出,但程度降轻。在后期阶段偶尔会有一两声爆裂发生,至最后整个平息。打开炉门后试件已爆裂成细小块状和粉末	粉碎状

注:开始时间是指从加热到爆裂发生期的时间;以上为 6 个试件数据的统计值。

对于爆裂过程中逸出的水汽,则是由于混凝土是由不同矿物组分的骨料和水泥水化产物凝结而成的复合材料,包括晶态的 $Ca(OH)_2$、钙矾石(AFt)、C_3S 等矿物,半晶态和非晶态的水化硅酸钙(C-S-H)及水分,这些矿物均有各自的脱水温度,而水分可分为凝胶水、毛细水和化学结合水,其中毛细水存在于毛细孔中,随着温度的升高,表面的毛细水首先蒸发散失,从而打破试样内原有的平衡状态,随后凝胶水相继迁移到毛细孔中,并进一步挥发,因此在爆裂过程的后期会观测到大量水汽的存在。吕天启等[18]研究了混凝土高温后的微观形貌,认为 100℃ 条件下,混凝土中吸附水消失;在 300℃ 的受火温度下,结晶水开始失去,水泥的水化产物 C-S-H、AFt 和 CH 则开始脱水破坏。因此,混凝土材料内部的水及高温下水蒸气的存在,使得蒸汽压成为混凝土高温下发生爆裂的因素之一。

9.2　温度场试验

9.2.1　试验方法

为考察温度作用下 RPC 试件内部不同部位的温度场分布,在试件内部呈 L 形布置 5 根铠装热电偶,在热电偶布置上,选择角部(距试件边缘 5mm)、试件边缘 5mm、距试件边缘 25mm 和试件中心处四个位置,同时又分 15mm、35mm 和 50mm 三个深度水平。和 9.1 节的电偶布置方式一样,采用在模具上粘贴木条的方法,在浇筑前便将热电偶布置在试模中,由于常温养护脱模时需要去除黏着的木条,常会发生角部脱落热电偶露出的问题。因此,布置热电偶时,在试件同一侧的两个角部均布置一支热电偶,布置热电偶的 RPC 模具和部分待测试件如图 9.8 所示,图 9.9 为试件测试情况。

（a）预置热电偶　　　　　　　　　　　（b）试件浇筑

（c）成型脱模

图 9.8　测试 RPC 温度场的模具及试件

测试温度场时,在炉口防护钢板上开具一条 1cm 宽的细槽,将热电偶从槽缝处穿出,为增强炉口处的保温,减少热量散失,采用隔热程度较好的耐火砖和石英棉布、玻璃棉等材料封堵炉口,如图 9.9 所示。

9.2.2　内部温度场分布

采用 SGM 2890E 智能箱式电阻炉完成 RPC 内部温度场的测试,该高温炉内部加了防爆不锈钢钢衬,从炉表自带无纸记录仪采集的数据来看,加热初期,电阻炉的升温速率较慢,升温曲线趋于水平,一般在 6min 之后,炉温开始逐渐上升,温度约为 30℃之后趋于恒定,加热速率为 4.8℃/min。通过巡检仪采集温度传感器数据,采样间隔为 1s。图 9.10～图 9.12 绘出了三个不同埋深 RPC 试件在角部、边缘、1/4 边缘和中心等四个位置的升温曲线。

RPC 试件在高温作用下,随着爆裂的发生、发展,埋藏在角部、边部和中心等处的 5 根热电偶不断从试件内部暴露、脱落,在升温曲线上表现为这一时刻的温度突然陡增,曲线的斜率变大。为便于分析,将升温曲线上突变的点定义为爆裂临界点,用 $t_{c,P}$ 表示在位置 P 处的电偶暴露的临界时间（P 指布置热电偶的四个不同位

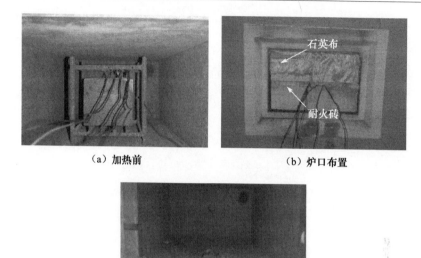

（a）加热前　　　　　　　　　　　（b）炉口布置

（c）加热后

图 9.9　RPC 试件在高温炉内测试前、后的情况

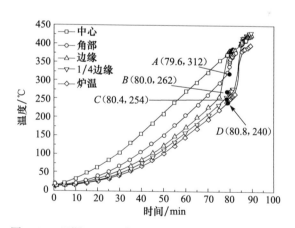

图 9.10　埋深 15mm 时 RPC 试件不同位置的升温曲线

置），$T_{c,P}$ 表示在位置 P 处电偶暴露的临界温度，在曲线上采用 A、B、C 和 D 分别代表角部、边缘、1/4 边缘和中心等处的临界点，并用（$t_{c,P}$，$T_{c,P}$）标注该点的临界时间和临界温度，单位分别为 min 和℃。

表 9.4 给出了各个部位的爆裂临界时间和临界温度。

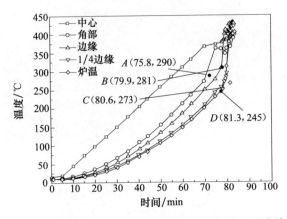

图 9.11　埋深 35mm 时 RPC 试件不同位置的升温曲线

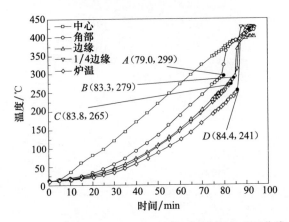

图 9.12　埋深 50mm 时 RPC 试件不同位置的升温曲线

表 9.4　不同埋深的 RPC 爆裂临界时间和临界温度

试件编号	临界时间/min				临界温度/℃			
	$t_{c,corner}$	$t_{c,edge}$	$t_{c,1/4ledge}$	$t_{c,center}$	$T_{c,corner}$	$T_{c,edge}$	$T_{c,1/4ledge}$	$T_{c,center}$
埋深 15-01	79.01	77.95	78.10	78.60	323	271	251	240
埋深 15-02	81.52	81.10	82.70	82.05	313	249	257	257
埋深 15-03	78.18	81.07	—	81.70	300	267	—	246
平均值	79.59	80.00	80.40	80.78	312	262	254	248
埋深 35-01	72.70	77.52	80.10	77.50	288	306	295	245
埋深 35-02	77.30	80.15	81.10	84.25	290	264	251	254
埋深 35-03	77.40	82.10	—	82.10	293	273	—	236
平均值	75.80	79.92	80.60	81.28	290	281	273	245

续表

试件编号	临界时间/min				临界温度/℃			
	$t_{c, corner}$	$t_{c, edge}$	$t_{c, 1/4ledge}$	$t_{c, center}$	$T_{c, corner}$	$T_{c, edge}$	$T_{c, 1/4ledge}$	$T_{c, center}$
埋深 50-01	79.68	82.80	84.40	86.50	296	274	294	257
埋深 50-02	79.40	84.85	84.85	—	305	289	265	—
埋深 50-03	77.80	82.20	82.20	82.20	296	275	237	225
平均值	78.96	83.28	83.82	84.35	299	279	265	241

注:每个埋深测试了三块 RPC 试件,测试过程中部分电偶损坏,未有读数。因此每个埋深的结果是两个或三个试件的平均值。

通过对试验结果的分析,可以得出以下结论:

(1)对于相同深度的 RPC 试件,其内部的温度场按角部、边缘、1/4 边缘、试件中心依次按降序排列,角部温度最高,试件中心温度最低,高温炉及内部空间产生的辐射热能和对流热能在试件内部由表及里传递。在升温初期的 40min、炉温 150℃左右时,RPC 的升温曲线较缓,曲线的斜率较小,这个时期温度和时间呈非线性关系,之后各个部位的升温速率增快,逐渐显现为线性增加。

(2)从各部位发生爆裂的临界时间来看,在 15mm 深度水平,其角部的临界时间小于 35mm 和 50mm 两个水平,但在 1.25min 内,四个位置的升温曲线均出现突变,试件表层迅速剥落,表明在浅部,RPC 的爆裂对其他部位有较大影响;从爆裂过程来看,这两个深度水平完成从角部到中心的爆裂需要约 5min,大于 15mm 深度水平的爆裂时间,RPC 试件深部的爆裂经历了表面崩裂、内部扩展和延伸、中心爆裂(露头)的过程,同时表明立方体试件的棱部也是爆裂的常发部位。

(3)不同水平各部位发生爆裂时的临界温度有较大差异。15mm 深度水平时,角部的临界爆裂温度到中心的爆裂温度依次相差 50℃、58℃、64℃,而相同部位在 35mm 深度水平分别相差 9℃、17℃、45℃;在 50mm 深度水平相差分别为 20℃、34℃、58℃,表层和中心两个水平上部位的爆裂温差大于 35mm 深度水平。

为直观显示爆裂时 RPC 不同部位随温度和时间的变化关系,图 9.13 绘出了

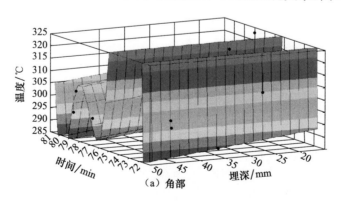

(a) 角部

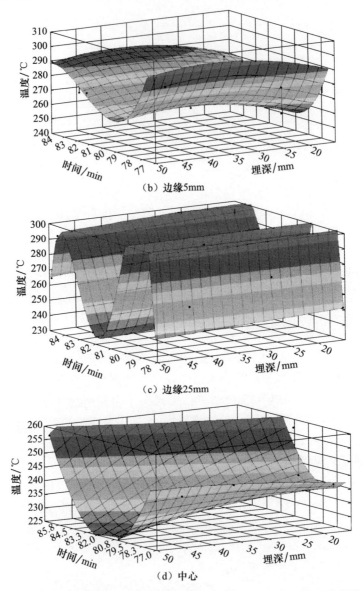

图 9.13　不同部位的爆裂温度随深度和加热时间的变化关系(后附彩图)

RPC 的角部、边缘 5mm、距边缘 25mm 和试件中心在 15mm、35mm 和 50mm 三个不同部位的爆裂温度随深度和时间的变化关系。图中黑点表示每个 RPC 试件实测值,曲面为实测电偶埋藏深度、临界温度和临界时间的拟合曲面。

　　对数据进行回归分析得到 RPC 的角部、边缘 5mm、距边缘 25mm 和试件中心的临界爆裂温度 T 随深度和时间变化的关系式:

$$T_{c,corner} = -1.14 \times 10^9 + 7.34 \times 10^7 t - 1.89 \times 10^6 t^2 + 2.44 \times 10^4 t^3 - 1.57$$
$$\times 10^2 t^4 + 0.4 t^5 - 0.21 D^2 \tag{9.1}$$

$$T_{c,edge} = 1.49 \times 10^7 - 7.33 \times 10^5 t + 1.35 \times 10^4 t^2 - 1.1 \times 10^2 t^3$$
$$- 0.34 t^4 + 1.3 D - 1.35 \times 10^2 D^2 \tag{9.2}$$

$$T_{c,1/4edge} = -8.67 \times 10^7 + 4.25 \times 10^6 t - 7.81 \times 10^4 t^2$$
$$+ 6.37 \times 10^2 t^3 - 1.95 t^4 - 1.68 D \tag{9.3}$$

$$T_{c,center} = 8.61 - 2.14 \times 10^2 t + 15.44 t^2 + 1.38 D - 3.80 D^2 - 0.19 tD \tag{9.4}$$

式中，$T_{c,corner}$ 为角部爆裂时的温度；$T_{c,edge}$ 为边缘 5mm 爆裂时的温度；$T_{c,1/4edge}$ 为边缘 25mm 爆裂时的温度；$T_{c,center}$ 为中心爆裂时的温度；t_c 为临界爆裂时间；D 为电偶埋藏部位的深度。各公式相关系数分别为 87.5%、91.9%、98.6% 和 87.9%。

结果表明，温度和材料深度、加热时间等表现为复杂的高阶多项非线性关系。对 RPC 来讲，粗骨料的剔除在很大程度上减小了 RPC 基质的非均质性，但在高温作用下，混凝土内部 C-H-S 凝胶等产物随温度升高会逐渐发生分解、脱水等一系列的物理和化学变化，导致 RPC 加热时其热量的传递演化为一个复杂的热力学过程。

9.2.3　内部特征点温差

试件在加热过程中，当炉温为 330℃ 时，试件开始发生表面剥落，到 350℃ 时 RPC 的爆裂程度加剧，进入前述的爆裂"发展期"。因此，在炉温 350℃ 前对混凝土的爆裂影响不大，埋置在角部等几个部位的热电偶也未露出。考虑到第 3 章中对 RPC 高温力学性能的研究结果，选择炉温分别为 50℃、100℃、150℃、200℃、250℃、300℃ 和 350℃ 七个温度特征点，分析试件的角部、试件边缘 5mm（边缘）、试件边缘 25mm（1/4 边缘）和试件中心四个部位的温度，考虑到试件的爆裂一般发生在角部，将边缘、中心等其他三个部位与试件角部进行温度比较，表 9.5 给出了实测数据。图 9.14 绘出了三个深度水平下其他部位相比于角部的温差，并拟合得到了温差关系曲线。

表 9.5　不同埋深的 RPC 内部温度差异

炉温 /℃	埋置热电偶部位	埋深 15mm 温度/℃	温差 /℃	埋深 35mm 温度/℃	温差 /℃	埋深 50mm 温度/℃	温差 /℃
50	角部	26	—	21	—	22	—
	边缘	20	−6	18	−3	18	−4
	1/4 边缘	20	−6	16	−5	16	−6
	中心	18	−8	16	−5	14	−8

续表

炉温/℃	埋置热电偶部位	埋深15mm温度/℃	温差/℃	埋深35mm温度/℃	温差/℃	埋深50mm温度/℃	温差/℃
100	角部	53	—	41	—	45	—
	边缘	39	−14	32	−9	35	−9
	1/4边缘	38	−16	28	−14	30	−15
	中心	33	−20	25	−16	25	−20
150	角部	87	—	69	—	76	—
	边缘	65	−22	54	−15	59	−17
	1/4边缘	64	−23	49	−21	52	−25
	中心	55	−32	42	−27	40	−36
200	角部	129	—	107	—	117	—
	边缘	98	−31	85	−22	92	−25
	1/4边缘	94	−35	77	−30	80	−37
	中心	85	−44	68	−39	61	−57
250	角部	176	—	151	—	166	—
	边缘	136	−40	123	−28	133	−34
	1/4边缘	129	−47	111	−40	117	−49
	中心	119	−57	99	−52	87	−80
300	角部	228	—	203	—	222	—
	边缘	181	−47	170	−32	181	−40
	1/4边缘	171	−58	154	−49	161	−61
	中心	161	−67	137	−66	119	−103
350	角部	284	—	260	—	280	—
	边缘	229	−55	223	−38	237	−43
	1/4边缘	216	−69	203	−57	213	−67
	中心	210	−74	184	−76	159	−121

注:以上是三个试件测试结果的平均值。

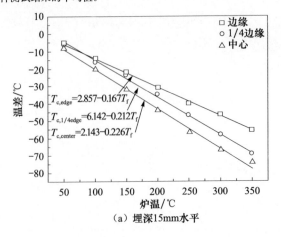

（a）埋深15mm水平

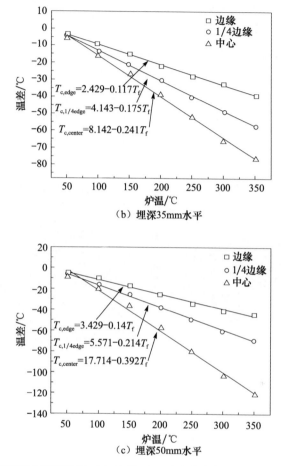

图 9.14　不同埋深水平下边缘、1/4 边缘、中心温度与角部温度的差异（T_f 代表炉温）

由图 9.14 可以看出，在同一深度水平上，随着温度的增加，边缘、1/4 边缘和中心相对于角部的温度差均呈现增加的趋势，中心和角部的温差大于其他部位。

9.3　混凝土内部孔隙及测试方法

9.3.1　混凝土孔的分类

孔结构是混凝土微观结构中重要的组成之一，混凝土中的孔主要存在于硬化凝胶材料、骨料及硬化凝胶材料与骨料的界面上（图 9.15），在混凝土中形成网络分布并受内外条件的影响。国内外的专家学者对孔隙进行了多种分类。例如，布特等按孔径大小将混凝土孔分为四级，凝胶孔（<10nm）、过渡孔（10～100nm）、毛

细孔(100～1000nm)、大孔(＞1000nm)[19]。吴中伟院士根据孔径对混凝土强度的不同影响,将混凝土孔径分为四级:无害孔级(＜20nm)、少害孔级(20～50nm)、有害孔级(50～200nm)和多害孔级(＞200nm)。较常用的分类是按布特的分类,即分成粗孔和细孔,粗孔分为 1μm 以上的大孔(气孔)和 1000Å～1μm 的毛细孔;细孔分为 100～1000Å 的过渡孔和小于 100Å 的凝胶孔,其中,过渡孔指水化物之间的孔隙,如 C-S-H(水化硅酸钙)凝胶以及绝大部分 Ca(OH)$_2$ 及钙矾石晶体等之间的孔隙,凝胶孔则为凝胶颗粒间互相连通的孔隙[20]。

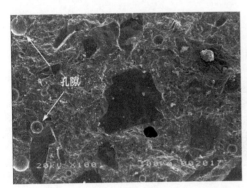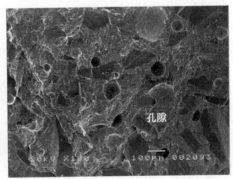

图 9.15　RPC 内部的孔隙

9.3.2　孔隙测试方法

由于多孔材料中的孔从几埃、几十埃到几微米、几百微米,大小不同,各有一定的分布范围,研究目的不同,所测孔径和形状不同,采用的测试方法也不尽相同。目前常用的测孔方法主要有光学法、等温吸附法、X 射线小角度散射法、MIP 等[20]。

1) 光学法

光学法也称电子光学法,该方法是根据不同显微镜的分辨率,结合图像分析仪分析不同孔径的孔所占百分比。该方法主要缺点是涉及取样的代表性问题。由于光学显微镜的放大倍率有限,微孔不易辨认,所以该方法多用于大孔(孔径＞100Å)的分析。

2) 等温吸附法

气体吸附在固体表面,随着相对气压的增加,会在固体表面形成单分子层和多分子层。加上固体中细孔产生的毛细管凝结,可计算固体比表面积和孔径。所用气体可以是水蒸气或有机气体,用得最多的是氮气。吸附法,尤其是氮气吸附法,通常用于测定 5～350Å 的孔。

3) 小角度 X 射线散射法

X 射线以很小的角度入射,通过粒子散射,根据布拉格方程可计算得到粒子的大小、形状、分布等。该方法不要求对试样进行去气和干燥处理,因而可以测定湿度下试样的孔结构。由于 X 射线能穿透材料,可测出封闭孔和墨水瓶状孔的陷入部分。但该方法在大孔区域,由于干涉效应和仪器精度所限,会产生较大误差,所以该方法适用于测定 300Å 以下的孔。

4) MIP

MIP 主要根据压入多孔系统中的汞液量与所加压力之间的函数关系计算孔的直径和不同大小孔的体积,分低压测孔和高压测孔两种。低压测孔压力为 0.15MPa,可测孔的直径为 $50\text{Å} \sim 750\mu m$,高压测孔压力为 300MPa,可测直径为 $30\text{Å} \sim 11\mu m$。MIP 的试样制作简单,所测孔径范围广,得出的试验数据可分析性强,试验过程也很简便,是近年来混凝土材料科学研究中最常用、最简洁、最有效的孔特征测试评价方法。

MIP 是利用毛细管原理,把毛细管插入汞液中,由于二者的非浸润性,毛细管压力阻止汞液进入毛细管,通过施加一定的压力使汞液注入,然后根据压入多孔系统中的汞液量与施加压力之间的函数关系,计算孔的直径和不同大小孔的体积,该方法假定多孔固体材料中的气孔为圆柱形。Washburn 首先提出了多孔固体的结构特性可以通过把不浸润的液体压入孔中的方法来分析的观点,假定迫使不浸润的液体进入半径为 r 的孔所需的最小压力由公式 $p = k/r$ 确定,k 是一个常数,这个简单的概念就成为现代压汞孔率仪的理论基础[21]。

当加压迫使汞液进入孔径为 D、长度为 l 的圆柱形孔时,单位体积汞的表面积(孔外堆积汞的面积减少量)为

$$A = \pi D l \tag{9.5}$$

产生浸润面积所需要的功为

$$W_1 = -2\pi r l \cos\theta \tag{9.6}$$

压汞进入圆柱形孔所需要的功为

$$W_2 = -\frac{1}{4} p \pi D^2 l \tag{9.7}$$

由 $W_1 = W_2$,联合式(9.6)和式(9.7)可以得到 Washburn 方程:

$$pD = -4\gamma\cos\theta \tag{9.8}$$

式中,D 为孔直径(以下简称孔径),nm;γ 为汞的表面张力,常取值为 0.48N/m;P 为压入汞的压力,psi(1psi=6.89476×10^3 Pa);θ 为汞对孔的接触角。

式(9.8)表明若 θ 和 γ 不变,随压力逐渐增大,汞会逐渐进入孔径更小的孔。当压力变化时,可量测出单位质量试样在两种孔径的孔之间所压入的体积 ΔV;连

续改变测孔压力时,就可测出压入不同孔级孔中的汞量,得到孔径分布。利用压汞仪可自动记录各时刻的压力、汞浸入体积、孔隙平均直径、体积增量、孔隙累积表面积等。根据测量结果可计算出孔隙率、平均孔径、体积中间孔径、阈值孔径及最可几孔径等孔隙参数。

(1) 平均孔径。压汞理论的前提是将样品内的孔隙假设为一个整体的圆柱状通孔,这时平均孔径是按圆柱形孔几何模型由总孔容和总面积计算得到的,即平均孔径是总孔容与总孔面积比值的 4 倍。

(2) 体积中间孔径。采用压入汞 50% 体积时所对应的孔径。

(3) 阈值孔径。用各时刻汞浸入的体积 V_i 对 $\lg D_i$ 作图,可得到孔径分布积分曲线。曲线上斜率突变点的切线和横坐标 $\lg D_i$ 轴的交点处孔径称为阀值孔径(又称临界孔径),即压入汞的体积明显增加时所对应的最大孔径。

(4) 最可几孔径。将孔径分布积分曲线的斜率 $dV_i/d\lg D_i$ 对 $\lg D_i$ 作图,可得到孔径分布微分曲线。曲线上峰值所对应的孔径称为最可几孔径即孔隙发生单位尺度变化时体积变化最大的孔隙孔径。孔径分布微分曲线是最常用的表示孔径分布的曲线。

9.4　RPC 孔隙试验及结果分析

9.4.1　试验概况

按第 2 章的配比和制备工艺加工压汞试验的试件。首先制备 230mm×114mm×65mm 长方体试件,然后从长方体取芯,加工成 ϕ10mm×20mm 的圆柱体试件,两端磨平后,放置在高温炉内加热到目标温度后冷却至室温,然后用丙酮溶液浸泡终止水化,用于 RPC 的压汞试验(见图 9.16)。

本试验在北京市理化分析测试中心完成,使用美国康塔公司生产的 Pore Master GT60 型压汞仪,压汞仪可测压力为 $1.4×10^{-3}\sim4.14×10^2$ MPa,可测孔径为 36Å$\sim$950μm。研究中采用连续扫描的方式,接触角选为 140°,测试设备如图 9.17 所示。分别测试 RPC200 试件在 20℃、100℃、150℃、200℃、250℃、300℃和 350℃七个不同温度下的孔隙度、总孔体积、平均孔径等特征参数,每种温度重复三个试件。需要指出的是,受样品与试验管结合的紧密程度以及样品表面存在孔隙等因素的影响,压汞试验开始时测得的孔体积误差较大。为减小误差,计算孔隙特征参数时,将孔体积首次增幅为零时的孔压设为初始孔压,减去孔体积初始值,使各温度水平的孔径分布具有统一的初始孔径,初始孔压为 9.1psi 左右[15]。

图 9.16　压汞试验样品图

图 9.17　Pore Master GT60 型压汞仪

9.4.2　孔体积随汞压的变化

图 9.18 给出了三个批次 RPC 试件的汞压和孔隙体积的变化关系。

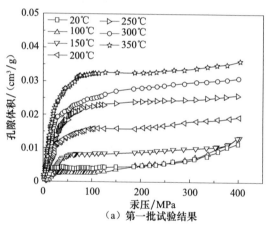
（a）第一批试验结果

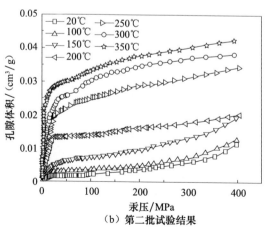
（b）第二批试验结果

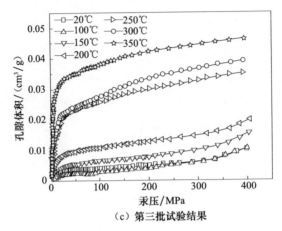

（c）第三批试验结果

图 9.18　不同温度下 RPC 孔隙体积随汞压的变化规律

从图 9.18 可以看出，不同温度下 RPC 孔隙体积随汞压的增加而增大，且在压汞初期（汞压约小于 25MPa 的阶段），孔隙体积表现出急剧增加，受温越高的试件在此阶段增幅越大。经过此阶段后，孔隙体积随汞压增加呈现平缓增长的趋势。

压汞初期孔隙体积表现出急剧增加的原因是压汞时，汞需要先浸润 RPC 试件浅部的孔隙，在温度作用下，RPC 内部发生的物理变化（如由内部游离水的逸出、水化产物之间以及骨料与水泥浆体之间热膨胀不匹配造成的热开裂等）和化学变化（水泥水化产物的发生热分解）造成浅部孔隙较多，导致受温越高的试件其孔隙体积的增幅远大于常温或温度较低的试件。9.4.3 节中的体积中间孔径、阈值孔径、孔径分布积分曲线等数据也表明温度在高于 200℃ 后，RPC 的孔隙结构开始发生较大变化。

此外，常温和 100℃ 的孔隙体积-汞压曲线基本重合，表明 100℃ 以下的较低温度对孔隙体积的影响很小。

9.4.3　孔隙率、总孔体积随温度的变化

表 9.6 给出了 RPC 孔结构特征参数的测试结果。可以看出，随温度升高，RPC 的孔隙率、总孔体积、平均孔径、阈值孔径、最可几孔径等孔隙参数呈现总体增加的趋势，由于水泥基复合材料内部的孔隙结构十分复杂，单一的孔隙表征参数只能反映孔隙特征的某个方面，需要多个参数共同来阐释孔结构的信息，以下分析了孔隙率、总孔体积、孔径分布及不同孔径范围的孔隙体积分布等特征参数随温度的变化规律[22]。

表 9.6　压汞法测得的 RPC 孔结构特征参数

试件编号	孔隙率/%	总孔体积/(cm³/g)	总孔面积/(m²/g)	平均孔径/Å	最可几孔径/Å	体积中间孔径/Å	阈值孔径/Å
RPC-20℃	2.49	0.011	6.349	64	36	52	332
RPC-100℃	2.80	0.012	7.994	61	36	51	524
RPC-150℃	4.36	0.020	8.062	74	36	70	1076
RPC-200℃	4.80	0.022	6.579	126	36	678	2553
RPC-250℃	7.67	0.034	6.713	207	356	1133	6366
RPC-300℃	8.99	0.040	7.617	208	5564	1052	8646
RPC-350℃	9.98	0.044	6.129	281	9558	2943	14140

注:以上数据为每个温度点三个样品实测数据的平均值。

表 9.6 结果显示,随温度升高,RPC 的比孔体积、孔隙率、平均孔径、阈值孔径、最可几孔径等孔隙特征参数明显增大,孔隙的总体积、特征孔径均随温度升高而增加。图 9.19 绘出了三批试件实测的孔隙率随温升变化的趋势,RPC 的孔隙率随温度升高呈增大趋势。和常温相比,100℃平均孔隙率略有增加,增幅仅为 12.45%,150℃的平均孔隙率增幅为 75.10%,200℃平均孔隙率增长了 92.77%,250℃平均孔隙率增长了 208.03%,300℃平均孔隙率增长了 261.04%,350℃孔隙率平均增长了 300.80%。值得注意的是,孔隙率的变化存在一个突变,即存在一个阈值温度(RPC 孔隙率发生突变的温度)。从以上数据分析可以看出,引起 RPC 孔隙率变化的阈值温度在 250℃左右。经拟合,得到平均孔隙率随温度的变化关系:

$$p = 4.178e^{T/312.318} - 2.048 \tag{9.9}$$

式中,p 为三批次 RPC 样品的平均孔隙率;T 为温度,相关系数为 0.944(需要指出的是,从数据点集中分布情况来看,也可以采用线性拟合,但从数据变化的趋势来

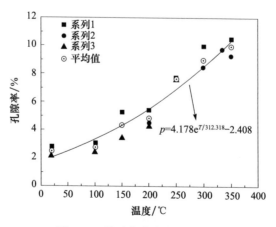

图 9.19　孔隙率随温度变化曲线

看,若温度进一步升高,即大于350℃后,孔隙率和总体积将随温度呈非线性变化,因此,采取非线性关系表征孔隙率和总体积随温度的变化规律)。

随温度升高,RPC 的总孔体积呈增大趋势。和常温相比,100℃平均总孔体积增幅很小,仅为 9.09%,150℃的平均增幅为 81.82%,200℃平均总孔体积增长了100%,250℃平均总孔体积增长了 209.09%,300℃平均增长了 263.64%,350℃平均增长了 300%,总孔体积表现出和孔隙率极其相近的变化趋势。图 9.20 和图9.21 给出了三个批次的总孔体积和平均孔体积随温度的变化曲线,并拟合得到平均总孔体积随温度的变化关系。

$$V = 0.022e^{T/350.271} - 0.0147 \tag{9.10}$$

式中,V 为三批次 RPC 样品的平均孔体积;T 为温度。式(9.10)的相关系数为0.944。

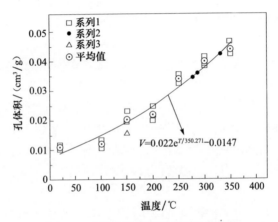

图 9.20　实测孔体积随温升变化的趋势

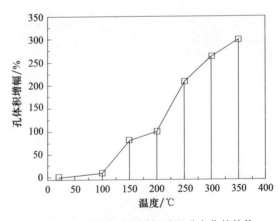

图 9.21　孔体积平均增幅随温升变化的趋势

9.4.4　孔径分布积分和孔径分布微分曲线

为了定量分析温升过程中不同孔径孔隙的体积变化对孔隙总体积的影响，图 9.22 和图 9.23 分别为不同温升条件下 RPC 孔径-比孔体积分布的积分与微分曲线。孔径-比孔体积分布的积分曲线反映了大于某孔径 D_i 的单位质量孔隙体积与孔径的关系，即单位质量 RPC 中不同孔径范围内的孔隙体积占孔隙总体积的比例。其中，曲线斜率突变点所对应的孔径为阈值孔径 D_{thr}，表示单位质量孔隙体积急剧增加时的孔隙孔径。对孔径-比孔体积积分曲线求导可得到孔径-比孔体积分布的微分曲线，该曲线表征单位质量孔隙体积对孔径的变化率（$\mathrm{d}v_i/\mathrm{d}\log D_i$）与孔径变化的对应关系。其中，峰值点对应的孔径为最可几孔径 D_p，表示单位质量体积变化最大的孔隙所对应的孔径。根据表 9.6 数据以及孔隙体积的积分和微分曲线，绘出三批试件的阈值孔径和最可几孔径的平均值随温度变化的规律，如图 9.24 和图 9.25 所示。

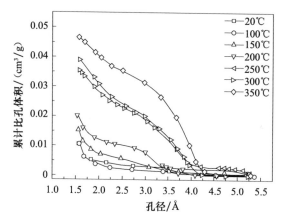

图 9.22　不同温度下孔径-比孔体积的积分曲线

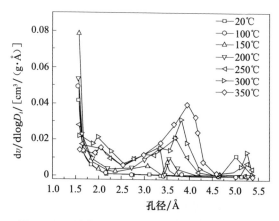

图 9.23　不同温度下孔径-比孔体积的微分曲线

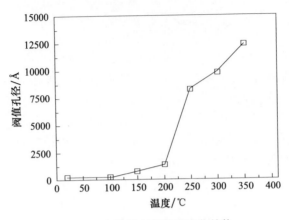

图 9.24　阈值孔径随温度变化趋势

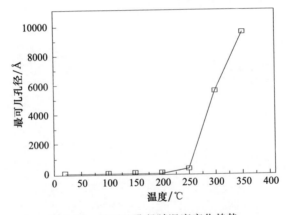

图 9.25　最可几孔径随温度变化趋势

由表 9.6、图 9.22~图 9.25 的结果可以发现，温度 200℃及以下时，RPC200内部不同孔径孔隙的体积差别不大，体积分布相对均匀，阈值孔径和最可几孔径变化较小。当温度超过 200℃时，小尺寸孔隙所占的体积显著增大。温度越高，小尺寸孔隙所占的体积越大，且增长速率越快。阈值孔径和最可几孔径也同时快速增大。200℃是小尺寸孔隙的体积、阈值孔径和最可几孔径明显增加的门槛温度。

9.4.5　不同孔径范围内的孔隙体积分布

研究表明，材料的性质不仅与孔隙率有关，而且与孔的级配（孔径分布）相关。依据布特的孔径分类，以孔径 $0.01\mu m$、$0.1\mu m$ 和 $1\mu m$ 为界，将孔径分布划分为四个范围，即 $d\leqslant 0.01\mu m$，$0.01\mu m < d\leqslant 0.1\mu m$，$0.1\mu m < d\leqslant 1\mu m$ 和 $d > 1\mu m$，表 9.7 给出了不同温度下不同孔径区间的孔隙体积分布情况，图 9.26 绘出了不同孔径区间的孔隙体积随温度的变化规律。

表 9.7　不同温度下不同孔径区间的孔隙体积

孔径/μm	温度/℃						
	20	100	150	200	250	300	350
大孔($d>1.0$)	6.60%	3.41%	1.81%	0.53%	1.22%	0.57%	0.76%
毛细孔($0.1<d≤1.0$)	8.22%	4.75%	6.97%	13.02%	16.22%	17.07%	23.52%
过渡孔($0.01<d≤0.1$)	35.98%	34.23%	38.94%	45.56%	47.86%	47.79%	46.01%
凝胶孔($d≤0.01$)	49.20%	57.61%	52.28%	40.89%	34.70%	34.57%	29.71%

注:表中数据为每个温度点三个样品实测数据的平均值。

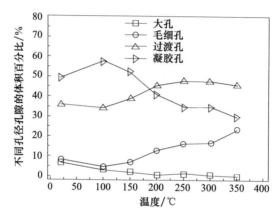

图 9.26　不同孔径的孔隙体积随温度的变化规律

从表 9.7 和图 9.26 结果可以看出:RPC200 内部孔隙主要表现为孔径 $d≤$ $0.1\mu m$ 的过渡孔和凝胶孔,两者占 RPC 孔隙总体积的 75% 以上。随温度升高,过渡孔的数量逐步增多、总体积增大,而凝胶孔的数量逐步减少、总体积减小。温度超过 100℃ 后,孔径 $d>1.0\mu m$ 的粗孔以及孔径 $d≤0.01\mu m$ 的凝胶孔随温度升高而逐步减少;孔径为 $0.01\mu m<d≤1.0\mu m$ 的过渡孔和毛细孔随温度升高而逐步增多。至爆裂温度 350℃ 时,粗孔与凝胶孔占孔隙总体积的百分比由室温时的 56% 左右降至约 30%,其主要贡献来自于凝胶孔体积的大幅度下降;而过渡孔与毛细孔占孔隙总体积的百分比由室温时的约 44% 增至 70% 左右,过渡孔与毛细孔对体积增加的贡献相当。

上述结果表明,温升至爆裂的过程中,单位质量 RPC 的总孔隙体积明显增大,主要机制是过渡孔和毛细孔的数量与体积显著增加。通常认为,凝胶孔主要是凝胶颗粒之间互相连通的孔隙;过渡孔主要是水化物如 C-S-H、[Ca(OH)$_2$] 和钙矾石晶体等之间的孔隙;毛细孔主要是水化水泥颗粒之间可以被水填充且能发生毛细作用的孔隙;粗孔主要指基体凝结硬化以及成型过程中水分蒸发后形成的较大气孔[20]。因此,高温作用下 RPC 中粗孔与凝胶孔的数量和体积减小、过渡孔与毛细孔的数量和体积增加,意味着高温使 RPC 水泥晶体(主要成分为 C-S-H)发生了化学分解和毛细水蒸发。高温作用后 RPC200 内部结构的 SEM 图像也清楚地说明了这一点。

　　SEM 试验证实,高温作用下 RPC 基体发生复杂的物理化学变化,包括凝胶体中的孔隙水汽化、胶体热膨胀、热收缩和失水产生的体积变化、骨料间热开裂以及 C-S-H 化学分解等。图 9.27 和图 9.28 为利用 SEM 捕捉到的经历不同温度作用后 RPC200 基质与孔隙结构的变化。

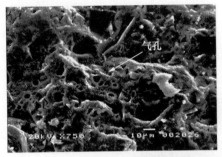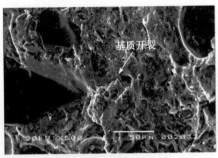

（a）100℃时的基质与发育的气孔　　　　　（b）200℃时基质热开裂

（c）300℃颗粒与基质交界面热开裂

图 9.27　不同温度下 RPC 基质与孔隙结构的热开裂

　　SEM 分析表明,温度升高超过 200℃后,RPC200 的基质、气孔内壁、骨料颗粒与基质交界面等部位发生了热开裂。同时,粗孔内壁重新水化分解生长出针刺状的 C-S-H,如图 9.28(b)所示(根据针刺絮状物的直径判断)。据此认为,温度作用下水泥凝胶体水化分解形成的针刺状 C-S-H,一方面填充了 RPC 中的粗孔,降低了粗孔体积,使孔隙孔径细化;另一方面,它与毛细水汽化、基质热开裂以及颗粒与基质交界面热开裂相耦合,造成毛细孔和过渡孔的体积增加。

　　根据上述结果和分析可知,温度升高时,利于水蒸气逸出,孔径 $d > 1\mu m$ 的粗

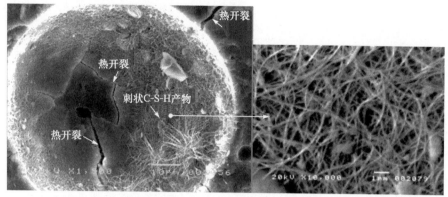

(a) 气孔内壁热开裂及刺状C-S-H产物　　　　　(b) 刺状C-S-H分解产物的局部放大

图 9.28　温度 200℃时 RPC200 中孔隙内部热开裂与 C-S-H 分解产物

孔数量及总体积降低,孔径为 $0.01\sim1.0\mu m$ 的过渡孔和毛细孔的数量与体积增加,RPC 总孔隙体积增大主要源于过渡孔和毛细孔的数量与体积增加。Mehta 等[23]的试验结果发现,$d<0.132\mu m$ 的孔隙对混凝土渗透性几乎没有影响,据此认为,素 RPC 在温度升高时内部未能形成有利于蒸发水逃逸的通道,内部蒸汽压容易达到饱和诱发爆裂。蒸汽压试验结果进一步证实了这一点。

9.5　RPC 蒸汽压试验

早在 20 世纪 70 年代,国外学者便开展了混凝土内部蒸汽压的研究,例如,Bažant 等[24,25]通过求解一组热量和水汽的传递方程,提出了预测加热混凝土蒸汽压的一维和二维有限元分析方法。Consolazio 等[26]通过对等温流和水分堵塞爆裂的研究,结合数值模拟分析认为孔压的形成是爆裂发生的主要因素,热应力也起着重要的作用。Kalifa 等[7]通过在混凝土内部预埋测试管试验测量了混凝土内部蒸汽压,使蒸汽压理论得到了试验验证,他的研究表明在混凝土内掺入 PP 纤维能够大大降低混凝土高温时的孔压力,减小混凝土爆裂的机会,且随着纤维含量的增大,孔压力会减小,其试验结果验证了蒸汽压理论。Bangi 等[27]在 Kalifa 的基础上,设计了不同形式和填充材料(空气、水和硅油)的蒸汽压试验,比较了不同测试技术对蒸汽压的影响,结果表明硅油的测试效果要大于空气和水。以上成果对混凝土的高温爆裂研究起到了积极的推动作用,目前的研究成果均针对 NC 或 HSC,RPC 内部蒸汽压的研究成果极其匮乏。

鉴于此,作为一种尝试,在参考国外学者研究成果和测试方法的基础上,通过在试件内部埋置测试管的方法研究 RPC 的蒸汽压随温度的变化规律。

9.5.1　测试方法和装置

采用第 2 章的配比制备用于 RPC 蒸汽压测试的试件，试件为 $\phi100\text{mm}\times$ 210mm 的圆柱体。

参考文献[27]的研究方法，设计用于测试 RPC 内部蒸汽压的装置，如图 9.29 和图 9.30 所示。

测试装置包含导气管（测试管）、压力变送器、无纸记录仪和 SGM 2890E 智能箱式电阻炉四个部分。测试管埋置于 RPC 试件内部，其中测试管长 4℃ m、外径 5.5mm、内径 2.5mm，不锈钢材质，管内填充膨胀系数较低的硅油。在测试管的一端焊接一个圆柱体的托盘，托盘直径 14mm，盘口镶嵌了一个直径为 12mm 的烧结金属滤片，烧结金属滤片的厚度为 1.5mm、内部孔径 2μm。其中硅油的技术指标如下：

（1）黏度为 500PS。

（2）着火点为 315℃。

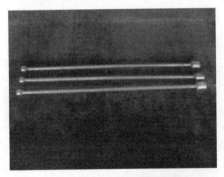

（a）带金属滤片和接头的测管　　　　　　（b）烧结金属滤片和底盘

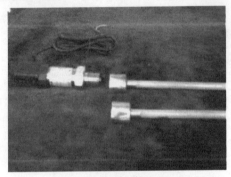

（c）压力变送器和转接头

图 9.29　蒸汽压装置中的测试管（导气管）

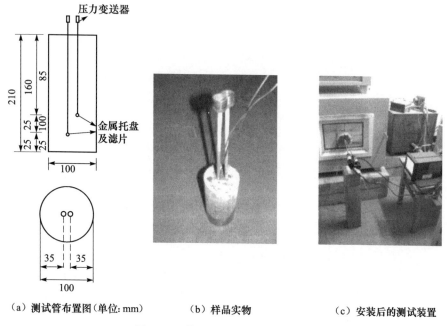

（a）测试管布置图（单位：mm）　　　（b）样品实物　　　　（c）安装后的测试装置

图 9.30　蒸汽压测试装置与布置图

（3）热膨胀系数为 $9.5×10^{-4}℃^{-1}$。

采用圆柱体托盘的目的是增大测试管与 RPC 基质的接触面，烧结金属滤片阻止了测试管内硅油流出，同时也保证 RPC 受热后产生的水蒸气可以从滤片通过，蒸汽对管内充填的硅油产生压力，最终通过压力变送器量测到蒸汽压的变化。

蒸汽压试验试件为 $\phi100mm×210mm$ 圆柱体。为了得到试件不同深度处的蒸汽压，分别在离试件底部 25mm、50mm 和 100mm 三个部位埋设测试管，测试管位置处同时布置热电偶用于采集温升过程中该点温度。考虑到试件截面尺寸较小，每个试件同时布置两根测管，位置按 25mm 和 50mm、50mm 和 100mm、25mm 和 100mm 成对布置，每种情况重复测试两个试件。需要指出的是，测试管托盘部分埋入圆柱试件中，为避免测试管其余部分受热变形而影响测试结果，试验时将 1/2 长度的试件，即带烧结金属滤片长 100mm 的部分，水平放入高温炉内均匀受热。图 9.31 绘出了温升过程中距试件底部 25mm、50mm 和 100mm 处蒸汽压的实测值，其中曲线上的 A、B、C 点分别代表上述三个测点位置的实测值峰值，各点坐标依次表示炉腔内温度、测点处的峰值温度与峰值蒸汽压。

9.5.2　测试结果与分析

从图 9.31 可以看出，①RPC 内部不同测点处的蒸汽压随温度升高而增大，直

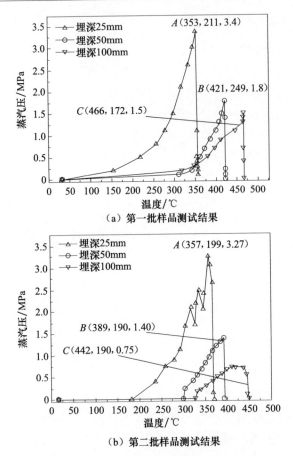

（a）第一批样品测试结果

（b）第二批样品测试结果

图 9.31　RPC200 内部蒸汽压随温升的变化趋势

到测点位置处发生爆裂时蒸汽压骤然下降；②蒸汽压呈现由外向内逐步降低的特征，靠近圆柱体试件底部测点处的峰值蒸汽压平均可达 3.33MPa，而内部测点处的峰值蒸汽压平均只有 1.13MPa。图 9.32 反映了与圆柱体试件底部加热端不同距离处的测点的温度、蒸汽压及其变化趋势[22]，用 Kalifa 模型[7]来表达相同炉腔温度下试件不同位置处蒸汽压的变化趋势。

　　曲线 P_1 与 T_1、P_2 与 T_2、P_3 与 T_3 分别表示距离底部加热端 $D=25\text{mm}$、50mm、100mm 测点处蒸汽压达到最大值时 RPC 圆柱体试件内部蒸汽压与温度的分布变化，图中标了热流方向、蒸汽压力传感器与热电偶的位置。

　　从图 9.32 可以看出，炉腔内温度升高时，距离受热表面越近，测点蒸汽压达到饱和状态的速度越快。测点发生爆裂时，临近点的蒸汽压与爆裂点的峰值蒸汽压相差较大，内部蒸汽压呈现随测点间距（混凝土厚度）增大而快速降低的特征。这说明混凝土基体没有形成有利于释放蒸汽压的通道，这与前述观测到的高温作用

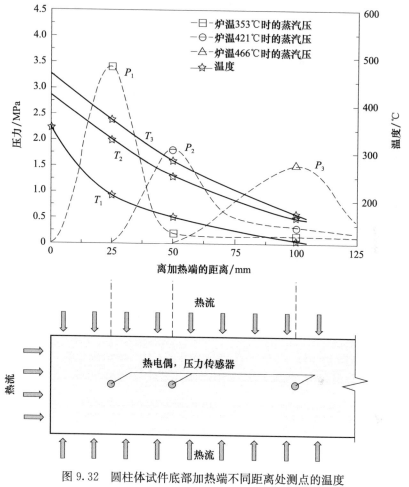

图 9.32　圆柱体试件底部加热端不同距离处测点的温度
和蒸汽压的变化趋势（后附彩图）

下 RPC 内部微细观孔隙结构的变化相吻合。此外，蒸汽压变化的另一个显著特点是，蒸汽压峰值由试件外部逐步向内部纵深迁移，爆裂的峰值蒸汽压降低。这说明高温爆裂过程中 RPC 的力学性能逐步劣化，爆裂抗拉强度下降。

9.5.3　爆裂的"薄壁球模型"

由试验结果可知，快速达到饱和且难以有效释放的蒸汽压是 RPC 高温爆裂的直接原因。据此，采用"薄壁球模型"来分析孔隙内部蒸汽压引发爆裂的力学机理[22]。根据实测的孔隙微细观结构特征和蒸汽压的变化规律，假设混凝土内任一点处由于毛细水蒸发和热开裂形成孔隙，其等效半径为 r，孔隙蒸汽压为 $q(T)$（蒸汽压是温度的函数，随温度升高而增大），蒸汽压的影响区域为内径 r、外径 R 的球

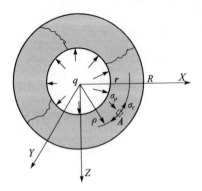

图 9.33　气球模型的内部蒸汽压、
球壁环向应力、径向应力的示意图

形薄壁区域,球壁 $r \leqslant \rho \leqslant R$ 的区域表示 RPC 基体。温度作用下 RPC 基体的抗拉强度为 $\kappa(T)$, T 为爆裂温度。任取球壁内一点 A, 半径为 ρ, 沿径向取单位宽度圆环,则圆球内部的蒸汽压 q、球壁任意点的环向应力 σ_τ、径向应力 σ_ρ 作用如图 9.33 所示。

　　根据弹性理论[28],由孔隙径向位移 u_ρ 引起的径向线应变 ε_ρ 和切向线应变 ε_τ 可表示为

$$\varepsilon_\rho = \frac{\mathrm{d}u_\rho}{\mathrm{d}\rho}, \quad \varepsilon_\tau = \frac{u_\rho}{\rho} \tag{9.11}$$

由胡克定律得

$$\begin{cases} \varepsilon_\rho = \dfrac{\sigma_\rho - \mu\sigma_\tau - \mu\sigma_\tau}{E} = \dfrac{\sigma_\rho - 2\mu\sigma_\tau}{E} \\ \varepsilon_\tau = \dfrac{\sigma_\tau - \mu\sigma_\tau - \mu\sigma_\rho}{E} = \dfrac{(1-\mu)\sigma_\tau - \mu\sigma_\rho}{E} \end{cases} \tag{9.12}$$

由式(9.12)求出应力分量 σ_ρ、σ_τ,并代入式(9.12),得

$$\begin{cases} \sigma_\rho = \dfrac{E}{(1+u)(1-2u)}\left[(1+u)\dfrac{\mathrm{d}u_\rho}{\mathrm{d}\rho} + 2u\dfrac{u_\rho}{\rho}\right] \\ \sigma_\tau = \dfrac{E}{(1+u)(1-2u)}\left(u\dfrac{\mathrm{d}u_\rho}{\mathrm{d}\rho} + \dfrac{u_\rho}{\rho}\right) \end{cases} \tag{9.13}$$

代入平衡微分方程:

$$\frac{\mathrm{d}\sigma_\rho}{\mathrm{d}\rho} + \frac{2(\sigma_\rho - \sigma_\tau)}{\rho} + f_\rho = 0 \tag{9.14}$$

有

$$\frac{E(1-u)}{(1+u)(1-2u)}\left(\frac{\mathrm{d}^2 u_\rho}{\mathrm{d}\rho^2} + \frac{2}{\rho}\frac{\mathrm{d}u_\rho}{\mathrm{d}\rho} - \frac{2}{\rho^2}u_\rho\right) + f_\rho = 0 \tag{9.15}$$

考虑到体力 $f_\rho = 0$,平衡微分方程简化为

$$\frac{\mathrm{d}^2 u_\rho}{\mathrm{d}\rho^2} + \frac{2}{\rho}\frac{\mathrm{d}u_\rho}{\mathrm{d}\rho} - \frac{2}{\rho^2}u_\rho = 0 \tag{9.16}$$

解微分方程得

$$u_\rho = A\rho + \frac{B}{\rho^2} \tag{9.17}$$

式中,A 和 B 为常数。

　　将式(9.17)代入式(9.13),得到应力分量表达式:

$$\sigma_\rho = \frac{E}{1-2\mu}A - \frac{2E}{1+\mu}\frac{B}{\rho^3}$$

$$\sigma_\tau = \frac{E}{1-2\mu}A + \frac{E}{1+\mu}\frac{B}{\rho^3} \tag{9.18}$$

考虑边界条件：$(\sigma_\rho)_{\rho=r} = -q$，$(\sigma_\rho)_{\rho=R} = 0$，由式(9.18)求得

$$A = \frac{r^3 q(T)}{E(R^3-r^3)}(1-2\mu), \quad B = \frac{R^3 r^3 q(T)}{2E(R^3-r^3)}(1+\mu) \tag{9.19}$$

将 A、B 代入式(9.18)，整理后得到径向应力 σ_ρ 和环向应力 σ_τ 为

$$\sigma_\rho = -\left[\left(\frac{R^3}{\rho^3}-1\right)\Big/\left(\frac{R^3}{r^3}-1\right)\right]q(T)$$

$$\sigma_\tau = \left[\left(\frac{R^3}{2\rho^3}+1\right)\Big/\left(\frac{R^3}{r^3}-1\right)\right]q(T) \tag{9.20}$$

由此可得

$$球壁内侧：\rho=r, \quad \sigma_\rho = -q(T), \quad \sigma_\tau^r = \frac{\frac{1}{2}K^3+1}{K^3-1}q(T) \tag{9.21}$$

$$球壁外侧：\rho=R, \quad \sigma_\rho = 0, \quad \sigma_\tau^R = \frac{3q(T)}{2(K^3-1)} \tag{9.22}$$

式中，$q(T)$ 表示饱和蒸汽压 q 为温度 T 的函数，$q(T)$ 随温度升高而增大，可由试验确定，如图 9.32 所示。球壁特征尺寸 $K=R/r$。由于 $K>1$，由式(9.21)和式(9.22)知，球壁内侧的环向拉应力 σ_τ^r 大于外侧的环向拉应力 σ_τ^R。当球壁 r 趋近于 R 时，$K\approx1$，此时有 $\sigma_\tau^r = \sigma_\tau^R \to \infty$。图 9.34 反映了球壁内侧($\rho=r$)、外侧($\rho=R$)的环向拉应力 σ_τ^r、σ_τ^R 随特征尺寸 K 变化的规律。

　　上述结果表明，随温度和饱和蒸汽压升高，球形孔隙壁内侧的拉应力迅速增大，当环向拉应力达到并超过该温度下 RPC 的极限抗拉强度 $\kappa(T)$ 时(RPC 基体的抗拉强度随温度升高而逐步降低)，孔壁基体开裂。由图 9.34 及式(9.21)计算可知，若球形孔隙的壁厚($R-r$)不超过 $1/2r$，孔隙壁内侧的环向拉应力 σ_τ^r 将不小于 $1.13q$；若孔壁厚度趋近于零，即内外壁的半径接近或相等时，内侧的环向拉应力迅速增大超过 $5q$，并趋于无穷大。当拉应力超过 RPC 基体抗拉强度时，孔隙内壁基体破裂。由于素 RPC200 具有较高脆性，裂纹在蒸汽压的驱动下迅速扩展至孔隙球外壁，形成贯通径向裂纹(见图 9.33)。孔隙内部较高的蒸汽压沿着径向裂纹"喷出"(释放)，形成爆裂。这类似于气球在内部气压作用下发生爆裂的过程。

　　考虑到 RPC 试件最外侧测点爆裂时的温度约为 210℃，蒸汽压 $q=3.34\text{MPa}$，若球形薄壁区域的壁厚满足 $1/4r \leqslant (R-r) \leqslant 1/2r$，由式(9.21)可知，孔隙壁内侧的环向拉应力 σ_τ^r 为

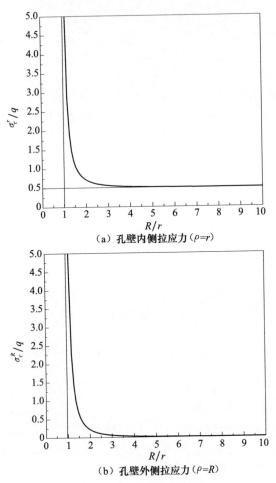

图 9.34　球形孔隙壁内侧、外侧的环向拉应力随特征尺寸 K 变化的规律

$$1.13q \leqslant \sigma_\tau^r \leqslant 2.07q$$

即

$$3.77\text{MPa} \leqslant \sigma_\tau^r \leqslant 6.91\text{MPa}$$

　　根据文献[29]的试验结果，素 RPC200 在室温、200℃、300℃的抗拉强度分别约为 5.76MPa、4.5MPa 和 4.2MPa。不难发现，球壁内侧的环向拉应力超过了 RPC 基体的极限抗拉强度。因此，对 RPC 而言，由蒸汽压引发爆裂的球形薄壁区域的壁厚为 $1/4r \leqslant (R-r) \leqslant 1/2r$。内部蒸汽压起作用的薄壁球形区域控制着 RPC 的爆裂。

9.6　本章小结

本章主要研究了 RPC 的高温爆裂,利用自行设计的抗爆裂智能高温炉测试了 RPC 试件的爆裂行为和温升过程中的温度场分布,观测了 RPC 的高温爆裂现象,研究了内部温度分布规律。通过压汞仪、扫描电镜和自制的蒸汽压装置,量测并分析了素 RPC200 高温爆裂过程中的微细观孔隙结构与内部蒸汽压变化的机制,采用"薄壁球模型"定量解析了内部蒸汽压引发素 RPC 爆裂的力学机理,得到如下主要结论:

(1) 实时观测了 RPC 的高温爆裂现象,按爆裂特征将爆裂过程分为发生期、发展期、严重期和衰退期等几个阶段,每个阶段表现出不同的爆裂破坏特征。

(2) 加热过程中,热能在 RPC 试件内由表及里较均匀地传递,试件表面的温升速率最高,中心温升速率最低,但均显现为线性增加的趋势。

(3) 分析了 15mm、35mm 和 50mm 三个深度水平下的 RPC 内部温度场分布特征。在试件的相同深度,受热过程中的角部、边缘 5mm、边缘 25mm、试件中心等四个不同部位的温度依次降低。不同深度时,RPC 发生爆裂的临界温度和时间不同。对于 15mm 深度水平,完成从角部到中心的爆裂所需时间小于 35mm 和 50mm 两个深度水平,表明 RPC 的爆裂对浅部的影响较大。

(4) 得到了 RPC 角部到试件中心各部位发生爆裂的临界温度和临界时间,建立了 RPC 不同部位爆裂温度随深度和时间的变化关系。

(5) 随温度升高,RPC 的比孔体积、孔隙率、平均孔径、阈值孔径、最可几孔径等孔隙特征参数明显增大,孔隙的总体积、特征孔径均随温度升高而增加。温度 200℃ 及以下时,RPC 内部不同孔径孔隙的体积差别不大,阈值孔径和最可几孔径变化较小。温度超过 200℃ 后,小尺寸孔隙所占的体积显著增大。温度越高,小尺寸孔隙所占的体积越大、增长速率越快;阈值孔径和最可几孔径同时快速增大。200℃ 是小尺寸孔隙的体积、阈值孔径和最可几孔径明显增加的门槛温度。

(6) 温升至爆裂过程中,单位质量 RPC 的总孔隙体积增大主要源自过渡孔和毛细孔的数量与体积显著增加。主要物化机制是高温使 RPC 中的 C-S-H 发生化学分解、毛细水蒸发、基质及颗粒与基质交界面发生热开裂。RPC 内部没有形成有利于蒸发水逃逸的孔隙通道,内部蒸汽压容易达到饱和引发爆裂。

(7) 温升过程中 RPC 内部产生蒸汽压,试件内部不同位置处的蒸汽压随温度升高均逐步增大,直到该点爆裂时蒸汽压骤然下降,蒸汽压由外向内逐步降低。距离受热面越近,测点蒸汽压达到饱和的速度越快。测点爆裂时,临近点的蒸汽压与爆裂点的蒸汽压峰值相差较大,内部蒸汽压呈现随测点间距增大而快速降低的特征。快速达到饱和且难以有效释放的蒸汽压是 RPC 高温爆裂的直接原因。根据温度场、蒸汽压的实测数据,利用 Kalifa 模型描述距离受热表面不同位置处 RPC

蒸汽压的变化规律。

(8) 采用"薄壁球模型"定量地分析孔隙内部蒸汽压引发 RPC 爆裂的力学机理,给出了球壁任意点的应力随蒸汽压、球壁特征尺寸变化的计算模型。分析表明,随蒸汽压升高,球壁内的环向拉应力迅速增大。当拉应力超过 RPC 基体抗拉强度时,薄壁球内壁首先破裂。由于素 RPC200 脆性较大,裂纹在蒸汽压驱动下迅速扩展至薄壁球外壁,形成贯通径向裂纹,孔隙内较高的蒸汽压沿着径向裂纹剧烈释放,形成爆裂。这类似于气球在内部气压作用下发生爆裂的过程。内部蒸汽压起作用的薄壁球形区域控制着 RPC 的爆裂,RPC 爆裂时的球形区域的壁厚为 $1/4r \leqslant (R-r) \leqslant 1/2r$。

(9) 值得注意的是,就素 RPC200 而言,当温度升高时,内部没有形成有利于蒸发水逃逸的孔隙通道,快速达到饱和且难以有效释放的蒸汽压是素 RPC200 高温爆裂的主要原因。因此,在保持 RPC 高强度、高韧性等优越性能的同时,发展新制备工艺、改善内部孔隙结构的连通性(如增加粗孔数量或添加高温可熔性纤维)是提高 RPC 耐高温、抗爆裂能力的可行途径。

参 考 文 献

[1]　Gawin D, Pesavento F, Schrefler B. Modelling of hygro-thermal behaviour of concrete at high temperature with thermo-chemical and mechanical material degradation[J]. Computer Methods in Applied Mechanics and Engineering, 2003, 192(13):1731-1771.

[2]　Bažant Z P. Analysis of pore pressure, thermal stress and fracture in rapidly heated concrete [C]//Proceedings of the International Workshop on Fire Performance of High-Strength Concrete, Gaithersburg, 1997, 155-164.

[3]　Connolly R J. The spalling of concrete in fires[D]. Birmingham: Aston University, 1995.

[4]　Mindeguia J C, Pimienta P, Noumowé A, et al. Temperature, pore pressure and mass variation of concrete subjected to high temperature. Experimental and numerical discussion on spalling risk[J]. Cement and Concrete Research, 2010, 40(3):477-487.

[5]　柳献,袁勇,叶光. 高性能混凝土高温爆裂的机理探讨[J]. 土木工程学报, 2008, 41(6):61-68.

[6]　钱春香,游有鲲. 抑制高强混凝土受火爆裂的措施[J]. 硅酸盐学报, 2005, 33(7):846-853.

[7]　Kalifa P, Menneteau F D, Quenard D. Spalling and pore pressure in HPC at high temperatures[J]. Cement and Concrete Research, 2000, 30(12):1915-1927.

[8]　Fu Y F, Li L C. Study on mechanism of thermal spalling in concrete exposed to elevated temperatures[J]. Materials and Structures, 2011, 44(1):361-376.

[9]　Van Der Heijden G, Van Bijnen R, Pel L, et al. Moisture transport in heated concrete, as studied by NMR, and its consequences for fire spalling[J]. Cement and Concrete Research, 2007, 37(6):894-901.

[10]　钱春香,游有鲲,李敏. 高温作用对高强混凝土渗透性能的影响[J]. 东南大学学报(自然科

学版),2006,36(2):283-287.

[11] 柳献,袁勇,叶光,等. 高性能混凝土高温微观结构演化研究[J]. 同济大学学报(自然科学版),2008,36(11):1473-1478.

[12] Noumowe A. Mechanical properties and microstructure of high strength concrete containing polypropylene fibres exposed to temperatures up to 200℃[J]. Cement and Concrete Research,2005,35(11):2192-2198.

[13] 龙广成,谢友均,王培铭,等. 活性粉末混凝土的性能与微细观结构[J]. 硅酸盐学报,2005,33(4):456-461.

[14] 刘娟红,王栋民,宋少民,等. 大掺量矿粉活性粉末混凝土性能与微结构研究[J]. 武汉理工大学学报,2008,30(11):54-57.

[15] 刘红彬. 活性粉末混凝土的高温力学性能与爆裂的试验研究[D]. 北京:中国矿业大学(北京),2012.

[16] 刘红彬,李康乐,鞠杨,等. 钢纤维活性粉末混凝土的高温爆裂试验研究[J]. 混凝土,2010,8:6-8.

[17] 刘红彬,鞠杨,孙华飞,等. 活性粉末混凝土的高温爆裂及其内部温度场的试验研究[J]. 工业建筑,2014,44(11):126-130.

[18] 吕天启,赵国藩,林志伸,等. 高温后静置混凝土的微观分析[J]. 建筑材料学报,2003,6(2):135-141.

[19] 赵铁军. 混凝土渗透性[M]. 北京:科学出版社,2006.

[20] 廉慧珍,童良,陈恩义. 建筑材料物相研究基础[M]. 北京:清华大学出版社,1996.

[21] Washburn E W. The dynamics of capillary flow[J]. Physical Review,1921,17(3):273-283.

[22] 鞠杨,刘红彬,田开培,等. RPC 高温爆裂的微细观孔隙结构与蒸汽压变化机制的研究[J]. 中国科学(E 辑:技术科学),2013,43(2):141-152.

[23] Mehta P K,Manmohan D. Pore size distribution and permeability of hardened cement paste[C]//7th International Symposium of the Chemistry of Cement,Paris,1980:1-5.

[24] Bažant Z P,Thonguthai W. Pore pressure and drying of concrete at high temperature[J]. Journal of the Engineering Mechanics Division,1978,104(5):1059-1079.

[25] Bažant Z P,Thonguthai W. Pore pressure in heated concrete walls:theoretical prediction [J]. Magazine of Concrete Research,1979,31(107):67-76.

[26] Consolazio G R,McVay M C,Rish Ⅲ J W. Measurement and prediction of pore pressures in saturated cement mortar subjected to radiant heating[J]. ACI Materials Journal,1998,95(5):525-536.

[27] Bangi M R,Horiguchi T. Pore pressure development in hybrid fibre-reinforced high strength concrete at elevated temperatures[J]. Cement and Concrete Research,2011,41(11):1150-1156.

[28] 徐芝纶. 弹性力学[M]. 北京:高等教育出版社,2006.

[29] Zheng W Z,Li H Y,Wang Y,et al. Tensile properties of steel fiber-reinforced reactive powder concrete after high temperature[J]. Advanced Materials Research,2012,413:270-276.

第 10 章　高温下 RPC 内部温度应力的数值
计算及爆裂机理的探究

高温或快速升温的环境下,RPC 等高强混凝土的内部将发生一系列的物理和化学变化,在探知 RPC 的各项热物理参数及高温爆裂现象和特征的基础上,仍难以充分阐释其高温爆裂的机理。物理试验的探测与研究只能通过现象观测以及试验结果对爆裂的发生、演化等进行推测,高温爆裂是一个极其复杂的过程,存在物理、化学之间的耦合作用,而且这种物理和化学变化均在瞬间完成,单纯通过试验很难全面描绘其变化过程。基于试验结果进行相应的数值计算,有效模拟升温过程中 RPC 内部的温度场及应力的分布和演化,将为其高温爆裂机理的解释提供更加充分的依据。

本章在以往试验数据的基础上,采用数值计算方法进一步分析 RPC 内部温度场和温度应力的变化规律,结合破坏准则提出高温作用下 RPC 的热爆裂机理。

10.1　传热学基本理论

10.1.1　传热方式与热流速率公式

热量传递有三种基本方式:热传导、热对流和热辐射[1]。

1) 热传导

物体各部分之间不发生相对位移时,依靠分子、原子及自由电子等微观粒子的热运动而产生的热能传递称为热传导。例如,固体内部热量从温度高的部分传递到温度低的部分,以及温度较高的固体把热量传递给与之接触的温度较低的另一固体都是导热现象。

热传导的热流速率方程称为傅里叶公式,表达式为

$$\Phi = -\lambda A \frac{\mathrm{d}T}{\mathrm{d}x} \tag{10.1}$$

$$q = -\lambda \frac{\mathrm{d}T}{\mathrm{d}x} \tag{10.2}$$

式中,Φ 为单位时间内通过某一给定面积的热流量,W;λ 为导热系数,W/(m·K);负号表示热量传递的方向同温度升高的方向相反。

2) 热对流

热对流是在温差条件下,伴随流体宏观移动发生的冷流体与热流体互相掺混

导致的热量传递。显然这是流体内部发生的一种热量传递方式。工程上感兴趣的大部分问题发生在具有不同温度的流体和固体表面之间,称为对流换热。

对流换热的热流速率方程称为牛顿冷却公式,可表示为

$$\Phi = h_f A (T_S - T_B) \tag{10.3}$$

$$q = h_f (T_S - T_B) \tag{10.4}$$

式中,h_f 为表面传热系数;$W/(m^2 \cdot K)$;T_B 为环境温度;T_S 为物体表面温度。

3) 热辐射

物体通过电磁波来传递能量的方式称为辐射。物体会因为各种原因发出辐射能,其中因热而发出辐射能的现象称为热辐射。除了发射,物体表面还会吸收来自各种外来辐射源。工程上感兴趣的主要是辐射热交换,即两个物体或两个以上物体之间以辐射方式净交换的热流量,或者一个物体发出的热辐射能与它吸收的热辐射能之间的净差额。

辐射换热量按下式计算:

$$\Phi = \varepsilon A \sigma (T_S^4 - T_B^4) \tag{10.5}$$

$$q = h_f (T_S - T_B) \tag{10.6}$$

式中,σ 为斯特藩-玻尔兹曼常量;ε 为黑体的辐射常数;T_S 为物体表面温度;T_B 为环境温度。

10.1.2　传热方程与材料热本构方程

本节主要从热应力机理的角度论述材料在高温下结构的受力情况,采用参数等效的简化模型模拟流-固两相材料在高温下的温度应力耦合,计算中考虑 RPC 内部孔隙的存在对热量传递和材料变形的影响,采用多孔介质传热机制进行计算。

考虑到试验中试件在高温炉下均匀受热,采用与物理模型同样的三维模型进行计算。模型内部传热机制按照多孔介质传热方程,如式(10.7)所示。

$$(\rho C_P)_{eq} \frac{\partial T}{\partial t} + \rho C_P \boldsymbol{u} \cdot \nabla T = \nabla \cdot (k_{eq} \nabla T) + Q \tag{10.7}$$

式中,ρ 为流体密度,kg/m^3;C_P 为在固定压力下的流体比热容,$J/(kg \cdot K)$;$(\rho C_P)_{eq}$ 为多孔材料的等效体积热容。

按照 $(\rho C_P)_{eq} = \Theta_P \rho_p C_P + \Theta_L \rho C_P$,其中,$\Theta_P$ 代表固体材料的体积分数,Θ_L 为液体材料的体积分数,$\Theta_P + \Theta_L = 1$;k_{eq} 是流-固两相材料的等效导热系数,按照 $k_{eq} = \Theta_P k_P + \Theta_L k$ 计算,其中,k_P 为固体材料的导热系数;k 为液体材料的导热系数;$\boldsymbol{u}$ 为流体的流速,代表在材料单位横截面上的流动速度;Q 为热源,J。

在热力学中有两个主要问题:一是热传导问题,由热力学边界条件和初始条件求解热传导方程,得到温度场 $T(x, y, z, t)$;二是热弹性力学问题,在热传导问题的基础上,已知温度场 $T(x, y, z, t)$,给定弹性力学边界条件和初始条件,求解热弹性

运动方程,得到位移场 $U(x,y,z,t)$,再由本构关系求出应力 $\sigma_{ij}(x,y,z,t)$。模型中流-固两相介质被看成同一等效物质,通过等效参数,应用固体变形机制进行位移变形场计算,由于混凝土为脆性材料,本构方程关系按照线弹性材料的胡克定律进行计算。

$$\rho\frac{\partial^2 u}{\partial t^2}+\nabla\cdot\boldsymbol{\sigma}=\boldsymbol{F}_V,\quad \boldsymbol{\sigma}=\boldsymbol{s} \tag{10.8}$$

$$\boldsymbol{\sigma}-\boldsymbol{\sigma}_0=E\big[\varepsilon-\alpha(T-T_{ref})-\varepsilon_0\big] \tag{10.9}$$

$$\varepsilon=\frac{1}{2}\big[(\nabla\boldsymbol{u})^{\mathrm{T}}+\nabla\boldsymbol{u}\big] \tag{10.10}$$

式中,$\boldsymbol{u}$ 为固相位移;$\boldsymbol{F}_V$ 为体积力;$\boldsymbol{\sigma}_0$ 和 ε_0 分别代表初始应力和应变;α 为热膨胀系数;T_{ref} 为应变参考温度;$\boldsymbol{\sigma}$ 为应力;E 为材料的弹性模量。

10.1.3 材料破坏理论

对于混凝土爆裂现象及原因,不同研究学者对其有着不同的见解和认识。以往研究表明,混凝土为脆性材料,其抗拉强度非常低,随着温度的升高,在温度作用下的抗拉强度呈现明显的下降趋势,因此,高温下的混凝土经常由温度应力致使结构受拉而破坏。同时,作者在试验中也发现,RPC 在高温爆裂初期表现为表面局部逐渐剥落,直至中心炸裂产生巨大的爆裂。基于以上,结合以往试验和理论研究,视 RPC 为具有较小塑性变形的脆性断裂材料,分别从最大拉应力和形状改变比能角度出发,对 RPC 高温爆裂现象进行破坏分析。

1) 最大拉应力准则

由于混凝土的抗拉强度比较低,升温过程满足最大拉应力理论,最大拉应力是引起材料脆性破坏的原因,当试件某点温度拉应力过大时,其危险点处的材料就会沿最大拉应力所在截面发生脆性断裂。当混凝土的最大拉应力达到某一极限值时,发生脆性断裂破坏,破坏条件可以用主应力与容许抗拉强度的关系表示:

$$\sigma_1\leqslant[\sigma_t] \tag{10.11}$$

式中,σ_t 为材料抗拉强度。

2) 形状改变比能理论

第四强度理论认为形状改变比能是引起材料塑性屈服的原因,不管在什么应力状态下,只要结构的形状比能达到单向拉伸的塑性屈服时的形状比能,就发生塑性屈服破坏。Mises 等效应力是一种屈服准则,遵循材料力学形状改变比能理论,强度条件为

$$\sqrt{\frac{1}{2}\big[(\sigma_1-\sigma_2)^2+(\sigma_2-\sigma_3)^2+(\sigma_3-\sigma_1)^2\big]}\leqslant[\sigma_t] \tag{10.12}$$

式中,σ_t 为材料抗拉强度。

通过 COMSOL 自定义方程,将两类破坏理论结合,统计升温过程中模型内部达到失效条件的点,将材料在加热过程中损伤演化和爆裂破坏过程可视化。

10.2　温度场数值模拟

10.2.1　COMSOL Multiphysics 软件

COMSOL Multiphysics 是一个基于偏微分方程(partial differential equations, PDEs)的多物理场仿真计算的有限元分析软件,具有以下特点[2]:

(1)通过多物理场功能,可以选择不同的模块同时模拟任意物理场组合的耦合分析。

(2)通过使用相应模块直接定义物理参数创建模型。

(3)使用基于方程的模型可以自由定义用户自己的方程。

(4)使用上述两种方式的组合分析多物理场模型。

通过 COMSOL 实现了热-力耦合计算,同时通过方程自定义窗口编写材料的失效判别准则,较为灵活、更为直观地展示了高温下材料的破坏情况。

模拟过程包括以下步骤。

1)建模

为了与试验紧密结合,较精确地分析 RPC 在高温下的热力学行为,采用与试验物理模型尺寸 1:1 的计算模型,即 100mm×100mm×100mm 的立方体模型。

2)升温方式与边界条件的设定

高温作用下,升温速率对混凝土材料的损伤有很大的影响,为了与试验条件紧密结合,计算中的升温速率采用与物理试验相同的升温速率 4.8℃/min。

混凝土在炉内加热时,有两种受热方式:对流和辐射。其中,炉壁与混凝土表面间的热交换方式属于辐射换热,空气流体和混凝土表面间的热交换方式属于对流换热。在采用的模型中,RPC 的传热方式也选择与物理试验结合,边界条件采用对流与辐射综合的加热方式,模拟中边界条件为

$$q_0 = h_c(T_f - T_s) \tag{10.13}$$

$$-n(-k\nabla T) = h_f \sigma \left[(T_f + 273)^4 - (T_s + 273)^4 \right] \tag{10.14}$$

式中,q_0 为流向材料内部的热流,W/m^2;h_c 为热对流系数,$W/(m^2 \cdot K)$;h_f 为表面传热系数;T_f 和 T_s 分别表示炉温和结构的表面温度,℃;σ 为斯特藩-玻尔兹曼常量,取值 5.67×10^{-8} $W/(m^2 \cdot K^4)$。

由于模型计算边界条件的设置与求解结果是直接相关的,因此计算边界参数的设置参照以往研究和试验的经验值[3],辐射系数 $h_f = 0.3$,对流换热系数 $h_c =$

$10\text{W}/(\text{m}^2 \cdot \text{K})$。

　　3）参数设置

　　要实现对高温炉实际加热情况下 RPC 的温度场、应力场进行精密的仿真分析。首先，必须对材料热工参数和力学物理参数等进行准确的描述，这需要大量的试验支持。其次，必须对结构几何边界条件等进行现实精确的模拟，而边界条件不断地变化使输入数据变得非常复杂。

　　温度场计算的关键在于准确选择温度场计算参数。由式（10.11）～式（10.14）可知，计算需要确定的参数分别包括固相、液相部分的导热系数、比热容和密度等热物理参数。对于应力计算还涉及材料的弹性模量和体膨胀系数。由于上述材料参数在高温状态下都是随温度变化，不同混凝土材料具有较强的非线性和随机性，使得材料参数描述困难，严重限制了高温作用下混凝土真正爆裂机理的研究。

　　为了精确模拟高温下 RPC 内部的性能劣化现象，本章模拟中所选用的 RPC 材料热物理参数数值均取自第 8 章试验测得的数据，相关参数公式如下[4]：

$$\rho = 2.30 + 1.80T - 1.62T^2 + 0.05\rho_v \tag{10.15}$$
$$\lambda = 2.22 - 6.52T + 5.08T^2 - 1.54T^3 + 8.02\rho_v - 1.45\rho_v^2 \tag{10.16}$$
$$\alpha = 1.82 - 4.31T + 3.51T^2 + 0.23\rho_v - 4.98\rho_v^2 \tag{10.17}$$
$$C_V = 0.54 + 3.98T + 5.35T^2 - 2.15T^3 - 8.09\rho_v + 1.56\rho_v^2 \tag{10.18}$$
$$\alpha_l = 11.43 + 3.55T - 4.01T^2 + 1.02T^3 - 0.58\rho_v + 0.13\rho_v^2 \tag{10.19}$$
$$E_T = 41.6 \times (1.0095 - 0.001T) \tag{10.20}$$

　　4）网格划分

　　采用四面体网格划分网格，模型局部区域进行单元细化。

　　5）求解

　　设定计算时间，通过计算得到炉温升至 380℃时，RPC 立方体试件内部温度场及应力场分布云图。

10.2.2　数值计算结果

1. 温度场

　　图 10.1 和图 10.2 分别为环境温度 300℃、380℃时模型表面和内部温度场分布，结果表明：①温度场沿模型中心呈对称分布，内部的温度等值面为球面，距模型中心距离相同的地方，温度相同；②当环境温度持续升高时，结构内、外部温差在短暂时间即可达到很高，表现为结构中心温度变化明显滞后于表面温度，角部温度最高，其次是棱边，中心最低；材料内部产生较大的温度梯度，随着温度升高，温度梯度逐渐增大，当环境温度达到 380℃时，角部温度约为 350℃，此时角部与中心温差

可达约110℃,可见 RPC 具有极大的热惰性。

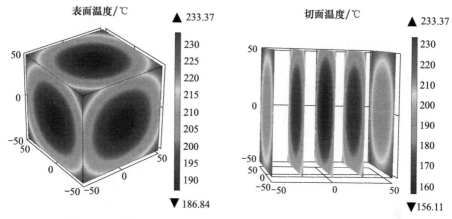

图 10.1　环境温度为 300℃时模型内部的温度场分布(后附彩图)

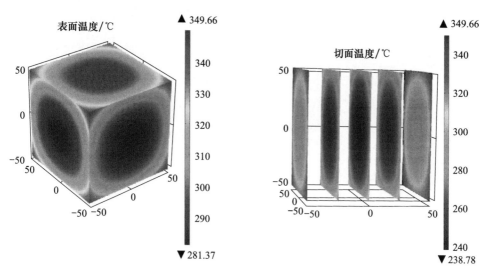

图 10.2　环境温度为 380℃时模型内部的温度场分布(后附彩图)

2. 变形场

根据热力学知识,温度场的分布决定了内部应力应变的分布,而应力应变必然反映材料的损伤情况,所以准确测试混凝土试件内部温度场的分布是十分必要的,并与数值模拟紧密结合起来,相互验证。

为了验证数值模拟方法和应力场计算结果的合理性,将温度场计算结果与试验结果进行对比验证,图 10.3 为试验和数值模拟计算标志点位置,点 A、B、C 为温度场试验中热电偶所测温度(分布在通过模型中心的截面上)及模拟的计算温度点。

物体变形同时包括体积改变和形状改变。体积应变是衡量物体体积改变的重要物理量,定义为物体单位体积的改变量,一般用 θ 表示,它描述了构件内一点的体积变化程度。当体积 V 增大或者缩小 ΔV 时,体积应变可用式(10.21)表示,无限小应变条件下,体积应变可以表示为三个方向的主应变之和。

$$\theta = \frac{V_1 - V}{V} = \varepsilon_1 + \varepsilon_2 + \varepsilon_3 \tag{10.21}$$

图 10.3 为 RPC 在高温 300℃ 和 380℃ 下体积应变分布和形状改变。图 10.4 给出 RPC 不同位置体积应变随温度的变化曲线。

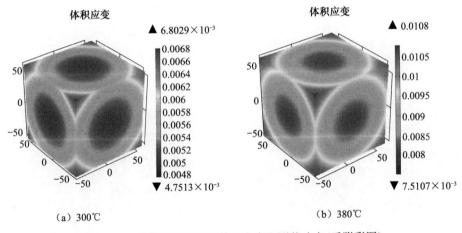

(a) 300℃　　　　　　　　(b) 380℃

图 10.3　不同温度下 RPC 体积应变和形状改变(后附彩图)

以上计算结果表明,随着温度的升高,RPC 各点体积应变逐渐增大;温度达到 380℃ 时角部体积应变可达约 0.011,是中心部位体积应变的 1.5 倍左右,结构外部膨胀变形明显大于内部膨胀变形。这是因为 RPC 具有热惰性,高温情况下结构外部温度较高,内部温度较低。温度梯度使得材料不同部位的膨胀不同。试件的变形梯度和膨胀变形被结构几何限制,外部的膨胀变形被温度较低的中心约束,导致结构产生形状改变。

3. 应力场

在温度场数值计算的基础上,进一步开展了内部应力场分析。

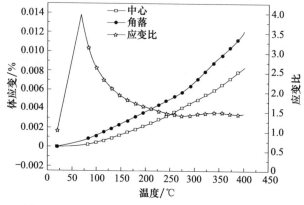

图 10.4　RPC 不同位置体积应变随温度的变化曲线

　　图 10.5 和图 10.6 分别为环境炉温达 300℃、380℃时 RPC 表面和内部最大主应力和最小主应力分布。同时,为了综合全面地考虑 RPC 的受力情况,图 10.7 和图 10.8 分别绘出了 RPC 在 300℃和 380℃的 Mises 等效应力分布。

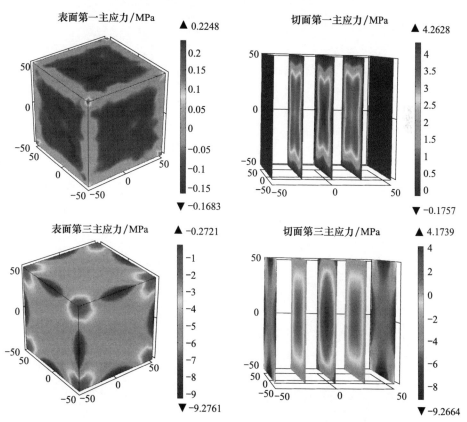

图 10.5　环境温度 300℃下 RPC 内部的主应力分布(后附彩图)

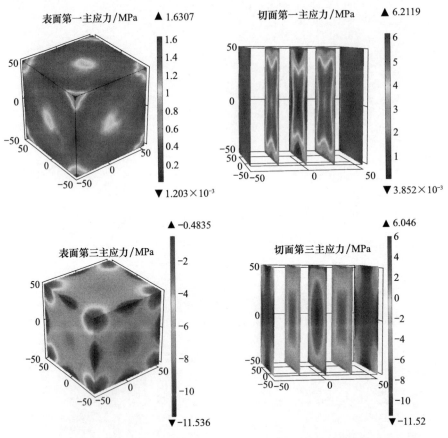

图 10.6　环境温度 380℃下 RPC 内部的主应力分布（后附彩图）

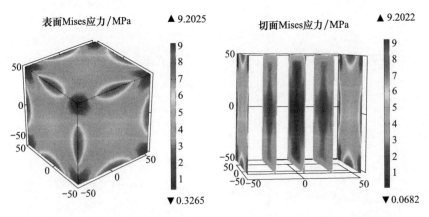

图 10.7　环境温度 300℃下 RPC 内部的 Mises 等效应力分布（后附彩图）

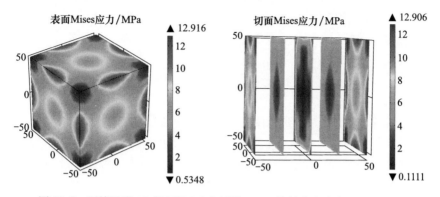

图 10.8　环境温度 380℃下 RPC 内部的 Mises 等效应力分布(后附彩图)

分析计算结果可以发现:

(1) 与温度场分布规律相同,RPC 应力场也沿模型中心呈现对称分布,内部的应力等值面为球面,距中心距离相同的地方,应力值相同。应力分布呈现内部受拉过渡到表面受压。

(2) RPC 内部温度梯度导致结构内部产生热应力(拉应力为正),呈现内部受拉过渡到表面受压。以应力为 0 的等值面为界,离模型表面越近的点,压应力(绝对值大小)越大;与模型中心距离越近,拉应力越大。

(3) RPC 内部主应力(绝对值)都随着温度的升高而逐渐增大,最大拉应力可达约 6.2MPa,最大压应力可达约 11.5MPa。

(4) Mises 等效应力由模型表面向中心逐渐减小,棱边受力最大,模型表面角部和内部中心受力最小,在温度 380℃时,棱边、角部和中心处等效应力分别可达 12.92MPa、0.53MPa 和 0.11MPa。随着温度的升高,模型内部各点等效应力都呈现逐渐增大的趋势。

参照试验内部标识点临界爆裂温度,得出模型内部 A、B、C 三点发生爆裂破坏时刻各点主应力和等效应力,见表 10.1。

表 10.1　RPC 在高温下不同位置的爆裂临界应力模拟数值

标识点	变量				
	测量温度 /℃	计算温度 /℃	计算第一主 应力/MPa	计算第三主 应力/MPa	计算 Mises 等效应力/MPa
A	296	290	1.05	−9.64	10.29
B	295	288	0.68	−5.66	6.32
C	257	250	6.27	−6.22	0.05

文献[5]研究了温度作用后 RPC 的抗拉强度。素 RPC 在室温、200℃、300℃和 400℃的抗拉强度分别为 5.76MPa、5.22MPa、4.31MPa 和 3.53MPa。计算结

果表明,RPC 结构内部的临界第一主应力和接近表面位置的 Mises 应力十分接近
RPC 的抗拉强度,这证明了热应力是导致 RPC 发生爆裂的重要因素。

10.3　破坏分析

　　按照材料强度理论假说,材料按某种方式失效(屈服或断裂),是由应力、应变
和比能等诸因素中的某一因素引起的。传统强度理论把常规材料的破坏分为脆性
断裂与塑性变形两种,最大拉应力是引起材料脆性断裂的主要因素,形状改变比能
是引起塑性变形的主要因素。

　　混凝土是一种具有较小膨胀系数的脆性材料,在高温下存在较小的塑性变形。
近年来,对微观断裂的研究表明,一般包含有塑性变形过程的材料断裂问题与多种
因素有关,不能通过单一地比较某个物理量得出结论。汤安民等[6]研究了最大拉
应力与形状改变比能对脆性断裂与断裂方向的影响,认为复合型裂纹的脆性开裂
方向主要受形状改变比能的影响,开裂方向靠近形状改变比能取值最小的方位,此
处的最大拉应力是影响开裂的主要因素。

　　根据以上分析,本章采用数值方法计算 RPC 内部的形变能场和主应力场,结
合 RPC 高温试验的爆裂现象,研究 RPC 的高温爆裂破坏特征及其机理。

10.3.1　数值计算方法

　　按照文献[5]给出 RPC 在高温后的极限抗拉强度随温度的变化方程进行材料
抗拉强度 σ_t 的选值。

$$\frac{f_{fT}}{f_f} = \begin{cases} 0.99 + 4.5Te^{-4} & (20℃ \leqslant T < 120℃) \\ 1.29 - 2.15Te^{-3} + 1.14Te^2 & (120℃ \leqslant T \leqslant 400℃) \end{cases} \quad (10.22)$$

式中,f_f 为 RPC 在室温下的极限抗拉强度,等于 5.76MPa;f_{fT} 代表在相应温度下
RPC 的极限抗拉强度。

　　通过 COMSOL 自定义方程接口,将两类破坏理论结合写入程序,统计升温过
程中模型内部达到失效条件的点,进行高温下的破坏分析,较真实地反映 RPC 在
整个温升过程中材料内部损伤演化和爆裂破坏过程。

　　图 10.9 给出损伤判据下 RPC 随温升时间的整体破坏历程。其中坐标轴为时
间 t,坐标轴上、下的(a)系列和(b)系列图分别是形状比能理论和最大拉应力理论
判别情况下的 RPC 破坏过程。为了更清晰明了地显示材料内部的破坏情况,图
10.10 从内部两个剖面给出了两个准则共同作用下的破坏情况,图 10.11 为破坏
体积分数与升温时间的变化曲线。

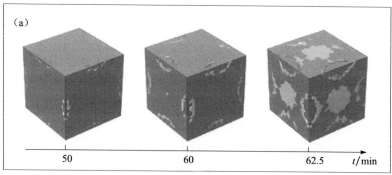

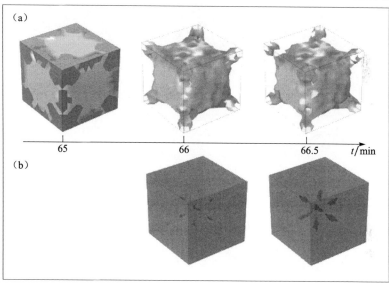

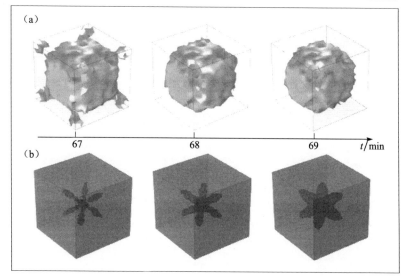

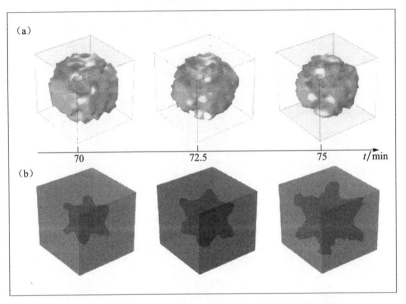

图 10.9　损伤判据下 RPC 随升温时间的整体破坏历程

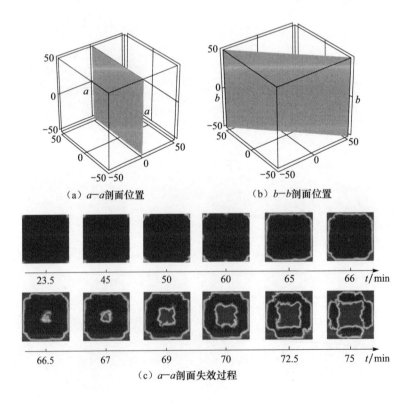

（c）a—a剖面失效过程

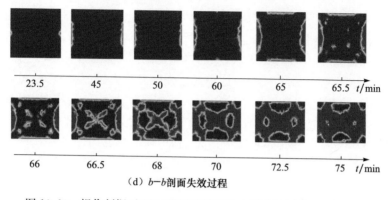

（d）b—b 剖面失效过程

图 10.10 损伤判据下 RPC 随温升时间的内部破坏历程（后附彩图）

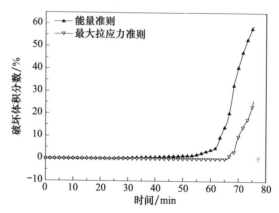

图 10.11 损伤判据下 RPC 破坏体积分数随升温时间的变化曲线

基于以上计算结果，可以得出如下结论：

（1）在外力作用下，当材料内部某点的应力、应变和比能等诸因素中的某一因素达到材料极限时，即认为该点产生失效。按照形状改变比能理论，随着温度的升高，表面部分棱边单元形状改变比能达到极限，单元发生失效。从图 10.9(a) 和图 10.10 材料破坏过程可以看出，表面破坏过程极为缓慢，升温 60min 左右，破坏区域才逐渐由棱边向表面中心延伸，表面破坏面积随着升温逐渐扩大，破坏区域也逐渐由 RPC 表面向结构内部扩展。

（2）随着 RPC 表面失效单元增多，模型体积逐渐减小，受热面距离模型中心越来越近，中心受热速率加快，内部单元开始发生破坏行为。图 10.9(b) 表明，按照最大拉应力理论，接近中心的小棱柱体的八个角点最先开始破坏，随着温升破坏区域在小棱柱体范围内逐渐向中心靠拢，破坏过程较快，1min 左右时破坏贯穿模型中心，破坏体积逐渐增大；在升温大约 70min 时，RPC 内部接近 10% 的体积破坏,此时,因为表面温度非常高,除了角部单元,表面到内部一定区域范围内单元达到失效状态,模型剩余总体积不到50%。图10.9(b)和图10.11表明,随着温度持续升高,模型内部破坏体积逐渐增大,破坏区域逐渐向外表面扩展。

(3)计算结果清晰表明,模型棱边单元首先达到失效,随后破坏单元逐渐向模型表面中心和结构内部延伸。当表面附近失效体积达到16%左右时,模型中心区域开始出现失效单元,失效体积随着温度的升高逐渐增大,同时表面单元失效破坏使模型体积越来越小。在升温至75min左右时,环境温度约达380℃,中心温度接近240℃,模型剩余体积约40%,剩余体积内部约60%达到热损伤。

10.3.2　计算与试验结果对比

根据热力学知识,温度场的分布决定了内部应力和应变的分布,而应力和应变必然反映材料的损伤情况,所以准确测试混凝土试件内部温度场的分布是十分必要的,并与数值模拟紧密结合起来,相互验证。

为了验证数值模拟方法和应力场计算结果的合理性,将温度场计算结果与试验结果进行对比验证,图10.12为试验和数值模拟计算标识点位置,点A、B、C为温度场试验中热电偶所测温度(分布在通过模型中心的截面上)及模拟的计算温度点。

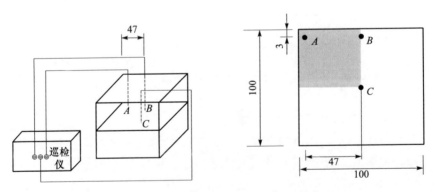

图10.12　模型中心截面上各标识点位置(单位:mm)

图10.13为各标识点位置在试验和数值模拟中的温升曲线对比。结果表明,试验与模拟计算结果吻合较好,验证了计算模型的有效性,因此,温度应力场模拟结果可以较真实地反映高温条件下RPC内部应力变化及分布情况。

表10.2为RPC在高温下不同位置爆裂临界温度的数据对比。可以清晰看出,模拟结果与试验结果的误差在2%以内,较好地验证了模拟方法的合理性。

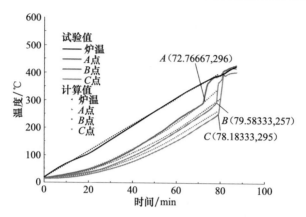

图 10.13　标识点位置在试验和数值模拟中的温升曲线对比（后附彩图）

A、B、C 三个点的试验数据分别为三次测试结果的平均值

表 10.2　RPC 在高温下不同位置的爆裂临界温度试验值与模拟数值对比

标识点	临界温度/℃			
	试验值	模拟值	差值	误差/%
A	296	295	1	0.34
B	295	299	−4	1.36
C	257	262	−5	1.95

根据试验观察和数值计算结果，图 10.14 对比了试验中观察到的 RPC 爆裂现象与数值模拟的 RPC 破坏行为。

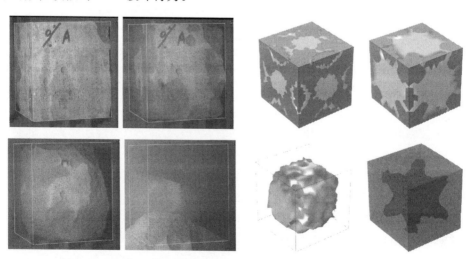

图 10.14　RPC 爆裂破坏特征试验观察与模拟情况对比（后附彩图）

通过试验与模拟结果对比发现,最大拉应力准则和形状改变比能理论结合可分别解释高温下 RPC 表面和材料内部破坏情形,计算结果较真实地反映了 RPC 的爆裂现象及爆裂形态。

10.3.3　热应力致爆机理

强度理论研究表明[6],最大拉应力与体积变形能密度共同影响材料的脆性断裂。本节基于所得模拟结果和试验中观测的爆裂现象,探讨高温下 RPC 的热爆裂机理,如图 10.15 所示。

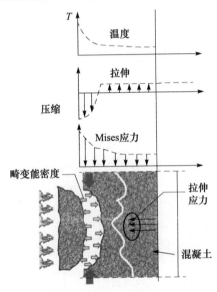

图 10.15　热爆裂机理示意图(后附彩图)

高温下 RPC 因为受热产生较小的塑性变形,按照强度理论[6],这种塑性变形在一定程度上吸收变形能,阻止裂纹扩展,妨碍断裂行为的发生;随着温度的升高,表层单元强度逐步减小,内部的可释放变形能积聚到一定程度沿某一方向释放,当能量释放量达到该单元体破裂所需要的能量时,该单元产生破坏。能量在释放的同时不仅能够导致混凝土出现剥落,而且能够使混凝土爆裂成小片并飞射出去。

另外,RPC 的热惰性致使结构内部产生温度梯度,温度梯度致使材料膨胀变形和结构体积改变。受热过程中,结构内部不同位置温度不同,从而导致材料膨胀变形不同产生变形梯度。变形梯度和材料变形受结构几何限制,导致结构内部产生热应力。同时,材料表层逐渐剥落,致使 RPC 构件体积逐渐减小,结构受热速率加快,结构内部产生的热应力逐渐增大。按照热应力假说,RPC 是一种较低抗拉强度的脆性材料,当内部热拉应力达到极限抗拉强度时,结构内部材料进入失效破坏状态。当破坏达到某种极限状态时,结构内部受拉脆性断裂即呈现突然性爆裂。

通过分析高温下 RPC 的形变能场和主应力场。对照 RPC 高温下的爆裂现象,得出 RPC 在高温下的损伤机理主要是形状改变比能达到材料极限能后释放,导致 RPC 结构表皮持续剥落崩裂,内部最大主应力是促使材料内部裂纹开裂并最终致使材料瞬间爆裂的主要动力。

10.4　本 章 小 结

本章通过数值计算方法得到了 RPC 内部温度场和应力场分布,并利用热应力机理解释了 RPC 的高温爆裂。

(1) RPC 是一种热惰性材料,当环境温度持续升高时,结构内外部温差在短时间内即可达到很高,表现为结构内部温度变化明显滞后于表面温度,材料内部产生较大的温度梯度;随着温度的升高,温度梯度逐渐增大,当环境温度达到 380℃时,角部温度约 350℃,此时角部与中心温差可达约 110℃左右。

(2) 温升使 RPC 结构产生较小的塑性变形,外部的膨胀变形被温度较低的内部约束,结构产生热应力,表现为内部受拉过渡到表面受压。随着温升材料内部各处热应力都逐渐增大,最大拉、压应力分别可达 6.2MPa 和 11.5MPa。同时,这种塑性变形能一定限度地吸收变形能,阻止裂纹扩展和断裂的产生;随着温度的升高,表面材料强度逐渐丧失,积聚变形能达到材料单轴受拉时的形状改变比能即开始释放,表现为结构表面逐层剥离,甚至局部爆裂成小片飞射出去,破坏区域逐渐向结构内部扩展,结构体积随之减小,形状逐渐爆裂破坏成圆球状。计算结果显示,在温升至环境温度 350℃左右时,RPC 结构因表层剥落剩余体积已不到 50%。

(3) 随着温度的升高,材料内部各点热应力相继达到 RPC 的极限抗拉强度,围绕结构中心的小立方体八个角点最先开始进入失效状态。随着温度继续升高,结构内部破坏区域逐渐增大;当结构内部破坏达到一定极限时,结构受拉脆性断裂发生突然性爆裂。计算结果表明,在升温至 75min 左右时,模型剩余体积约 40%,剩余体积内部约 60% 达到热损伤,此时环境温度约达 380℃,中心温度接近 240℃,在此环境温度(炉温 390℃,试件中心温度 250℃),RPC 试件从中心突然爆炸性断裂。

(4) 对照 RPC 高温爆裂试验现象,计算分析了 RPC 结构在高温下的爆裂破坏历程,认为 RPC 在高温下的热损伤机理主要是材料的热惰性使其在受热时内部产生温度梯度,导致结构内外产生变形梯度,温度较高的结构表面变形大于温度较低的内部变形;表面的塑性变形在一定程度上吸收变形能,当形状比能达到材料单向受拉时的塑性屈服能时,能量沿一定方向释放,导致结构表皮持续逐层剥落崩裂,结构体积减小;同时因为材料变形被结构几何形状限制,结构内部产生热应力;随着温升,材料内部的热应力逐渐增大,最终最大拉应力促使结构内部裂纹开裂并致使结构瞬间爆裂。

(5) 在 RPC 温度场试验结果的基础上,计算分析了 RPC 结构内部温度场分布,温度场的模拟结果和试验较吻合,验证了数值模拟方法的有效性。

参 考 文 献

[1] Marshall A. The thermal properties of concrete[J]. Building Science,1972,7(3):167-174.

[2] 段安. 受冻融混凝土本构关系研究和冻融过程数值模拟[D]. 北京:清华大学,2009.

[3] 林向棋. 火灾下钢筋混凝土温度场的计算[J]. 福建工程学院学报,2006,4:291-294.

[4] 鞠杨,刘红彬,刘金慧,等. 活性粉末混凝土热物理性质的研究[J]. 中国科学(E辑:技术科学),2011,41(12):1584-1605.

[5] Zheng W Z,Li H Y,Wang Y,et al. Tensile properties of steel fiber-reinforced reactive powder concrete after high temperature[J]. Advanced Materials Research,2012,413:270,276.

[6] 汤安民,张瑞平,王忠民. 最大主应力与形状改变比能对断裂的影响[J]. 西安理工大学学报,1999,59-63.

彩　　图

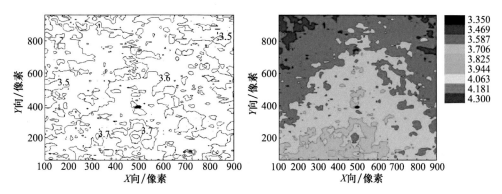

图 6.14　素 RPC 位移场计算结果的等高线图

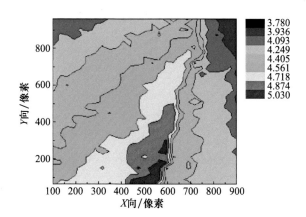

图 6.16　1%纤维率 RPC 位移场计算结果的彩色等高线图

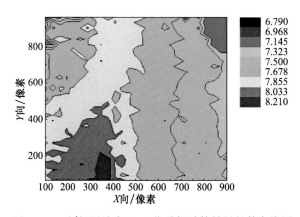

图 6.18　2%钢纤维率 RPC 位移场计算结果的等高线图

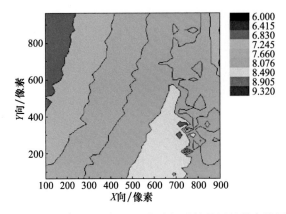

图 6.20　3‰钢纤维率 RPC 位移场计算结果的等高线图

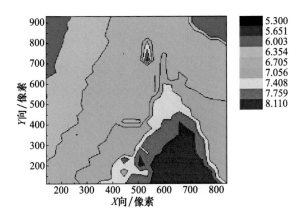

图 6.22　1.5‰钢纤维率 RPC 位移场计算结果的等高线图

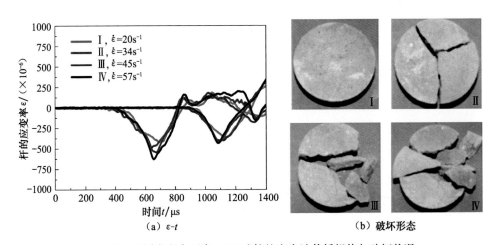

（a）ε-t　　　　　　　　　　（b）破坏形态

图 7.18　不同应变率下素 RPC 试件的应力波传播规律与破坏状况

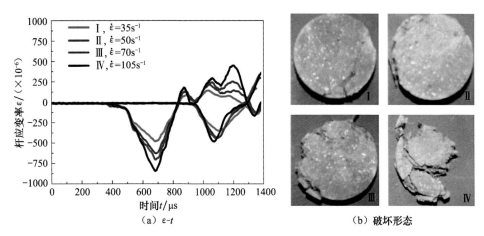

（a）ε-t   （b）破坏形态

图 7.19   不同应变率下钢纤维率 1.0%RPC 试件的应力波传播规律与破坏状况

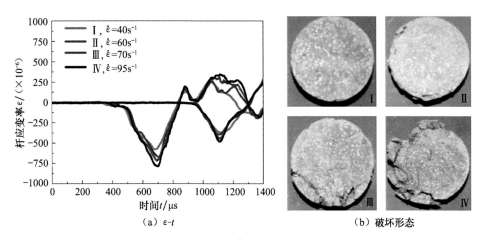

（a）ε-t   （b）破坏形态

图 7.20   不同应变率下钢纤维率 1.5%RPC 试件的应力波传播规律与破坏状况

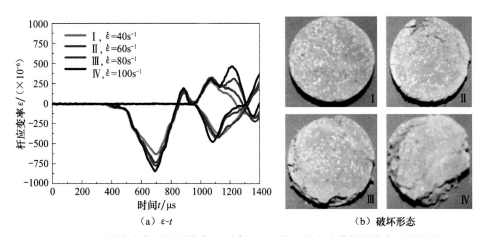

（a）ε-t   （b）破坏形态

图 7.21   不同应变率下钢纤维率 2.0%RPC 试件的应力波传播规律与破坏状况

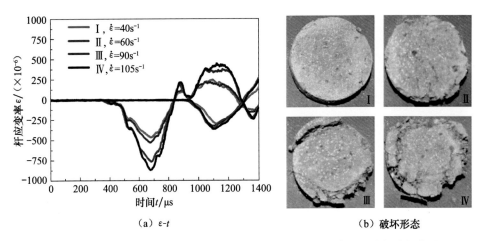

(a) ε-t

(b) 破坏形态

图 7.22　不同应变率下钢纤维率 3.0%RPC 试件的应力波传播规律与破坏状况

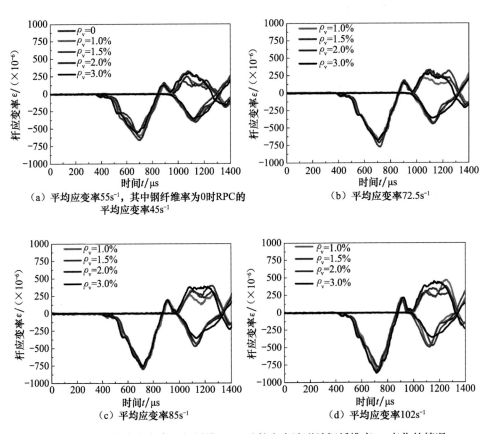

(a) 平均应变率55s⁻¹，其中钢纤维率为0时RPC的
平均应变率45s⁻¹

(b) 平均应变率72.5s⁻¹

(c) 平均应变率85s⁻¹

(d) 平均应变率102s⁻¹

图 7.23　不同冲击应变率下钢纤维 RPC 试件应力波形随钢纤维率 ρ_v 变化的情况

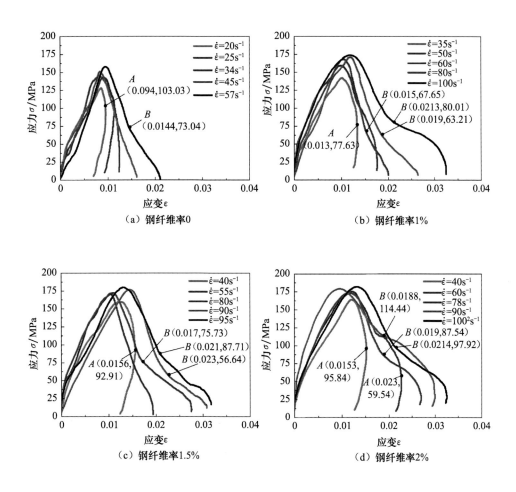

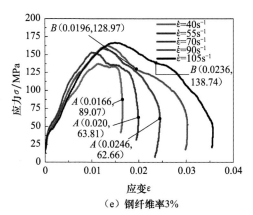

图 7.24　不同钢纤维率的 RPC 应力-应变曲线
及其随应变率变化的规律

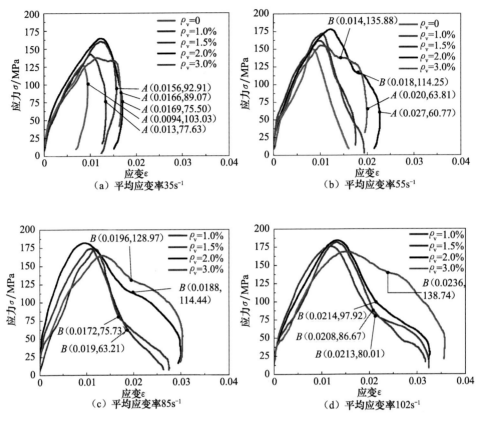

（a）平均应变率35s⁻¹   （b）平均应变率55s⁻¹

（c）平均应变率85s⁻¹   （d）平均应变率102s⁻¹

图 7.25　不同冲击应变率下钢纤维 RPC 的动态应力-应变曲线
及其随钢纤维率 ρ_v 变化的情况

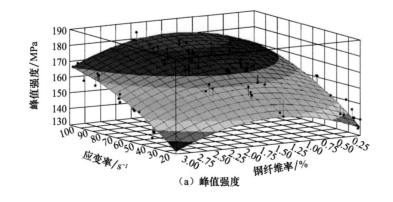

（a）峰值强度

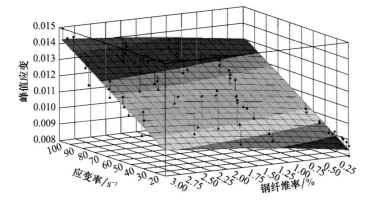

（b）峰值应变

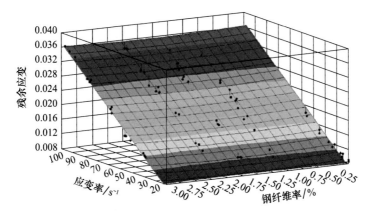

（c）残余应变

图 7.26 RPC 的峰值抗压强度、峰值应变和残余应变随
钢纤维率和冲击应变率变化的规律

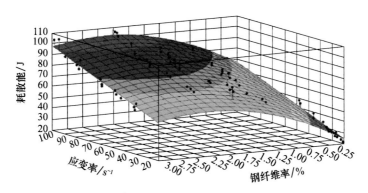

（a）冲击开始至峰值变形前所消耗的能量 E_{peak}

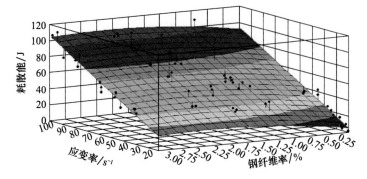

（b）峰值变形至残余变形阶段所消耗的能量E_{res}

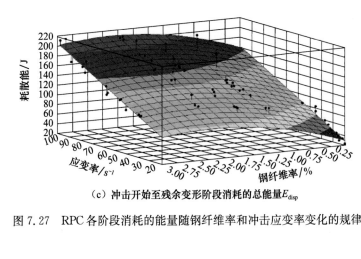

（c）冲击开始至残余变形阶段消耗的总能量E_{disp}

图 7.27　RPC 各阶段消耗的能量随钢纤维率和冲击应变率变化的规律

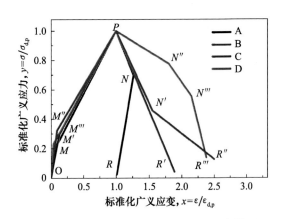

图 7.28　RPC 应力-应变关系的四类基本模型

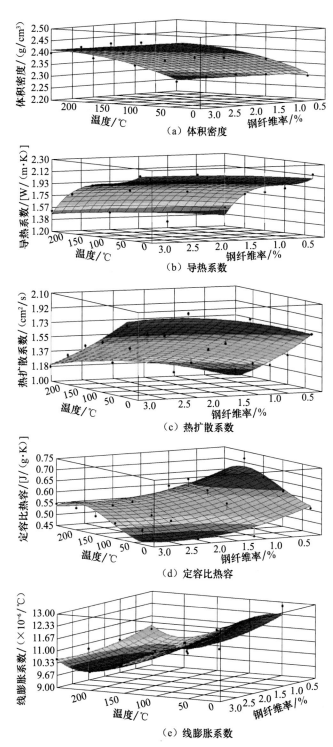

图 8.7 RPC 热物理性质参数随温度和钢纤维率变化的规律

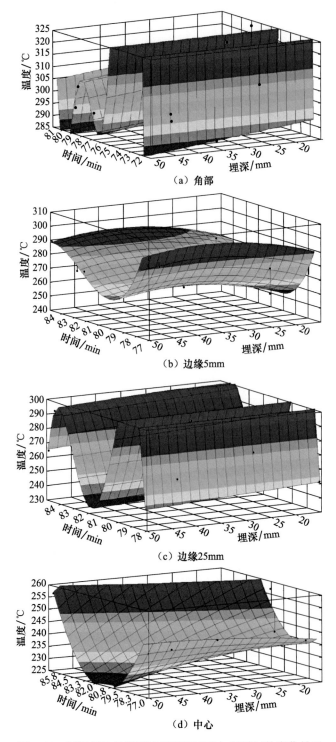

图 9.13　不同部位的爆裂温度随深度和加热时间的变化关系

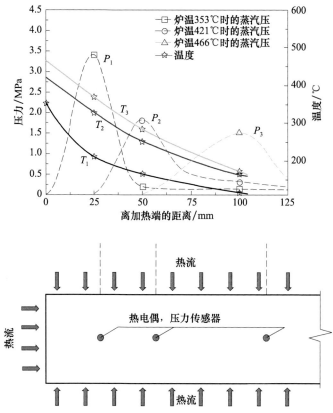

图 9.32 圆柱体试件底部加热端不同距离处测点的温度
和蒸汽压的变化趋势

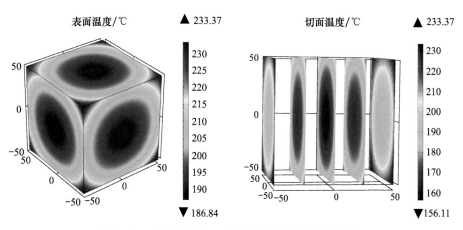

图 10.1 环境温度为 300℃时模型内部的温度场分布

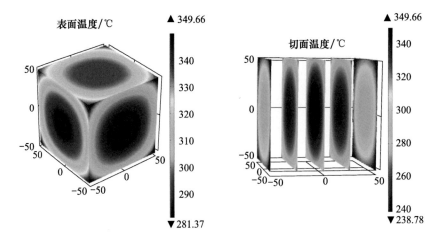

图 10.2　环境温度为 380℃时模型内部的温度场分布

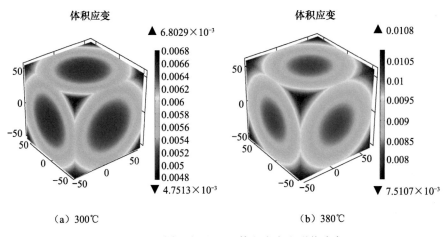

（a）300℃　　　　　　　　　　　　（b）380℃

图 10.3　不同温度下 RPC 体积应变和形状改变

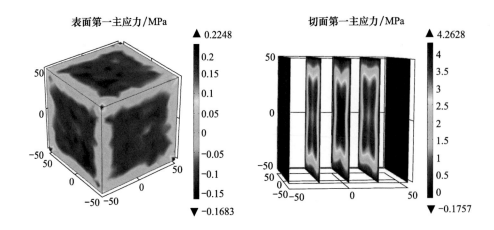

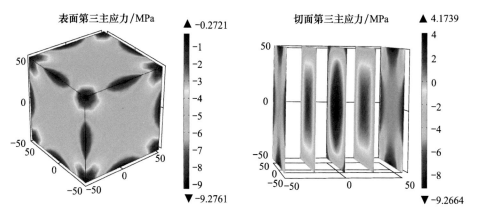

图 10.5 　环境温度 300℃下 RPC 内部的主应力分布

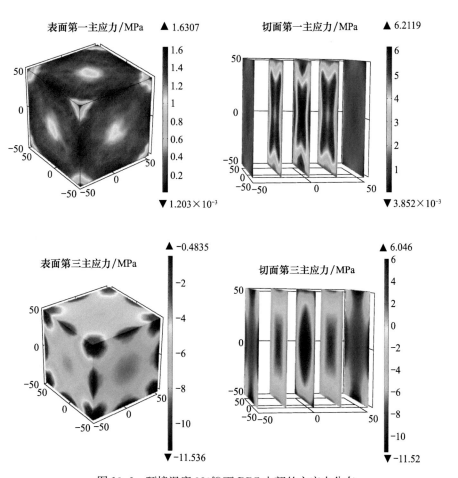

图 10.6 　环境温度 380℃下 RPC 内部的主应力分布

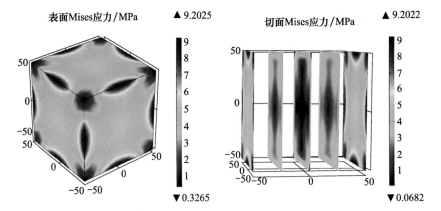

图 10.7　环境温度 300℃下 RPC 内部的 Mises 等效应力分布

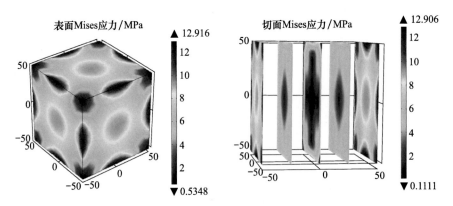

图 10.8　环境温度 380℃下 RPC 内部的 Mises 等效应力分布

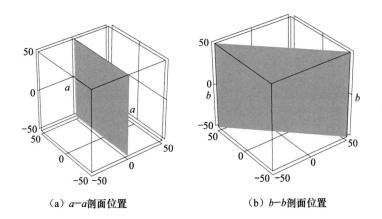

（a）a—a剖面位置　　　　　　　　（b）b—b剖面位置

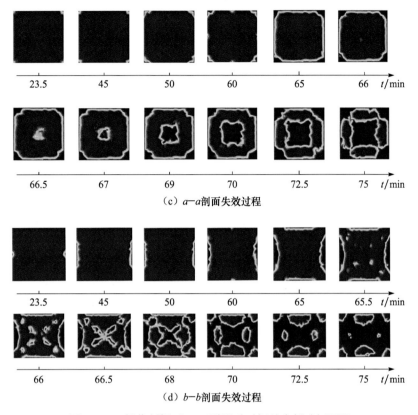

（c）$a-a$剖面失效过程

（d）$b-b$剖面失效过程

图 10.10　损伤判据下 RPC 随温升时间的内部破坏历程

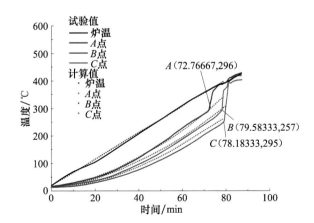

图 10.13　标识点位置在试验和数值模拟中的温升曲线对比

A、B、C 三个点的试验数据分别为三次测试结果的平均值

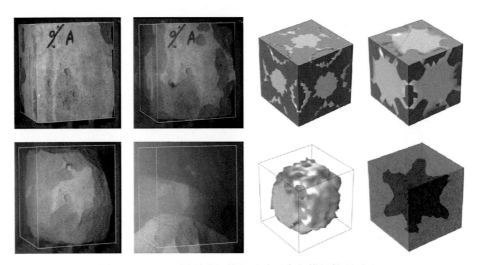

图 10.14　RPC 爆裂破坏特征试验观察与模拟情况对比

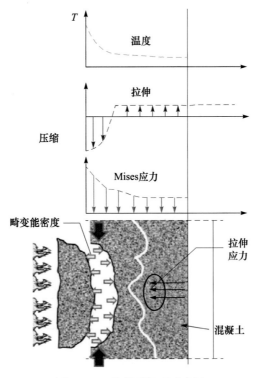

图 10.15　热爆裂机理示意图